生活認真
08

CLEARING THE AIR
THE BEGINNING AND THE END OF AIR POLLUTION

終結空氣汙染

從全球反擊空氣汙染的故事，了解如何淨化國家、社區，以及你吸入的每一口空氣

Tim Smedley

提姆・史梅德利——著　龐元媛——譯

國外各界好評

空氣汙染是嚴重的問題，然而我們都有能力來解決它。史梅德利這本書就是告訴我們，改善空氣汙染是可行的。這本書包含了具體的行動建議，作者走遍全世界採訪那些爭取呼吸乾淨空氣的真正英雄。閱讀這本書，一起來終結空氣汙染。

——阿諾・史瓦辛格　前加利福尼亞州州長

史梅德利對空氣汙染很不滿，他在談論化學工廠、交通工具放排廢氣對健康的影響時，融入了大量的科學和科技根據。然而這本書也給了我希望：全世界的人都需要乾淨的空氣！

——瑪莉・尼可斯　美國加州空氣資源委員會主席

寫得非常好的一本書！帶你進入嚇人的空氣汙染故事，並解釋幾十億人如何不知不覺一口接一口吸著有毒的空氣。而史梅德利最後闡述了一項簡單的事實，給了你希望：事實上我們不必如此。空氣汙染是人為的，這本書設計了一些簡單的方法，政府和個人都可以實現，讓我們每個人都能呼吸乾淨的空氣。趕快讀一讀並拿出行動！

——詹姆斯・索頓　全球非營利性環境法律組織 ClientEarth 執行長

本書以淺顯易懂的方式說明了空氣汙染對我們和環境的巨大傷害，同時它為全世界的人也提供了簡易、合理的解決方案。這本書必讀！

——克里斯・博德曼　奧運自行車金牌得主

這本書研究了大量的數據和事件，做得超好，足以支撐史梅德利的論點。這是一本重要的著作，我真心全意推薦。或許你居住地區的政治人物對於空氣品質的檢測反應很慢，這本書可以協助你做好你可以做的事，創造一個更乾淨、更健康的未來。

——《化學世界》雜誌

無論是談及巴黎的「無車日」或北京及米爾頓凱恩斯的電動巴士，這本書不只讓我們知道對付空氣汙染是可能的，也呈現了許多地區是怎麼做的。眾多媒體不斷強調空氣汙染已經無法挽救了，然而環境永續性新聞得獎記者史梅德利卻不這麼認為，這真的很振奮人心。

——《泰晤士報文學增刊》

目次

第二部　反擊

前言

我的第一個女兒在倫敦帕丁頓的聖瑪麗醫院出生。那是二〇一四年三月，春季開始的那一天。天空是耀眼的藍色，人行道上灰色混凝土花臺裡，黃水仙歡欣綻放。我在早上九點左右，搖搖晃晃走出醫院，迎向新的一天、新的人生，對於身為人父與新開始充滿了希望（也急著要買咖啡）。但當時我渾然不覺，原來我置身歐洲汙染最嚴重的城市，走在汙染最嚴重的道路上。我也不曉得，原來我們碰上了長達一個月的空氣汙染事件，最終導致倫敦六百人死亡、一千五百七十人緊急送醫。當中有些人就在我剛剛才踏出的醫院。

不過在那一年接下來的日子，我漸漸了解空氣汙染是怎麼回事。我實在討厭落入俗套，但沒錯，我是在當了父親之後，突然開始對風險很敏感。我想起電影《柏靈頓：熊愛趴趴走》的一幕：布朗一家人騎著哈雷來到產房，從一群無憂無慮的嬉皮，後來帶著新生的家庭成員，開著灰色大車緊張兮兮地離開。我覺得那一幕真是尷尬又逼真。我身為專門研究永續性的記者，多年來為《衛報》、《金融時報》、ＢＢＣ，以及《星期日泰晤士報》撰寫環境議題的報導，卻忽視最迫切的環境議題：我們呼吸的空氣。就算想到空氣汙染，也是想到煙霧，煙霧是其他國家的困擾。但現在我有一個嬰兒要保護*，所以開始注意到倫敦中區交通流量的心跳。我發現即使在無雲的日子，天空還是有一點棕色；搭乘倫敦地鐵通勤，鼻孔總會黑黑的。

我好像是跟其他倫敦人在同一時期發現這問題。二〇一四年十二月，倫敦市長強森向《倫敦旗幟晚報》坦言，牛津街是全世界柴油廢氣汙染最嚴重的地方。「驚訝」絕對不足以形容我聽見這句話的心情。我帶女兒去挑選她第一臺嬰兒車的那條商店街，竟然是**全世界**空氣汙染最嚴重的地方！怎麼完全看不到健康警示、公共資訊標示牌，也不見示威抗議的隊伍呢？我只看見一群高高興興購物、毫不知情的人。二〇一五年的第一個星期還沒過完，《倫敦旗幟晚報》**又來一個標題：「才邁入二〇一五年的第四天，牛津街空氣汙染已突破歐盟一年上限」；報導提到「歐盟制訂的二氧化氮濃度上限……每立方公尺超過兩百微克」，還有什麼「對抗柴油汙染」。我對這些東西一點頭緒也沒有。什麼是二氧化氮？為什麼有害？柴油又有什麼問題？

我的專業本能就此發作，於是我著手研究。一開始只是發表幾篇報導，在BBC和其他媒體，

* 我完全同意，不必為人父母也能注意到這些事情。坦白說，我對於自己在孩子誕生前的欠缺關注，覺得很羞愧。

** 我與《倫敦旗幟晚報》並沒有合作關係，但我身為倫敦人，倫敦地鐵每個車站又都有書報攤，想不看見他們家的標題也難。

不過這主題很快就大為轟動。不只在英國，全球各地城市也掀起熱潮。中國北京的霧霾嚴重到被冠上「空氣末日」的綽號。社群媒體流傳了一張照片，北京的學生參加考試，全都隱身在煙霧之中，彼此連坐隔壁的人都看不見；印度德里也傳出消息，例如《衛報》的標題寫著「有毒煙霧籠罩排燈節（編注：Diwali，印度著名節慶之一，家家戶戶會點上以陶器製作的小油燈，藉此驅邪迎光明，祈求神明的祝福）後的德里」（二〇一六年十月三十一日），直指「空氣中有害微粒與微滴的密度……達安全上限的四十二倍」。我很好奇，是什麼東西的微粒？什麼東西的微滴？又是什麼安全上限？接著登場的是死亡數據。世界衛生組織在二〇一六年底宣布，戶外空氣汙染導致全球超過三百萬人死亡。到了二〇一八年，世界衛生組織將這數字上修到四百二十萬*。根據英國皇家內科醫師學會的數據，英國每年有四萬人死於空氣汙染相關疾病。然而，空氣汙染會造成哪些疾病呢？

我決定要到那些城市去，去見見那些能告訴我這他媽的究竟是怎麼一回事的專家。等到我真的請教了專家，聽見許多深奧的學問，這才發覺寫一系列報導恐怕不夠，要寫一本書才行。我訪問過的美國知名流行病學家德芙拉・戴維斯博士說得好：「那些死於環境因素的人，通常連自己是怎麼死的都不知道。」現在該讓他們知道。

＊如果把室內空氣汙染算進去，那就有七百萬人。不過這本書的重點會放在戶外空氣汙染，因為這是每個人共同面臨、也該共同解決的問題。

我碰到的一些故事，聽來讓人心痛。北京市民告訴我，霧霾嚴重到正午的天空竟然是黑色的，當地居民也是久病難癒。我在二〇一七年底造訪德里，碰上我這輩子從未看過、也從未吸入過的最嚴重的煙霧，但整個城市的氣氛還是很歡樂，因為情況已經比前一個禮拜好轉太多。當時的濃煙停留在地面，入侵民宅，連街頭的流浪狗都因吸入濃煙而死；而德里半程馬拉松還是在那個禮拜照常舉行，參賽者戴著口罩，埋怨眼睛刺痛。

一九九〇年代的墨西哥市，汙染程度比德里還嚴重。現在的墨西哥駐印度大使梅爾芭・匹雅和我分享一九九〇年代汙染達最高峰時期、當時年輕的她在墨西哥市的經歷。「教育部官員訪問六年級（十一歲）的學生，墨西哥市百分之八十的學生說天空是灰色的，百分之十說天空是棕色的，只有百分之十說天空是藍色的……後來鳥兒開始從空中掉到地上，都是一些小鳥。突然間，連走在人行道上都會看見死掉的麻雀……墨西哥市有種種問題，但那時至少還有很多蜂鳥。後來連蜂鳥都不見蹤影了。我覺得（深吸一口氣）『那些是我們的鳥，怎麼現在都看不到了？』」煙霧實在太嚴重，所有學校不得不連續停課兩個月。「我記得一位同事，我印象很深刻，因為真的很震撼，」匹雅說，「她的孩子在家裡（學校停課那段時間）。我同事跟我說，她的孩子整天關在公寓裡。兒子有一天對她說：『媽咪，我的窗口朋友今天生病了。』媽媽說：『你說什麼？什麼『窗口朋友』？』原來是她兒子跟住在距離較遠的另一棟公寓的男孩變成朋友。兩個男生就在每一個窗戶打手勢玩耍，因為都不能走出家門。我聽了好難過。」

但我也找到強大的希望。現在的墨西哥市已經改頭換面，在世界衛生組織中汙染最嚴重城市的排名大幅下降，確切來說是九百多名，空氣品質相當於中世紀義大利城市卡匹，還有熱門的自行車聖地法國魯貝。有些城市的煙霧濃度高到破表，是靠著自身努力才免於崩潰。政治人物與平民百姓上下一心，找出有效的解決方案。二十世紀前半，家家戶戶燃燒不乾淨的煤，都市的貧民區又有發電站，導致幾乎所有市區居民的壽命變短。最嚴重幾次是一九四八年，發生在美國賓州多諾拉的一場災難*，還有一九五二年的倫敦大煙霧。歷經了抗議、立法，以及行為改變，最後促成一九五六年的英國《空氣淨化法》，是全球環境法令的里程碑；美國也在一九七〇年頒布《空氣淨化法》。

不過現在的煙霧跟多諾拉及倫敦大煙霧不同。現在的煙霧多半是看不見的，濃濃的煤煙被小小的微粒與化學物質取代。現代科學漸漸揭露我們肉眼所看不見的東西，一個無名的殺手，來自我們車道上的汽車，也來自生產我們櫥櫃裡存放產品的工業製程。但是大多數人並不會閱讀現代科學期刊。開著休旅車接送孩子上學的父母並不知道車內的汙染，可能比車外的街道嚴重四、五倍；也不知道歐美數十年來的研究已經證實，空氣汙染會阻礙兒童的肺部發育；也不知道空氣汙染會影響我們人生的每一個階段，從降低我們的生殖能力，到引發心臟病發作與失智症。

來自倫敦的自行車騎士尼克，他因長期接觸空氣汙染而住院治療。他對我說：「汙染是一種無

＊我在第四章會詳細解釋多諾拉的災難。

聲無息、會慢慢折磨人的東西，很少人知道該怎麼對付它。大家都以鴕鳥心態面對問題。加上我們看不見汙染，所以更難處理。要讓所有人都有真實的感受才行。」我們現在仍能看見一縷縷煤煙，尤其在波蘭、印度與中國。但所有城市的公敵是汽車。我發現即使最新的汽車，也會排放大量廢氣，內含肉眼看不見的奈米粒子，還有二氧化氮氣體；這兩者是人類面臨最致命的敵人。我在第三章會引用心臟醫學教授大衛・紐比的說法，他指出奈米粒子會進入我們的血流，阻塞動脈，導致高血壓與心臟病發作。這些來自交通流量的汙染物，隨著汽車出現在每一條街道，也出現在你所居住的街道。

我常常遇到的一句陳腔濫調，即「從來沒有危害到我們」的論點。換句話說就是「我們小時候開這種車子，還會焚燒那些東西，你看我們現在還不是活得好好的。」但你要是稍微挖掘得更深入，那些人往往會承認他們確實長期為疾病所苦，例如氣喘、長期健康狀況不佳、花粉熱、高血壓，甚至更嚴重的疾病。舉個例子，在一九八〇年代，我還是個孩子，路上的每輛汽車，使用的都是含鉛汽油。科學已經證實，幼年時期接觸到過量的鉛，大腦中負責控制情緒與決策的區塊會縮小，並弱化控制衝動的能力，導致行為更具攻擊性。人類血液中自然的鉛的背景濃度，大約是每公合血液含有〇・〇一六微克的鉛（μg/dl，微克／公合）。然而那個年代，全球使用的都是含鉛汽油，因此一九七六至八〇年，美國五歲以下兒童的血鉛濃度中位數是十五 μg/dl，幾乎比正常值高出一千倍。辛辛那提的研究人員從一九七九年開始招募懷孕女性，安排嬰兒做血液測試，每年固定做一次，直到孩子六歲半為止。研究人員將這些數據與二〇〇五年十月前的犯罪紀錄比對（這項研究進行時間很長），發現血鉛濃度較高的人被逮捕的機率也偏高，尤其是因暴力犯罪而遭逮捕。其實這個結果並不讓人意外，畢竟這些人受到的毒害會妨礙情緒控制。一名六歲的兒童，血鉛濃度每上升五 μg/dl，成年之後在美國因暴力犯罪而遭逮捕的機率，會上升將近百分之五十。[1]

後來包括英國與澳洲在內的國家，也進行類似的「鉛與犯罪」研究，結論大致相同：即使依據主要人口變數（年齡、教育程度、收入等等）調整過後，空氣含鉛量仍然是暴力犯罪機率的最大決定因素。倫敦大學學院認知發展的榮譽教授尤塔・費絲，她研究鉛中毒對於一九八〇年代住在倫敦東區車流量大道路附近兒童的影響。她在二〇一八年接受BBC訪問指出，「研究結果一面倒，不能歸咎於父母社經地位等因素……兒童的認知能力與行為嚴重受損，（智力）測驗分數下降也確實與血鉛濃度上升有關……這真的很驚人。[2]」

鉛汙染的故事是一則現代寓言。故事開頭是一家貪婪的公司，想要用一種已知的毒物賺錢（我在第三章會講這段故事）。這故事也告訴我們，某個來源形成某種汙染的威力有多大，影響範圍有多廣。這個汙染源就是汽車引擎。地球史上就在這段短短的時間，形成了一層薄薄的鉛，如今覆蓋整個地球。我父母在一九八〇年代開的富豪汽車，也貢獻了一些鉛排放。但含鉛汽油的故事就像墨西哥市，也會有好結局。這是國際社會團結行動的少數例子，是世界各國意識到含鉛汽油對健康的重大危害，禁絕製造汙染的源頭。大多數已開發國家在一九八〇年代及九〇年代逐步淘汰含鉛汽油，主因是對健康有害。美國兒童的血鉛濃度，從一九八八至二〇〇四年間下降了百分之八十四；到了一九九九年，美國兒童的血鉛濃度中位數從十五 μg/dl 降到僅剩一．九 μg/dl＊。

我也聽過的其他陳腔濫調，包括「天底下沒有萬靈丹」，還有「**這個**城市當然不一樣」。但其實我一路研究下來，乾淨空氣城市的藍圖逐漸浮現。我發覺自己的門外漢「非專家」身分很快變成一種優勢。不同領域的學者，還有制訂政策的人，交流頻率其實比一般人想像的少很多。而他們也容易因工作性質陷入專業的窠臼。我印象很深刻，在研究這主題的過程中，曾有人告訴我：「我每次參加研討會，都看見一群流行病學家坐在一邊，一群毒物學家坐在另一邊。」我兩邊都問候，認識來自各國、專精各種領域的學者，也漸漸發展出一套別人也能照做的行動計畫。我在這本書會慢慢介紹這個計畫。不過現在先爆個雷：如果你（跟我以前一樣）認為你燃燒的東西，從取暖的柴火到引擎的燃料，對你自己還有你的鄰居毫無危害，那你會大吃一驚。

我在第二章會介紹空氣中的化學汙染物，不過有一種汙染物我一開始就想介紹，因為接下來會頻頻出現：懸浮微粒（PM）。懸浮微粒是微小的固體粒子，飄浮在空氣中，從道路的粉塵到煙

＊但還是比自然濃度高出一百倍。根據毒物學家的說法，目前並沒有所謂鉛汙染的「安全值」。

霧，會對人體造成長期的危害。科學家對懸浮微粒的定義，並非依據微粒的來源（即煤煙、農業粉塵、引擎煙氣），而是依據微粒的大小。較大的稱為PM10，也就是直徑在十微米以下，大約是人類毛髮寬度十分之一的微粒。人類的肉眼能看見煙霧或霧霾裡的PM10。在正常情況下，人體的自然防禦機制，例如鼻毛，可以輕易將PM10隔絕在外；體積比較小的PM2.5，也就是直徑在二．五微米以下的微粒可就不一樣了；他們的小妹「奈米粒子」還更厲害。PM2.5與奈米粒子通常來自現代燃燒技術的產物，體積小到即使大量出現，人類的肉眼也看不見，還能繞過人體的防禦機制，穿透我們的肺，直接進入血流。說PM2.5會是這本書的重點，並不算是爆雷，因為PM2.5確實是現代空氣汙染科學與法令的一大重點。

不同城市的PM2.5濃度，不見得能直接拿來比較。PM的計算標準，是每立方公尺空氣的微粒重量（$\mu g/m^3$，微克／立方公尺）。世界衛生組織建議的維護健康上限是二十五$\mu g/m^3$，不過大多數國家與地區也都自行訂定上限，例如歐盟的上限是五十$\mu g/m^3$，美國的上限是六十五$\mu g/m^3$。不過官方設置的量測站往往數量太少，或所在位置太差。我在很多城市都發現，當地人普遍懷疑政府故意將量測站設置在空氣較乾淨的地方，以便美化數據。我雖然也會參考官方發布的數據，但我在寫這本書而四處探訪的路上，都會隨身攜帶一臺PM2.5量測機，叫做「鐳豆二號」。我走到哪裡都打開「鐳豆」，察看PM2.5的濃度。雖然一條街的數據跟另一條街可能差異很大，但鐳豆確實是個好用的參考工具。

還有一種氣體是我想在一開始就介紹的，或者應該說一個類型的氣體才對：溫室氣體。當地的、周圍的*空氣汙染，與氣候變遷有幾個很重大的差異。我們可以在主要幾種溫室氣體當中呼吸，包括二氧化碳與甲烷。就算這些氣體在空氣中濃度很高，也不會危害我們的健康；同樣的道理，對人體健康威脅最大的常見空氣汙染物，也就是PM2.5、地面臭氧，以及二氧化氮，對地球暖化的影響也是微乎其微（不過還是有例外，我們在後面會討論）。區隔這兩個議題最簡單的方法，也是吸引我寫一本探討空氣汙染的書的原因：這是當地的問題，可以在當地解決。一個國家的碳排放會影響全球氣候，空氣品質卻不會影響全球氣候。空氣品質確實有所謂的「跨境」問題，意思是一個國家的汙染越過邊界到鄰國去，但空氣汙染多半還是專屬於當地的問題。體積最小的微粒，也就是奈米粒子，只存在於排放來源的方圓幾公尺內。二氧化氮的壽命一般不會超過一天，往往遠遠短於一天，意思是說散播的距離有限。而在偏遠的鄉村地區，完全不會發現二氧化氮的蹤跡。地面臭氧很容易起化學反應，幾小時內就能消失無蹤。所以如果你所在的城市完全實踐我的藍圖，那無論你的鄰國怎麼做，無論世界另一頭的那些國家怎麼做，你都**一定可以**呼吸到更乾淨的空氣。就算

*「周圍」其實就是「戶外」空氣的意思，以和室內區別，是世界衛生組織等機構所用的字眼。這個字眼需要提及，因為很多長篇大論的報告只會用「周圍」，不過我接下來多半只會用「戶外」二字。

你只能說服同一條街上的鄰居照著藍圖做，城市裡其他人繼續製造汙染，你那條街上的空氣，也會比周圍的街道乾淨許多。而且降低戶外空氣汙染的措施，多半也能減少溫室氣體排放，對抗氣候變遷。

我在二〇一四年的那一天，走出倫敦的那一家醫院，對這些事情一無所知。我緊張兮兮攙扶著剛生產完的妻子，還有出生才一天的女兒，走向等著我們的灰色休旅車。就在那天，我們全家正好遇上嚴重的空氣汙染事件。二〇一四年三月的汙染事件，直到二〇一六年十二月才出現正確的報導，刊登在專業科學期刊《國際環境》。研究人員透露，當時政府將汙染高峰輕描淡寫成「一團撒哈拉塵」。撒哈拉塵是一種自然現象，也是個很好用的藉口。但是期刊的作者群指出，罪魁禍首其實是倫敦的交通廢氣汙染所產生的二氧化氮，再加上附近的農場的農業氨，撒哈拉塵占的比例不到百分之二十。我看到這裡既生氣（這麼重要的事情，政府怎麼能誤導人民？）又好奇（農場的母牛尿怎麼會汙染空氣？）。我有很多東西要學，也因此展開了這一趟很精采、時而火冒三丈、最終仍充滿希望的旅程。

第一部

煙霧的來源

第一章 史上最大煙霧？

倫敦：一九五二年

我的父母都在一九五二年出生。我的外公塞文．貝特在我的家鄉坦沃斯是地方上的律師，在伯明罕法學院擔任講師。他雖然極力避免，偶爾還是得跑一趟倫敦。我的阿姨克萊兒記得外公有一次得帶著寫在綿羊皮上的伊莉莎白時代的特許狀，坐火車到倫敦的高等法院解決紛爭。外公討厭首都，覺得人太多，環境太髒。他一回家就馬上洗澡。我以前聽見這些故事，覺得這可能是一種逆向的勢利眼。外公身為蘭開郡人，大概覺得位於中部的坦沃斯，是他願意前往的最南端。後來我得知一九五二年的倫敦大煙霧，突然明白外公為什麼把倫敦當成瘟疫，避之唯恐不及。

一九五二年的倫敦，才剛入冬就很寒冷，大雪席捲整個英格蘭南部。倫敦人為了取暖，在家裡大量燃煤。有一陣子就像這次，天氣格外寒冷，大多數家庭到了晚上會用煤塵把火「堆積」起來，一路燒到隔天早上都不會熄滅。電力來自市中心的貧民區，也就是巴特錫與南岸的發電站，一邊燒煤，一邊從比大教堂尖塔還高的煙囪噴煙。在冬季，大家燃燒更多燃料，製造更多的煙，「逆溫」的條件也隨之出現：貼近地面的空氣，溫度如果低於上方的空氣，就會被困在原地。如果再加上天空晴朗無風、地面潮溼，也會形成霧。倫敦長年享有霧都的盛名，倫敦東區俚語的「豌豆湯黃濃霧」，經過狄更斯與柯南．道爾的小說，還有特納與莫內的畫作賦予浪漫形象（莫內喜歡在冬季造訪倫敦，對煙霧中旋轉的黃光深深著迷）。

一九五二年十二月五日星期五，熟悉的濃霧再次擴散整個倫敦。但這次的濃霧到了隔天並未散去，接下來一天也沒有。連續幾天逆溫的結果，就是煙霧濃度飆升到「正常」值的五十六倍。政府紀錄顯示，某些地方的能見度下降到只剩一碼（九十一公分），創下倫敦史上最低紀錄。每個人都看不見自己的腳了。跟瞎了沒兩樣的通勤族，從橋梁走進冰冷的泰晤士河，也從火車站月臺走入鐵軌，迎向駛來的火車。煙霧駕臨還不到十二小時，成千上萬的人已經出現呼吸道問題，就醫人數暴增。

根據英國氣象局的紀錄，煙霧擴散範圍達二十一公里即含有下列汙染物：一千公噸的煙粒（就是我們現在說的「黑碳」，又稱 PM10）、兩千公噸的二氧化碳、一百四十公噸的鹽酸，以及十四公噸的氟。最要命的是，三百七十公噸的二氧化硫懸浮在濃霧的水微滴中，化為八百公噸的硫酸。就這樣一連五天，濃濃懸浮在空氣中。

在沙德勒之井劇院，《茶花女》的表演不得不中斷，因為觀眾看不見舞臺了。在史密斯菲爾德家畜市場，農民為母牛戴上浸泡過威士忌的粗麻布口罩，保護牠們。煙霧像油漆一樣黏在汽車擋風玻璃上，駕駛不得不棄車步行。《北輝格報》在艦隊街的通訊記者，於十二月六日星期六的報導指出，「煙霧滲入商店與辦公室，這些場所的燈光必須整天開著……『豌豆湯黃濃霧』不但損害市民健康，潛藏在其中的化學物質，還會侵蝕建築物的石材與磚塊，燃燒樹木，導致樹木變黑。」煙霧發威初期的報導，也帶有一種緊張的幽默感。《每日電訊報》報導，煙霧導致的第一起傷亡是「一隻綠頭鴨，可能因濃霧而視線不佳，在富勒姆的艾菲爾德路，迎頭撞上步行回家的約翰．麥克林。雙方均受輕傷。」《泰晤士報》的社論專欄更是沒把濃霧當一回事，宣稱「濃霧是古老的英國人，在布狄卡女王的祖先到來之時得到船隻……四處遊蕩，在誰都還沒聽過減少煙霧這回事之前，就已經自由飄盪，現在也一樣。」邱吉爾的保守黨政府也許想主導輿論風向，起初的政治回應採取高壓路線；住房部長哈洛德．麥克米倫對下議院表示：「必須顧及整體的經濟考量。」意思是說工業的需求比擔心天氣更重要。

倫敦政經學院三年級學生羅伊．帕克，他在公共衛生歷史中心於二〇〇二年十二月十日舉辦的一場見證者研討會「大煙霧：一九五二年倫敦大煙霧五十年後」上回憶道，剛開始新聞報導多半聚焦在運動賽事取消的消息。「我跟許多人一樣都沒怎麼注意對人體健康的影響。我早該知道這場大災難有多嚴重，因為我父親是蒸汽火車頭的駕駛，他在一九一四至一八年的大戰中，身體某些部位也遭受毒氣攻擊。他有不少症狀……是吸入煤塵與硫磺會有的症狀。他大多數時間都呼吸困難。他五十六歲了，那個週末我見到他，他的身體很不舒服，喘不過氣來，顯得很痛苦，（但）又堅持騎單車去工作……現在很難想像，慢性支氣管炎對於當時這國家的工業勞工階級來說，是多麼普遍的疾病……在我的家族，每個男人都出現類似的症狀。[1]」

到了第四天，輿論的風向變了。《哈特浦北部每日郵報》將煙霧稱為「遮蔽天日的大霧……濃度高到讓大多數的警方巡邏車動彈不得。如果有人報警，警方只能步行前往處理。」史密斯菲爾德家畜市場的牛隻接連死去，不然就是「應飼主要求」提前屠宰。一家週一早報的駐艦隊街通訊記者宣稱：「這可不是豌豆湯而已，裡面什麼都有，有開胃菜、有魚、有帶骨大塊肉、有飯後甜點、有幫助消化的菜、有黑咖啡，還有侍者的臭臉。會刺痛眼睛，聞起來也刺鼻……在特拉法加廣場，我聽得見噴泉的聲音，卻看不見噴泉在哪裡……（一位同事）看見一位先生在黑衣修士橋上，尋找倫敦地鐵車站。」

濃霧在第五天，也就是十二月九日星期二散去。媒體開始刊登醫院人滿為患的報導，人們也開始警覺濃霧的嚴重性。僅僅四年前才發生賓州多諾拉的災難，如今熟悉的場景再度上演。殯儀館的棺材不敷使用，花店的喪葬花材也供不應求。因為交通壅塞，加上能見度幾乎為〇，死在家中的人數，遠遠超過死在醫院的人數。羅絲瑪莉．梅莉特在二〇一二年接受BBC訪問，憶起她父親下班後，在煙霧中走了兩公里半的路到家。那天晚上他「咳得好厲害，臉色都發青。我媽還得吵醒鄰居求救……我們不能把我爸送去醫院，因為沒有救護車。」她父親隔天去世，遺體在客廳放了三個星期，才終於在聖誕節前夕，由忙到不可開交的殯葬業者安排下葬。「從此我再也不喜歡待在客廳裡，」她說，「總是感覺很冷。」

僅僅在那個禮拜，倫敦就有多達四千七百〇三人死亡，比平常多出三千人。這是環境的大災難，倫敦自己的名產大霧，在倫敦所造成的平民傷亡人數，超過僅僅數年前任何一次的德軍五日轟炸。遭殃的不只是年老體弱的倫敦百姓，一輛救護車還載運了二十一歲的現役船員。一九九九年，當時負責治療的荷雷斯．派爾醫師在英國第四臺的紀錄片《殺手濃霧》回憶那場災難。他說自己「從來沒見過那麼年輕的男性出現那樣的狀況，呼吸困難，心臟衰弱到了危急的程度」。救護車抵達時，醫院已經擠滿濃霧的受害者；第二家醫院也是；當救護車出發尋找第三家醫院，年輕船員在途中身亡。據說最後的死亡人數高達八千至一萬兩千人，另外還有成千上萬民眾終身為肺部、心臟等疾病所苦。

在一九三〇與四〇年代，倫敦的地上公共運輸多半是無排放的電車，包括雙層電車；但內燃機很快取代了電車。倫敦大煙霧爆發僅僅五個月之前，也就是一九五二年七月五日，倫敦的最後一輛電車走入歷史，由柴油公車取而代之。到了十二月，八千臺新柴油公車已經上路，為冬天的霧氣增添煙氣。國王學院醫院胸腔科醫師巴利．葛雷博士在《殺手濃霧》紀錄片接受訪問，他將一九五〇年代柴油公車取代電車的變遷，形容成「一場災難，嚴重影響倫敦市民的健康」。

羅伊．帕克在學生時代親身經歷了倫敦大煙霧，決心踏上空氣汙染研究之路。根據他評估，一九五二年的英國，大約有一千兩百萬處家戶燃煤生火；另外還有兩萬臺蒸汽火車燃燒劣質煤。

僅僅是巴特錫的發電站，每週就燃燒一萬公噸的煤。要現在的我們想像馬路上沒有汽油或柴油汽車，就像要一九五〇年代的倫敦人想像沒有蒸汽火車與燃煤生火一樣困難。但奇妙的是，這樣的情況在十年過後就成真。一九五三年，空氣汙染委員會公開表示，汙染與呼吸道疾病明顯有關，為一九五六年的英國《空氣淨化法》奠定基礎；一九五五年，政府宣布將英國的鐵路運輸網全面現代化，等於宣告燃煤蒸汽引擎時代終結；巴特錫的發電站最後於一九七五年關閉；到了一九七〇年代末，倫敦的「豌豆湯黃濃霧」走入歷史。彼得·布蘭布利科比教授主持二〇〇二年於公共衛生歷史中心舉辦的見證者研討會。那年是倫敦大煙霧五十週年，我問布蘭布利科比教授，大多數與會人員是不是覺得這個問題已經解決了。他立刻回答：「喔，當然，我覺得確實有這種氣氛……他們覺得情況已經改變很多了。」

倫敦：二〇一〇年代

二〇一六年一個寒冷的四月早晨，在倫敦的特拉法加廣場，一位抗議人士爬上倫敦的象徵性地標納爾遜紀念柱。艾莉森·加利根幾個月來都在籌畫這一次的攀爬。在日出時分的淡淡晨曦下，她與一位同伴將白得發亮的防毒面具，戴在納爾遜中將被煤煙熏黑的臉上。艾莉森是綠色和平組織的資深戰將，希望以此舉呼籲世人重視倫敦的空氣汙染。皇家內科醫師學會及皇家兒科和兒童健康學會近期估計，英國的空氣汙染每年造成近四萬人過早死亡，其中包括一萬名倫敦人。倫敦某些受汙染地區的兒童，肺容量比同齡兒童的平均值低百分之五至八。二〇一三年，倫敦南區的九歲女童艾拉・科西黛博拉，在屢次因氣喘病就醫後死亡，引發各界呼籲調查她的死亡是否與空氣汙染有關*。二〇一七年一月，英國上議院的瓊斯女爵在《泰晤士報》一篇名為「十日煙霧奪走三百條人命，各界呼籲交通減量」的報導提出控訴：「政府的疏失形同有罪，無意保護國民的健康。」

如果倫敦在一九七〇年代已經解決這個問題，那到底哪裡出了嚴重的差錯？在一九七二年的一本環境保護手冊《英國的新戰役》，作者華利斯借鑑歷史提出警告：「洛杉磯的『煙霧』來自陽光照射汽油煙氣所形成，英國也可能出現……儘管路上新車汙染空氣的程度像現在一樣，然而新車的數量將遠遠超過現在。」[2]華利斯指出在一九五七至六七年間，「英國國家鐵路的載客路網，從二萬三千四百公里，暴跌至近一萬六千公里」，公車服務則減少了五分之一。人們不得不轉向私人汽車。在華利斯寫作期間，英國的道路上只有一千四百萬部汽車；到了二〇一七年底，英國持有牌照的車輛共三千七百七十萬部，其中約三千一百萬部是汽車。這些汽車當中，有一千兩百四十萬部——幾乎等於華利斯那個年代的汽車總數——使用柴油引擎。

*二〇一八年七月，南安普頓大學免疫藥理學專攻的史蒂芬・哈爾蓋特教授配合調查提出證據，指出「如果空氣汙染沒有嚴重到超出法定上限的程度，艾拉有很大機率不會喪生。」同時「堅信」艾拉的死亡證明書應該將空氣汙染列為死因之一。

大衛・紐比教授在二〇〇〇年代早期開始研究空氣汙染，當時他就跟倫敦大煙霧的倖存者一樣，以為空氣汙染對健康的影響已成過去。到了一九九〇與二〇〇〇年代，在維多利亞時代曾讓倫敦窒息的大都市貧民區燃煤發電站，已經改建為文化中心；泰特現代藝術館與巴特錫發電站如今大量排放的是觀光財，而非煙霧。這兩地是我們較有智慧的年代明證。紐比現在是英國心臟基金會卓越研究中心的心臟病學教授，他當時展開的研究不僅澈底扭轉了他的想法，還有我們對空氣汙染的理解。二〇〇七年，紐比與他的團隊募集一群健康的志願者，安排他們進入暴露室，將他們固定在單車機器上，並叫他們開始踩踏板。暴露室接著就充滿柴油廢氣。他承認：「有人質疑我的職業道德，但我對他們說，這些人走來暴露室的路上，沿街受到的空氣汙染可能還更嚴重。」研究結果真的讓人大吃一驚。受試者暴露在街上尋常水準的車輛廢氣中，血液會變得更濃，也更易凝結。此時心臟出現承受壓力的跡象，血壓升高，動脈明顯變窄。這種效應像極了抽菸，也就是紐比口中「自我引發的空氣汙染」，不過差別在於人們無法戒掉街上的空氣汙染。「那些人的死因不是氣喘病，而是空氣汙染所引發的心血管疾病與中風……包括我在內，很多人都大感意外。」

髒空氣並不會只出現在史書裡。事實是如今空氣中的汙染微粒，比倫敦大煙霧時期還多。差別在於現代汙染源製造的懸浮微粒（PM），小到肉眼看不見。

英國將近三分之二的人口，居住在空氣汙染程度超過歐盟法定上限的地區。格林威治的市民代表丹・托普白天是當地的小學教師，其餘時間都以民選市民代表的身分為民眾服務。他對我說：

「我的學校叫做疾風國小，就在泰晤士河防洪閘旁邊。學校的一邊是伍爾維奇渡口跟圓環，後面是工業區……他們把重型貨車（都擺放在渡口上），因此一進圓環，只要發生一起小小的事故，車流倒退，就會爆發嚴重的（汙染）事故……一出事就是世界末日。」

另一位倫敦南區的長期居民尼克．胡西從小就參加單車賽。他的朋友是足球迷，他的偶像則是環法自由車賽的冠軍米格爾．安杜蘭與葛瑞格．雷蒙德。他從小到大都在騎自行車，等到參賽的夢想逐漸遠去，才開啟平凡的自行車通勤人生。二〇〇五年五月，他三十二歲，住在倫敦的他「花粉熱」發作。「我還記得那時眼睛刺痛，呼吸不順。」他對我說。「不久後我只要吃某些食物，身體就會出問題。我好像在打一場組織胺大戰。騎自行車對我來說愈來愈吃力，尤其在天氣較溫暖的那幾個月份，可是感覺又不太像花粉熱的症狀。我真的搞不懂。」他住在倫敦西南區的主要道路附近，兩度因呼吸困難被送入急診室。「國民保健署很快替我安排檢查，判斷哪裡出了問題。他們發現我的肺容量超越一般人很多，照理說不該呼吸困難。他們安排我做檢查，縮小可能的原因範圍。後來他們排除花粉，也排除了飲食。」最後他來到一間空蕩蕩的醫院諮詢室，裡面的專家告訴他：「嗯，是空氣汙染，歡迎光臨倫敦。」口氣彷彿像在說天底下最正常的事，彷彿他每天都會看到和我一樣的人。」尼克的口氣相當不滿：「如果這麼簡單明顯，那人們怎麼知道得那麼少？而大家又為什麼不生氣？」

根據歐盟法律，一座城市在一個完整的年度中，最多可違反二氧化氮每小時濃度上限十八次。

在二〇一六年，倫敦只用了七天就用完了一年的額度；在二〇一七年只用了五天，也就是一月五日就用完當年的額度。二〇一七年十月，政府提出的減少二氧化氮計畫實在太沒誠意，連高等法院都認為違法且不當；聯合國人權理事會也出手，發表長達二十二頁的英國空氣汙染報告。根據報告估計，空氣品質不佳導致英國每年衛生支出高達一百八十六億英鎊。聯合國人權理事會在二〇一七年的報告嚴厲指責：「空氣汙染持續肆虐英國……兒童、長者與病患的死亡率、發病率、身障率極高，而貧窮的少數族群面臨著更高的風險。」[3]

倫敦非但沒有從大煙霧學到教訓，還在二〇〇〇年代成為全球柴油廢氣重鎮。柴油廢氣是二氧化氮與懸浮微粒汙染的主要來源*。一九五〇年，全世界約有三千五百萬臺汽車——現在光是英國就幾乎有這麼多汽車。《空氣淨化法》禁止貧民區家庭燃燒煤與木柴生火，如今這些行為竟然捲土重來，而且只要重新換個說法為「可再生燃料」的「生物質燃燒器（biomass burners）」，反而還得到積極的鼓勵。英國政府在二〇一八年的諮詢文件，承認「家庭燃燒更多的固體燃料，影響了我們的空氣品質，也是目前全國懸浮微粒排放的單一最大來源」。在倫敦中區的 PM2.5，將近百分之三十一來自柴火，這大概是一九五〇年代以來，首次出現這麼高的比例。

聯合國人權理事會的報告結論指出：「英國政府既沒有盡力採取迅速而有效的行動，也沒有竭

* 第二章與第三章會詳細介紹這兩種汙染物，第五章會聚焦在柴油。

盡所能降低嬰兒死亡率，提升平均壽命，沒有盡到保護國內兒童的生命、健康與發展的責任。」世界衛生組織在二〇一八年空氣品質資料庫所列出的英國五十一個城鎮當中，就有四十四個違反世界衛生組織建議的 PM2.5 上限*。

北京「空氣末日」

二〇〇八年，北京的美國駐華大使館做出了一項爭議的決定。在一個政府不會向人民發布空氣汙染數據的國家，美國大使館卻在屋頂裝設空氣汙染感應器，應該說是 MetOne BAM 1020 與 Ecotech EC9810 顯示器。美國大使館也在同一年開啟名為 @beijingair 的推特帳號，每小時自動發送推特，發布這個小時的 PM2.5 濃度。中國政府屢次要求關閉美國大使館推特帳號，但他們仍持續發布 PM2.5 數據。中國環境保護部副部長吳曉青在記者會上表示：「外交人員有義務尊重接受邦交國法律法規……希望個別駐華領事館尊重中國相關法律法規，停止發布空氣質量資訊。」美國國務院的馬克・托納反駁：「我們提供美國人民，包括我們的大使館與全體人員……資訊，以利他們判斷日常戶外活動的安全性。*」

＊世界衛生組織提出的健康相關建議，要求各國將空氣汙染降低至 PM2.5 每年平均濃度不超過十 μg/m^3，PM10 每年平均濃度不超過二十 μg/m^3。

美國大使館這樣做的理由很明顯。全中國的天空，尤其是北部河北省的天空，一年比一年灰暗。二〇〇四年，來自中國的調查記者柴靜問一位小朋友，可曾看過星星？小女孩的答案是沒有；可曾看過藍色的天空？小女孩說：「一點點藍藍的。」可曾看過白雲？「沒有。」到了二〇〇九年，中國環境保護部在國內主要城市進行監測「霧霾」的試驗計畫。「霧霾」是政府承認煙霧問題存在之前，用來取代煙霧的委婉用語。環境保護部發現，每年的霾害天數短則五十一天，長則兩百一十一天。

美國商人曼尼．曼南德茲在二〇一七年十二月與我在北京見面，他對我說：「我第一次發現這現象變得明顯，是在一九九〇年代末。」曼尼從中國開放國際貿易後就在中國工作，並在一九八〇年促成美中第一次合資經營。「我記得早年……產業設置在城市中心，因為（交通）方便。但是從永續發展或是都市計畫的角度來看，這樣是行不通的。」曼尼在中國工作了數十年，他的健康也亮起紅燈。「我有哮喘的毛病。我有口罩，也會戴口罩。其實我應該更常戴。如果排放很嚴重，PM2.5 數字真的很高……」他說到這裡停下來咳嗽，彷彿想到這些就想咳嗽，「……我就會至少一個禮拜到十天都在哮喘。這個毛病沒有好過。」他有同事舉家搬離北京，因為不希望「子女從小罹

＊美國國務院後來在全球二十幾間美國大使館實施這項計畫，包括位於德里的美國大使館。我走訪各地期間，發現這些地方的居民普遍認為美國大使館的數據最值得信賴。即時數據可於 www.airnow.gov 查詢。

患呼吸道疾病」。

位於北京的非政府組織「公眾環境研究中心」（IPE）於二〇一〇年首度發表空氣品質透明指數（AQTI）。當時中國任何一個城市，都沒有每日發布的空氣品質數據。公眾環境研究中心的報告還必須使用產業數據，以及中國政府每年發表的「中國環境現況報告書」中的稀少數據。中國環境現況報告書沒提供多少詳細資訊，就只有符合（未定義）國家一至三級標準（未透露）城市的比例。公眾環境研究中心首度發表的報告竟然無所保留，看在很多中國人還有西方人的眼裡很是意外。公眾環境研究中心在二〇一〇年成為第一個打開天窗說亮話的組織：「近年來，空氣汙染成為中國各城市所面臨最迫切的環境問題。空氣品質不佳不僅影響數億都市居民的生活，也威脅他們的健康與安全。中國正處於產業與都市快速發展階段，這也是造成中國境內許多城市空氣汙染的主因……目前中國尚未規畫詳盡的全國空氣汙染與健康監測網路。」相較於含糊籠統的政府報告，公眾環境研究中心明確指出罪魁禍首：「城市的煤煙汙染……二氧化硫，以及總懸浮粒子汙染問題……機動車輛的數量，導致排氣汙染漸趨嚴重。包括霧霾、光化學煙霧，以及酸雨等空氣汙染問題……一天比一天明顯。」

在此同時，美國大使館的空氣品質監測持續發送推文。推特本身已經在二〇〇九年由中國的防火牆封鎖，但幾款手機應用程式還有微博還是貼出 @beijingair 的數據。如果每立方公尺空氣的 PM2.5 濃度超過兩百微克（$\mu g/m^3$），@beijingair 帳號就會自動發出「非常不健康」的警示。如果

濃度超過四百 μg/m^3，就屬於「危險」等級；但如果超過五百 μg/m^3，由於當初設計程式時覺得不可能發生，所以姑且設計成會宣布空氣「爛爆」。二〇一〇年十一月十八日，不可能發生的事發生了。第一則「爛爆」警示在晚上八點發出，當時量測結果突破五百〇三 μg/m^3（隔天又攀上五百六十九 μg/m^3 的新高）。這下子美國大使館和中國政府可就尷尬了。隨後警示訊息改成「超出上限」這種美化過後的字眼，但傷害已經造成。「爛爆」訊息以野火燎原之勢蔓延開來。「中國的社群媒體開始注意到這個訊息，紛紛在微博轉發，」凱特・羅根——公眾環境研究中心主任，她在我拜訪公眾環境研究中心的北京辦事處時對我說，「中國人民終於注意到這個問題。」

接著就是二〇一三年的「空氣末日」。美國大使館在二〇一〇年發布五百 μg/m^3 的 PM2.5 濃度時，就已經震驚了推特圈，沒想到又在二〇一三年一月十二日發布超過八百 μg/m^3 的數據。就連已經勉強開始發布官方數據的北京市環境保護局，也發布了超過七百 μg/m^3 的 PM2.5 濃度。生活在北京的瑞士英國僑民黎安・貝茲回憶：「明明是午餐時間，感覺卻像晚上六點，彷彿夕陽西下，天色開始變暗。真的很誇張，像極了世界末日，正午的天空竟然變成黑色……許多人都嚇死了……就連（先前）持懷疑態度的人都覺得『哇，真的不對勁了』。」

從一月十日至十四日，PM2.5 濃度的數字從未降至三位數以下。整個一月的平均值約為兩百 μg/m^3。具體來說，這種濃度比一般機場吸菸室內（根據二〇一二年一項美國研究為一百六十七 μg/m^3）還高。而世界衛生組織設定的健康值更是僅僅二十五 μg/m^3 的每日上限。在空氣末日期間，根據《南華早報》報導，北京兒童醫院一天收治超過七千名病患，因呼吸道疾病就醫的兒童人數更是創下五年新高。

在空氣末日那年，僑民與本地富人子女所就讀的私立北京順義國際學校，在戶外操場上方架設超大加壓圓頂，將不該吸入身體的北京空氣隔絕在外。圓頂結構是由超大加壓風扇支撐。風扇會過濾空氣，讓付學費的學生又能在「外面」玩耍。也是在那一年，裝滿不含懸浮微粒的壓縮空氣易開罐，開始在北京街頭販售，還有包括「清新西藏」在內的多種空氣「風味」可供選擇。空氣易開罐應該可算是表演藝術的傑作，然而製造這項產品的陳光標，是中國經濟正值巔峰期的企業家。他後來賣出一千兩百萬個空氣易開罐，賺進七百萬美元。可見很多人渴求乾淨空氣，也願意花錢購買空氣。

其實空氣末日並不是單一的空氣汙染事件，只是每年冬季固定會登場的眾多空氣汙染事件最嚴重的一起。二〇一五年前三十年，中國肺癌發生率上升百分之四百六十五，同時期的吸菸率卻下降。二〇一三年，江蘇省一位八歲女童成為中國最年輕的肺癌病患。負責治療的醫師認為，女童是暴露在空氣汙染下才會罹癌。二〇一五年的北京馬拉松當天，有六個人因 PM2.5 濃度過高而心臟病發作。那年發表的一篇期刊論文指出在北京空氣汙染最嚴重的日子，一般市民吸入的空氣汙染量，相當於抽二十五根香菸。中國瀋陽市於二〇一五年空氣汙染最嚴重的一天，PM 汙染達到一千四百 $\mu g/m^3$（幾乎是三個「爛爆」天數的總和），相當於抽六十四根香菸。即使是最老練的老菸槍，恐怕也抽不了那麼多*。當然差別在於瀋陽市的嬰兒與體弱人士，也被迫當了老菸槍。

中國的煙霧涵蓋了倫敦過去與現在所面臨的問題：家庭燃燒煤與固體燃料所製造的煙，還有工業汙染，以及現代運輸煙氣。二〇〇一年，中國道路上的車輛總數僅一千八百萬，到了二〇一五年，中國的車輛總數已達到兩億七千九百萬。

德里，二〇一七年

二〇一七年十一月六日，比利時國王菲利普與王后瑪蒂爾德參加德里的一場慶典，為了紀念一戰期間在法蘭德斯作戰的印度軍人。籠罩儀隊的霧霾，令人想起整整一百年前砲火與毒氣所製造的煙霧。而霧霾並非慶典所刻意安排的懷舊場景。那天早上十一點，位於德里的美國大使館所測得的 $PM_{2.5}$ 濃度，是令人窒息的九百八十六 μg/m^3。印度總理莫迪與比利時國王夫婦準備合影時，已經看不見儀隊。隔天最高PM濃度為一千四百八十六 μg/m^3，為史上最高紀錄之一。直到十一月十七日，數字才降到三位數以下（沒多久又重返三位數）。

位於德里的非營利組織「科學與環境中心」指出，「德里與鄰近地區煙霧的主要來源是車輛、無節制的建築施工與道路粉塵、焚燒垃圾、哈里亞納邦旁遮普的農民焚燒剩餘的稻草……沒有風，

*假設一根香菸平均花十分鐘抽完，而且一根抽完馬上接下一根，抽完六十四根香菸需要十個半小時。

幾乎完全不變的天氣、冬季到來，當然還有排燈節的鞭炮。」德里首席部長阿爾文德·克利瓦爾隨機要求所有學校關閉三天，建築與拆除工程暫停五天，以及關閉德里中央巴達普爾的燃煤發電廠十天。國際媒體發表的報導標題包括「我好無助：煙霧危機中的德里居民」（《衛報》，二〇一七年十一月八日），以及「新德里空氣品質『比一天抽五十根菸還糟』」（天空新聞臺，二〇一七年十一月十一日）。

十一月十九日，印度的新德里電視臺開設辯論節目，有著一段慷慨激昂的開場：「這個禮拜，如果你住在北印度，你大概會很痛苦，因為一層有毒的煙霧，像毛毯一樣籠罩北印度一座又一座城市。但許多人似乎還是照常過日子。空氣品質僅僅從極差轉為很差，我們還會歡呼……政府高層默不吭聲，即使一再有研究發現，這種汙染正在奪走數百萬印度人的性命，環境部長仍宣稱『至少不像博帕爾毒氣事件那麼嚴重』。我們國民和政府的醫療專業人士該怎麼合作，才能將自己從這場健康危機中解救出來呢？」[4]

十一月二十二日，我抵達德里。我搭乘的飛機開始降落，下方有一大片的灰雲，等著飛機的雙翼切割過去。等飛機飛得低一些，我發現那一大片灰色太平坦，太一致，不可能是雲；而且那片灰還是半透明的，視線可以穿透它看見建築物，彷彿泥濘底層的小卵石。我直到那時才發現，這天是晴朗無雲的好天氣，而那片灰原來是煙霧。

我在機場買了手機ＳＩＭ卡，叫了計程車。我沒有使用公共運輸，心裡著實不安，但汽車是現代德里的故事主角。我要自己觀察路上的情況。車子走走停停，而且無論馬路上有幾個線道，實際上很少會少於四或五線道。每一位駕駛發現最小的空隙，都會努力鑽進去，滿心以為自己占了便宜。在計程車後座，我的鐳豆顯示 PM2.5 濃度超過三百 $\mu g/m^3$，這是我個人經歷過的最高濃度。我暗自決定要讓動作盡量慢下來，放緩呼吸與心跳。接下來的日子，我認識了德里街上常有的一種聲音：黏膜炎患者的乾咳聲。無論是駕駛或行人，都總是在清除喉嚨的黏液，吐在地上。這種舉動一點也不文雅，但在德里真的有必要。我這一趟也不時這樣做。

抵達提供住宿及早餐的旅館後，女主人凡達娜端出土司與熱茶迎接我（她顯然很了解英國人）。「你今天來得剛好，」她說，「煙霧已經走了！」我吃了一驚：「走了？」天空明明還呈乳白色，而且昏暗，何況還有我的鐳豆數字。她說：「喔，對啊，上禮拜是一千左右。」她指的是空氣品質指數（AQI）*，「現在只有兩百左右，煙霧大概是一天前走的。」但她還是建議我買口罩，就算走在路旁也該戴。「你走一天下來喉嚨應該會痛，」她說，「會痛就拿水壺煮些熱水漱口，像幫喉嚨洗澡一樣，就不太會痛了。」她離去好讓我打開行李，我走向房間裡的室內空氣清淨機，調高一級。但我看著窗簾在寬鬆的窗框旁飄動，就知道調高也沒什麼用。我上床睡覺，鐳豆的

---

* 空氣品質指數（AQI）是某些政府機構與空氣品質應用程式所採用、將所有汙染物彙總計算製作成整體的健康警示。不過一般說來，空氣品質指數超過兩百大概可換算成兩百 $\mu g/m^3$ 的 PM2.5 濃度。

讀數始終沒有降到七十 μg/m^3 以下。隔天早上，一群工人正在拆除我住的旅館對面的一排樓房，是徒手一塊磚接著一塊磚拆掉。他們生火取暖與煮食。我不曉得他們燒什麼東西生火，但聞起來有股噁心的甜味。我的鐳豆讀數突破兩百 μg/m^3。

那天我拜訪印度理工學院（IIT）。校園中大片草坪與私有道路圍繞著一九七〇年代由混凝土打造的系所建築，這些建物很少超過三層樓高，橫跨眼前的地平線。我在土木工程館二樓，尋找上面有「穆可希．凱爾教授」名牌的棕色門。

「我在一九九一年開始在印度理工學院德里校區當教授，從此一直在做空氣品質研究。」凱爾教授對我說。「德里在一九九〇年代有一氧化碳的問題。但是……現在的問題是二氧化氮加上一氧化碳，因為有高溫燃料，還有 PM2.5 的問題。柴油也是一個因素。」德里最近因空氣汙染，榮登全球汙染最嚴重的大城市之首。官方發布的德里二〇一四年年平均 PM2.5 濃度是一百五十三 μg/m^3，比世界衛生組織的上限高出十五倍；每日濃度經常超過五百五十 μg/m^3（高於北京五百 μg/m^3 的「爛爆」標準）。

我拜訪中央道路研究院（CRRI），高級首席環境科學家尼拉．夏瑪博士研究道路排放長達二十五年，他把手伸進辦公桌抽屜對我說：「我很喜歡蒐集剪報。你看看這些。」他拿出精心剪下的厚厚一疊剪報。我唸著其中幾篇：「德里空氣品質略有進步，又掉回極差」、「今年排燈節德里汙染較少，但空氣品質仍差，遠低於安全水準」、「政府表示施放煙火導致空氣汙染驟升」、「低風速導致德里空氣品質極差」、「德里，我會死在妳手裡」，以及「煙霧讓城市窒息，醫生發布衛生緊急狀態」。我問他，你覺得是嗎，那是衛生緊急狀態嗎？「是，我覺得這次是。大概在十天以前，我二十五年來頭一次在戶外出現窒息感……我（以前）常常覺得不舒服，但那次是覺得真要窒息了。」

在我寫這本書的時候，德里是全球人口第二多的城市。聯合國預估德里人口將從二〇一四年的兩千四百九十萬，成長至二〇三〇年的三千六百萬。隨著城市擴張，汽車與道路的數量也大幅成長。夏瑪博士表示德里的車輛數量在二〇一〇年大約是六百萬，「現在已經是一千萬了。」根據研究，德里的空氣汙染約有百分之七十二來自車輛汙染，而一九七〇至七一年的數字僅有百分之二十三。印度其他城市並沒有選擇同一條發展的道路。大孟買地區雖然擁有與德里一樣多的兩千〇七十萬人口，在同時期的車輛總數，卻僅從一百萬增至一百七十萬。

德里商人舒布哈妮對我說：「每年都會看見孩子們使用噴霧器。他們會咳嗽、會生病。我一位朋友的孩子就得一直吃藥。其實原因沒有別的，就是我們呼吸的空氣。」她很想拿證據給我看，開始找存在手機裡的一張圖片，是兩個月前的報紙頭版，上頭列出印度的幾大死因。一九九〇年的前五大死因分別是腹瀉、下呼吸道併發症、早產併發症、結核病和痲疹。到了二〇一六年，心臟疾病突然躍居榜首，占總疾病負擔的百分之八．七——在一九九〇年才占百分之三．七[5]；第二大死因是慢性阻塞性肺疾病；第三大是腹瀉；第四大是下呼吸道併發症；第五大是中風。前五大死因的每一個新成員，都跟空氣汙染密切相關＊。中央控制汙染委員會空氣實驗室的主任於二〇一七年七月對《印度斯坦時報》表示，德里在過去五百三十五天當中，沒有一天的空氣品質稱得上「良好」。

身兼經濟學家、財經記者，又自稱「德里高中生媽媽」的喬緹・潘德・拉瓦克爾，協助經營一群憂心忡忡的家長所組成的活動團體。她家位於林蔭茂盛的中產階級社區，每隔一條街就有公園，澆水澆個不停。每個入口大門外面都有警衛坐鎮。這樣的社區照理說不該有汙染的惱人困擾，但我的鐳豆告訴我，這裡的 PM2.5 濃度高達兩百八十 $\mu g/m^3$。在閣樓，一道道陽光將戶外空氣照亮得像粉塵一樣。喬緹告訴我，有些外國使館已經把德里歸類為「苦難駐點」，再也不派有家眷的外交官到德里來。而就在煙霧肆虐最嚴重的十一月，聯合航空取消了前往德里的班機。「這在國際社會已是公開的祕密，」喬緹說，「大家都知道，可是沒有人想談。」她的手機大聲作響，鈴聲是酷玩樂團的〈黃色〉。她帶著歉意說：「醫生打來的我就得接……說起來很好笑，我是出自個人因素在打這場仗。我媽才剛診斷出肺癌。她在德里住了很久。我們家沒有癌症家族史……我媽也不抽菸，她只是呼吸德里的空氣而已。」

我離開德里才過幾天，國際板球賽就在首都登場，是印度與斯里蘭卡之間不甚友好的一場比賽。結果煙霧濃度太高，導致裁判暫停比賽二十分鐘，還與兩隊的隊醫商量。這是史上頭一次國際

＊我們在第六章會看到，因空氣汙染導致中風與心臟疾病的死亡人數比肺部疾病還多。

板球比賽因煙霧暫停。比賽最後繼續進行，但兩位投手因呼吸困難離場。斯里蘭卡隊教練對記者訴苦：「我們的選手離場還嘔吐，更衣室裡還有氧氣鋼瓶。」[6]

洛杉磯的「光化學煙霧」

洛杉磯的第一場煙霧在一九四三年降臨。當時還在二戰期間，很多人以為是日本人發動化學攻擊，街頭一片恐慌。誰知道威脅來自自己人，而且早該預料得到。洛杉磯就像墨西哥市與北京，是天然的汙染儲存槽。洛杉磯坐落在盆地（面積約一千六百三十平方英里），高山環繞，困住了底部空氣。二十世紀初，煉鋼廠、化學廠，以及垃圾焚化爐的煙氣，慢慢填滿整個盆地。一九四三年的煙霧過後，政府機關委請加州理工學院生化學家艾利．哈根史密特博士調查煙霧起因。博士在研究中發現引發臭氧汙染的過程，也首度提出「光化學煙霧」一詞。

哈根史密特博士的論文「洛杉磯的空氣汙染控制」發表於一九五四年十二月的《工程與科學》，結論提到：「化學分析結果顯示，煙霧含有眾多物質，包括二氧化硫與粉塵，在工業區可是著名的大麻煩……我們發現有機物質的光氧化，與臭氧的形成有相關性，因而（有）更多科學證據能證明，控制碳氫化合物的排放確實有其必要。」《紐約時報》於一九七七年刊出哈根史密特博士的訃文：「他幾乎憑藉一己之力，來對抗石油與汽車產業燃料製造的汙染，勸導產業過濾煙囪煙氣，力勸汽車廠開發能減少廢氣煙霧的硬體設備，也一再強調產業擴張必須有所規畫。」然而有件事情他倒是阻止不了，那就是洛杉磯與汽車迸發的愛火。德芙拉．戴維斯博士估計，到了一九五五年，洛杉磯的五百萬居民約有一半人口擁有汽車，一年總共燃燒五萬八千公噸的燃料。洛杉磯過去以電車聞名，擁有一千五百英里的軌道。但就和倫敦一樣，隨後因汽車而拆除電車軌道。戴維斯指出在一九五四年，「曾經服務好萊塢的電車與電列車，它們淋上煤油點燃，化為巨大的營火。」[7]若要以一個畫面總結二十世紀中期，人們選擇化石燃料、而非電力的錯誤，我想非這個場景莫屬＊。

一九五〇至七〇年，南加州人口成長一倍，車輛數量卻成長兩倍。朗諾．雷根州長於一九七四年呼籲加州居民「除非必要，否則盡量不要開車」，並且放慢開車速度以減少排放。但他的呼籲沒帶來太大效果。加州在八〇年代進行檢視交通汙染對健康影響的研究中，意外發現心血管疾病導致過早死亡的機率很高。

瑪莉．尼可斯於一九七九至八三年擔任加州空氣資源委員會主席，她回憶道：「光是降低空氣中（揮發性有機化合物〔VOC〕）的含量……就已經備受爭議，而且還引發訴訟。要跟南加州愛迪生公司這樣的企業打官司，每次光開庭就花上好幾個小時。南加州愛迪生公司傾全力對抗，請了

＊一九〇〇年，紐約大街小巷有六百輛電動計程車，約占總車輛數三分之一；就連保時捷也在一八九八年推出全電動車款「P1」。那後來到底發生了什麼事？一九〇八年，史上第一款平價量產汽車，也就是福特T型車，選用了汽油引擎。後來德州發現原油，突然間市場上原油氾濫。不久，控制與分配石油的能力，成為是否具備強國資格的關鍵。政府開始鼓勵、甚至補貼石油的消費。相較之下，國內少有人關注的電動運輸逐漸式微。

各式各樣的科學專家要我們相信不應該（降低排放）。」洛杉磯煙霧最嚴重的時候，「你呼吸都覺得肺在燃燒，而且味道很臭，真的有一種氣味、有一種味道，然而你知道空氣不應該是這樣。」尼可斯說，「有一種工業的、化學的味道。你很難看見東西，而你看得見的東西看起來都很乏味。對周遭事物的影響也很明顯，它會影響建築物或紀念碑，會侵蝕大理石和石材；人類跟動物也是，寵物也會接觸到，導致呼吸難受，人們幾乎無法到戶外，也有人呼籲要減少外出……所有人就困在室內。」

一九八〇年代，山姆．阿特伍是聖貝納迪諾《太陽報》及聖塔菲《新墨西哥人報》日報記者。他在一九九〇年以探討煙霧對健康影響的八篇系列報導，贏得全國新聞獎。「大約在一九八七年，有個在南加州的報社職缺，」他說，「我飛過去面試。到現在還是會碰到類似狀況……就像飛進一整張煙霧網……聖蓋博的山脈很美，距離機場不到十六公里，但是我完全看不見。我差點恐慌症發作，我忍不住想：『我在這裡幹嘛……我以後要呼吸這種空氣？』」山姆搭的飛機降落時，正好遇上當時常發布的第一階段煙霧警示。第一階段代表臭氧濃度很高。「任何人在那種濃度下都會感到不對勁，連深呼吸都很困難，胸口很沉鬱。空氣品質影響了每一個人。」他說洛杉磯「向來有很嚴重的臭氧問題，這始終也是我們面臨的最大挑戰。」

二〇一二至一四年，洛杉磯有八十一天發出臭氧濃度過高的「紅色警示」。相較之下，整個佛羅里達州在同一時期只有一天。加州洛杉磯大學乾淨空氣中心的教授兼主任蘇珊．寶森認為現在的問題「仍是內燃汽車，（再加上）其他來源，例如越野車、工程車、飛機、火車，還有船隻：送往洛杉磯的貨運量很多，從亞洲送往美國的貨物約有一半要經由洛杉磯與長灘的港口。」總而言之，「我們要是能毅然放棄這些燃燒，就等同解決了所有（空氣汙染的）問題。」

美國肺臟協會在二〇一六年發表的空氣現況報告指出，加州十二座城市的臭氧汙染比前年同期成長。在過去十六份報告中，洛杉磯十五次登上「汙染最嚴重」的名單榜首。在二〇一六年，美國西部各州的五個城市，經歷報告開始發表以來最嚴重短期每日汙染事件，主要是因為夏季乾旱與野火增加，「不過還有其他因素。有些日子的微粒濃度較高，往往是因為使用燃燒木柴的暖爐、塵爆、野火；天氣型態也將發電廠、卡車、公車、火車、船隻和工業來源的排放困在一個地方。」在全美，每十個美國人就有超過四個（百分之四十四）居住在臭氧汙染或微粒汙染有害健康的郡，比例比二〇〇九至一一年更高。僅僅是 PM2.5 每年在美國造成的死亡人數，就是交通意外事故的兩倍之多。美國肺臟協會也提出警告，有強大勢力想要「削弱（美國的）《空氣淨化法》*……破壞

*一九七〇年制訂、一九九〇年修訂的《空氣淨化法》，授權美國國家環境保護署（EPA）管理空氣汙染排放，並訂定對有害公共衛生的六大「標準空氣汙染物」的國家周圍空氣品質標準（NAAQS）或上限。六大標準空氣汙染物分別為二氧化氮、懸浮微粒、二氧化硫、一氧化碳、鉛和臭氧。各州也必須提出執行計畫，說明要如何達成這些目標。編注：美國於一九七〇年生效的《空氣淨化法》實行四十多年來，成功降低空氣中細懸浮微粒 PM2.5 數量，並顯著提升美國人的壽命。美國前總統歐巴馬也根據此法限制發電廠、小汽車和卡車等廢氣排放量。川普上任後，於二〇一九年廢除《清潔水法案》，即放寬燃煤電廠排放水汙染的標準；並揚言退出取代京都議定書、對抗全球氣候變化的「巴黎協議」。

這個國家為健康空氣而戰的能力」。川普政府執政至今，這番話似乎已然成真。

巴黎：充斥氮氧化物的氣體

我前去拜訪塞納河南岸的巴黎地區空氣品質監測組織，艾蜜莉．弗利茲向我致歉，因為她一副疲累的模樣。前一天正好是巴黎的「無車日」，是一年一度的大日子，鼓勵市民在這天不要使用汽車。巴黎地區空氣品質監測組織是巴黎官方空氣品質監測組織，艾蜜莉是組織裡的環境生物學家，前一天晚上跟記者談到很晚。她上一次接受電視臺訪問是在自己家裡。「我累到沒辦法繼續工作，所以說：『好啊，沒問題，但你要到我家來才行。』」

她帶我到她樓上的辦公室，一張大大的辦公桌擺滿了報告與期刊論文。「巴黎很幸運，能擁有這樣的地理環境，」她說，「地形非常平坦，周圍沒有山丘。沒有大型工業，也不是工業區。風量和雨量都很多，空氣品質很好……但是如果天空很低，又沒有風，那就等於跟沒熄火的車子一起關在車庫裡。」

二〇一六年十一月三十日至十二月十七日，大巴黎地區經歷十年來為期最長、也最嚴重的汙染事件。當地交通與家庭生火的排放，加上沒有風，整個巴黎 PM10 濃度因此升高，真的就像跟沒熄火的車子一起關在車庫裡。十一月三十日星期三，巴黎中區聖丹尼的每小時 PM2.5 讀數來到一百九十五 $\mu g/m^3$ 高峰；隔天歌劇院廣場的二氧化氮濃度也高到破表，達到令人窒息的兩百八十三

μg/m^3。情況在週末有所好轉，但到了下一個禮拜又惡化。所有的公共運輸，以及巴黎的公共單車租借與電動汽車租借，全都開放免費使用，就是要阻止居民發動汽車引擎。巴黎的醫院急診室收治了兩千多名氣喘兒童。到了十二月八日，《二十分鐘報》日報頭版大喊「煙霧會殺人」；電視新聞頻道「法蘭西二十四」指出「當地政府與中央政府不和，互相指責彼此是嚴重汙染的元凶。」「終結汙染」運動網站則宣稱：「居住在汙染高峰的巴黎，就像在二十平方公尺的室內空間一天抽八根香菸。」

法國公共衛生局統計，法國一年有四萬八千人因空氣汙染喪生，其中有三萬四千個案例屬「可避免」的死亡。「這個結果告訴我們，在居民超過十萬人的都會區，PM2.5 導致三十歲的人平均壽命平均減少十五個月；在（人口）介於兩千至十萬的地區，平均壽命平均減少十個月；在鄉村地區，平均壽命平均減少九個月。」但重點在於，這些數據並不只和二〇一六年十二月這類汙染高峰事件有關。法國公共衛生局在二〇〇七至一〇年研究法國十七個城市，發現「長期每日接觸汙染對健康的損害最為嚴重，汙染高峰的影響其實有限。」

很多問題從一九七〇年代就開始了。為了拓寬塞納河沿岸道路，巴黎大堂市場遭拆除；為了讓汽車更方便進出巴黎中區，興建了地下公路隧道。一九七三年，環繞全巴黎的環城大道完工。結果非但沒有緩解壅塞，反而吸引更多車流量。二〇一〇年，約三百六十萬法蘭西島大區居民（巴黎周圍地區居民）所接觸由交通製造的二氧化氮濃度，可能超過一年的上限。路邊的二氧化氮濃度則從一九九七年開始逐年增加。相較於德里或北京，巴黎的 PM2.5 問題乍看算輕微，但巴黎的氮氧化物問題（二氧化氮＋一氧化氮）比這兩個城市更嚴重。巴黎地區空氣品質監測組織在二〇一〇年發表的年度報告指出：「無論是一般環境、還是路邊的二氧化氮濃度變化，大概都與柴油引擎車輛的初級二氧化氮排放相關。現在大多數新款柴油車輛雖會安裝過濾器，能降低微粒排放，卻也造成二氧化氮排放量大增。目前已確定，二氧化氮在氮氧化物排放所占比例穩定上升。」二〇一二年，巴黎不定期向市民發出了四十四次嚴重汙染警報；到了二〇一三年，法蘭西島大區每天就有一千四百六十萬趟駕車行程，其中約有百分之六十五在巴黎。[8] 根據巴黎地區空氣品質監測組織於二〇一七年發布的報告，主要道路的二氧化氮濃度是遠離道路地區的兩倍，而且往往比歐盟的年度上限高出兩倍之多。

艾蜜莉將巴黎目前的空氣汙染形容成「二氧化氮＋ PM10 ＋ PM2.5。還有一些苯的問題沒解決；以及巴黎之外其他地區的臭氧……農業煙霧與木柴煙霧也很嚴重。」她說空氣汙染現在已是「（社會大眾）最憂心的事情之一，僅次於工作。說穿了每個人都很擔心自己的健康。」巴黎地區空氣品質監測組織舉辦的意見調查也顯示，半數巴黎居民都很憂心突破健康水準上限的二氧化氮濃度。

二〇一七年，五十六歲的巴黎市民、瑜伽老師克勞蒂德・諾涅茲成為史上第一位控告法國政府未盡力防止空氣汙染，並使其持續損害她的健康。她在巴黎生活三十年，嚴格遵守健康飲食，也定期運動，健康狀況卻每況愈下。二〇一六年十二月的煙霧更是讓她的健康跌落谷底，她懷疑是空氣汙染惹的禍。醫師也認同。「我的醫師說巴黎空氣汙染太嚴重，我們呼吸的空氣爛透了。」她對法國新聞廣播電臺說，「我的醫生也有其他跟我一樣的病患，這當中包括嬰兒跟孩童。連我的心臟科醫師也這麼說。」她的律師弗蘭索瓦·拉弗格向《世界報》表示政府必須拿出作為，遏止每年導致四萬八千名法國人死亡的原因。「我們要逼迫政府，因為它們並未拿出實際作為對抗空氣汙染，以致人民患病。」

二〇一七年二月十五日，歐盟執行委員會對法國發出最後警告，因為法國包括巴黎在內的十九個空氣品質區持續違反二氧化氮濃度上限規定，而法國政府依舊毫無作為。歐盟執行委員會指出：「關於歐洲周圍空氣品質與空氣淨化的歐盟法令（指令二〇〇八／五〇／歐盟執行委員會），明訂歐盟各會員國皆應遵守空氣品質上限標準，也要求各會員國限制國民接觸有害空氣汙染物。儘管如此，（巴黎的）空氣品質卻始終無法改善……交通排放的氮氧化物總量當中，大約百分之八十來自柴油引擎車輛。」

全球的空氣汙染

來到二〇一〇年代，空氣汙染已經成為全球問題，上述五個城市只是冰山一角。空氣汙染已經超越衛生不良與水質不佳，成為全球造成過早死亡的第一大環境因素。世界衛生組織的最新評估顯示，每年約有四百二十萬人死於戶外空氣汙染，遠遠超過死於愛滋病、肺結核與車禍人數的總和。根據世界衛生組織在二〇一八年發布的數據，全球每十人就有九人正在呼吸含大量汙染物的空氣。聯合國兒童基金會研判全世界有二十億兒童，生活在汙染程度超出世界衛生組織空氣品質標準地區；而且每年有將近六十萬名五歲以下兒童，死於空氣汙染所造成、或因空氣汙染而惡化的疾病。

空氣汙染顯然不只是歐洲、印度、中國或美國的問題。根據世界衛生組織的周圍空氣汙染資料庫，二〇一六年全球汙染最嚴重城市是伊朗的扎博勒；「前五十大汙染最嚴重城市」的非洲代表是喀麥隆的巴門達、烏干達的坎帕拉，以及奈及利亞的卡杜納（不過世界衛生組織也明確指出，「非洲及某些西太平洋地區嚴重缺乏空氣汙染數據」）。包括哥倫比亞的波哥大在內等南美洲城市海拔較高，因此飽受困在山區盆地的柴油汙染影響。幾乎所有中低收入國家的城市，具體來說是百分之九十七，並不符合世界衛生組織的空氣品質標準。

全世界都有煙害問題。只要是可燃，尤其是化石燃料，我們就樂於燃燒，鮮少在乎煙害的成分，或是它的去向。那麼煙害到底有**哪些**成分？又會去向**哪裡**？

第二章
人生就是一種氣體

我很快就發現，我需要上化學速成班，尤其是大氣化學——有些汙染物質更有害，有些來源更重要，而我需要有人指導才能分辨。我的身體與心靈所經歷的科學教育旅程，起點都非常類似：一開始，迷路的我在一個單調灰暗的日子，漫無目的徘徊在單調灰暗的圓環。這個圓環（是我真正遇到、不是內心想像的）正好位於英格蘭約克郊區。幸好艾利．路易斯教授出來接我。大學的夏季學期已經結束，平常熱鬧吵雜的校園現在就像店鋪盡數打烊的郊外商業區。幾位外國學生悠哉晃蕩，博士後研究生拉高了平均年齡。而像艾利．路易斯這樣的學者則好好把握這安靜的片刻，專心撰寫期刊論文與申請獎助。艾利身為大氣化學教授，在這領域已經研究數十年，但他穿著牛仔褲和褪色的 Patagonia T恤，看起來一點也不像大學教授。

我們走向大門，看見了化學系理所當然會出現的場景。一臺小卡車停在系館門外，盛裝小罐小罐的液態氮。我有點怕，馬上繞開*。「以前附近學校的老師會來向我們借一點，上課的時候用。」艾利對我說。「他們會拿保溫瓶過來，我們就讓他們免費裝一瓶回去。現在當然不可以。」他嘴上這樣說，其實也不知道為什麼不行。

他帶我參觀伍夫森大氣化學實驗室大樓實驗室。這棟大樓是新建築（二〇一二年落成），要不是大家又開始關注空氣汙染，也不會有這棟大樓。大氣化學領域在以往始終不夠迷人，總是吸引不到多少經費。二〇〇〇年代初期，像艾利這樣的大氣化學家幾乎撐不下去。他的系所先前得因陋就簡，跟其他系所一起擠在六〇年代的老建築，實驗室還會傳出分析機的吵鬧回聲。而在他現在帶我參觀的實驗室裡頭，天花板懸掛著隔音板，牆上也貼著隔音板，同樣的分析機頂多只哼著微小的聲響，質譜儀正在分析來自馬來西亞的氣懸膠；汽車引擎大小的氣體測量儀才測量完高海拔地區的汙染，在地上閃著亮光。我發覺有個地方很符合英式風格：一臺昂貴的尖端儀器旁，擺著看起來貌似業餘的錫箔紙，幾個瓶子裡裝滿一圈圈的銅線。

艾利在一張監測站大照片旁停下。監測站位在維德角，約克大學數十年來在此研究大西洋兩岸的汙染。監測站在去年發現乙烷濃度四十年來首度上升，可能是美國液體壓裂工業造成的。不過艾利表示，不能把一種氣體或是一種汙染物單獨拿來看，應該了解整體的複雜化學作用。「大氣層說穿了是一種低溫燃燒，有點像一把火，不斷燃燒我們丟入的大多數垃圾；如果大氣層不會低溫燃

＊顯然我看太多那種科幻片情節，一具屍體放入液態氮冷凍，又莫名其妙掉在地上，摔成無數碎片。

燒，汙染物濃度只會愈來愈高、愈來愈高。所以我們希望排放的絕大多數東西，到頭來都能經過化學反應變成二氧化碳與水。」絕大多數的東西？「對，並不是所有東西。」

說到氣體，有些是空氣汙染的主角，還有一些是戲分不多的重要配角（有時候也會搶戲）。乾淨的空氣包含百分之七十八．〇九的氮分子。其餘是百分之二十．九五的氧，以及微量氣體，例如百分之〇．九三的氬和百分之〇．〇四的二氧化碳。地球上的生物已經習慣（也可以說依賴）這種微妙的平衡。按照定義，所謂空氣汙染意指我們呼吸著不該呼吸的東西。有我們的身體不該接觸的東西，硬是擠進空氣中，與微量氣體共存。那麼這些闖入空氣的不速之客是誰？是怎麼闖進來的？哪一個是我們最該擔心的？

主角

二氧化氮

我們呼吸的氮（叫做「N_2」，因為有兩個N原子〔氮原子〕連結在一起）具有惰性，意思是不會跟任何物質起化學作用。可以把氮當成雞尾酒調製器，把好東西，也就是氧，帶入我們的血流*。但

*氮也是一種重氣體。意思是說幾千年來地球的引力抓住了氮，形成現在的大氣層。而在大氣層的高層，也就是增溫層，氦與氫這些輕氣體較為充沛。

所謂「活性氮」的化學成分不同，那是來自氮分子分裂開來與其他物質結合。有時這是自然作用，例如閃電有足夠的熱能將氮與氧結合在一起，形成氮氧化物氣體。但在我們的城市，氮氧化物（也就是一氧化氮與二氧化氮的統稱）的單一最大來源是運輸煙氣。每個汽車引擎的作用就像迷你閃電，在道路上演一場永不停歇的暴風雨。二氧化氮會導致嚴重的健康問題，是我們最大的擔憂；一氧化氮危害較小，但往往會在空氣中迅速起化學作用，形成更多二氧化氮。

英國環境、食品和農村事務部二〇一五年發表的研究顯示，大約百分之八十的都市氮氧化物排放來自交通運輸，其中高達三分之一指向柴油汽車；其餘百分之二十多半來自鍋爐的氣體燃燒；飛機也從上空散播一些氮氧化物到我們頭上，占歐盟所有運輸氮氧化物排放量的百分之十四。歐洲的航空運輸氮氧化物排放量，從一九九〇至二〇一四年足足成長了一倍，預計在二〇一四至三五年會再成長百分之四十三。二〇一〇年，航線紀錄的電腦模型發現汙染擴散不只超越國界，也從一大洲擴散到另一大洲。以巡航高度飛行的飛機，排放的煙氣經由風流運送，最遠可擴散至一萬公里之外，通常是往航線的東方擴散。因此歐洲與北美上空的高海拔飛行，其排放的煙氣通常會擴散到整個亞洲。總氮氧化物汙染量中，通常約有四分之一來自工業與能源生產。至於氮氧化物的最終去向，則是讓人們的肺部發炎，並將土壤、森林與水質酸化。一九五〇年代，首度發現活性氮導致墨西哥灣藻類繁生。藻類倚靠氮汙染生長，死亡後不斷累積，變得太過密集，形成無氧的死區。二〇一七年，死區的總面積已然擴張到兩萬兩千七百二十平方公里（相較之下，與以色列及約旦接壤的知名「死海」面積僅六百〇五平方公里）。

氨

氨（NH_3）是空氣中另一種活性氮基氣體，由一個氮原子結合三個氫原子組成。在大氣中，我們會吸入氨，氨會讓我們的肺部與眼睛感到不適，比氮氧化物更容易酸化生態系統。根據聯合國糧食及農業組織（FAO），農業是人為（人類製造的）氨的最大來源。僅僅舉兩個例子，人類將氮含量高的蛋白質飼料餵給牛與家禽。這些飼料多數都未經消化就從尿液與糞肥排出，將氨排放到空氣中。「空氣汙染化學在化學上的弔詭之處，」艾利說，「就是氨與氮氧化物個別都是氣體，但在空氣中相互產生化學反應後，就會形成小小的液體微滴，並由人體吸入。這些小微滴如果在正確的環境下成形，甚至會形成雲朵，改變降雨量。於是我們才慢慢了解到，有多少汙染物能滲入環境的其他地方，甚至（影響）天氣。」在前工業時代，全球氨排放量約占現在排放量不到百分之三十。因為全球人口持續增加，肉類食用量也不斷上升，以致氨排放量大幅成長。在歐盟，二〇一五年百分之九十四的氨排放量來自農業，其中半數來自牛，四分之一來自肥料。

臭氧

氮氧化物是目前空氣汙染的明星，也是媒體最關注的角色，但臭氧登上標題的時間更久。在一九五〇年代的洛杉磯，加州理工學院的哈根史密特博士發現，「臭氧是在空氣中有二氧化氮的情況下，陽光對有機物質產生的作用所形成。」換句話說，二氧化氮與有機物質（就是我們接下來會討論的揮發性有機化合物）的微粒一起飄浮在空氣中，如果遇到晴朗天氣就會形成臭氧。臭氧可在數小時內形成，尤其是炎熱無雲的日子。臭氧濃度暴增，也導致就醫人數大幅上升。臭氧濃度過高會導致肺部組織發炎，引發氣喘發作，兒童與老人尤其危險。根據歐洲環境署指出，目前歐洲每年有一萬四千四百人因接觸過量臭氧而死亡。但這並不只禍及人類。臭氧濃度過高也毒害大多數的動植物——小麥、玉米、稻米、大豆等主要作物容易受地球表層臭氧汙染影響，進而危及全球食物安全。

美國針對臭氧濃度制訂的健康標準是七十五個 ppb（十億分點）。毫克與公斤都是重量單位，很難換算成氣體，所以空氣中的氣體含量通常是以某體積空氣所含有的部分作為單位。美國國家環境服務中心（N E S C）提供了很實用的資料表，顯示一個 ppb，相當於在一包十公噸重的洋芋片中加一小把鹽。如果空氣中氣體汙染物很多，也就是說你把一桶桶的鹽倒入洋芋片，那就很容易放大以 ppm 或是 ppb 計算。世界衛生組織在二〇一六年調降了臭氧濃度的建議上限，從先前八小時平均六十個 ppb，調降至五十個 ppb。這次調降是依據「最近研究證實，每日死亡率與臭氧濃度下降確實相關」。在哈根史密特博士的研究期間，洛杉磯的臭氧濃度突破六百個 ppb。

相較於其他空氣汙染物多半是愈接近來源影響愈大，臭氧的影響範圍卻往往可遠至來源的數英里之外。「很多人認為一個區域的臭氧在兩至二十四小時形成，」艾利說，「然而當平均風速每秒十公尺，那麼兩至二十四小時就能擴散到兩百至四百公里以外。所以即便臭氧在市中心不是問題，但距離市中心愈遠，濃度卻逐漸升高。」因此洛杉磯、北京，和波哥大等城市陷入進退兩難。群山環繞的盆地把臭氧困在裡面，像一只被遺忘的茶包般持續悶燒。

羥基（OH）是一個氧原子與一個氫原子的結合，臭氧與太陽紫外線的化學反應（還是要把大氣想成持續燃燒的火焰）也是羥基的主要來源。這就製造出活性極高、壽命極短，卻仍然可在短時間內造成很大損害的「自由基」（羥基在大氣的壽命介於〇．〇一至一秒之間）。加州洛杉磯大學大氣化學教授蘇珊．寶森將羥基形容成「長得一節一節的小小分子，總想從別的物質身上拿一個氫分子來製造水……而且幾乎每次都會成功。」因此羥基會將遇到的所有物質予以氧化（侵蝕）＊。但羥基並非徹頭徹尾的壞蛋，而是大氣中很重要的清道夫。寶森說，要是沒有羥基，大氣中的溫室氣體會在大氣當中不斷累積。而我們應該把羥基當成超級凶猛的看門狗，能力出色，但千萬要拴好。

臭氧會那麼有名當然還有另一個原因。「臭氧層」會在距離地球表面大約十五至三十五公里的平流層自然形成，變成一道保護層，為地球隔絕太陽的紫外線B。地球大氣的臭氧當中，超過百分之九十一位於臭氧層，是地球上生物得以存活的關鍵。臭氧層之於地球，正如防曬油之於人類的皮

＊我在第六章會討論「氧化壓力」與自由基對健康的影響。

膚。所以天上的臭氧很好，我們只是不希望臭氧來到地面。其餘百分之九的臭氧則在地面形成，幾乎完全來自我們自身的排放。

揮發性有機化合物

除了陽光與二氧化氮之外，形成臭氧的第三個重要成分是揮發性有機化合物。之所以叫「揮發性」，是因為它沸點很低，很容易蒸發到空氣中。「有機」的意思並不是指能在農民市集買得到，化學上對「有機」的定義是含有碳原子與氫原子。「化合物」的意思是會以很多種不同型態出現，要看碳原子與氫原子有幾環。我在艾利的小辦公室訪問他，他對我說：「這裡大概就有三千種不同的揮發性有機化合物。」例如亮光漆會釋放二甲苯；你到加油站加油，聞到的味道含有苯（C_6H_6）、甲苯（C_7H_8），以及二甲苯（C_8H_{10}）；全球大多數揮發性有機化合物來自樹木，多半是異戊二烯（C_5H_8）。揮發性有機化合物的釋放，會在森林上空形成帶點藍色的薄霧，例如美國的大霧山山脈和澳洲的藍山山脈。所以雷根總統才會在一九八一年說：「樹木製造的汙染比汽車還多」*。以很基本的事實來看，這句話其實沒錯。「百分之九十的揮發性有機化合物來自樹木，這倒是真的，」艾利說，「不過當然絕大多數都排放在完全乾淨的亞馬遜河。那裡只有揮發性有機化合物，沒有半

---

* 據說雷根也在一九六五年對著西部木材產品協會一群熱情的伐木工人說：「樹就是樹。欣賞用的還需要增加多少呢？」

點氮氧化物，所以進入空氣後就會氧化，然後消失。這是一種自然循環。」可是到了城市，他指出：「假設有二十個 ppb 的氮氧化物，還有一千個 ppb 的揮發性有機化合物，加上陽光，每小時大概就能製造出二十個 ppb 的臭氧，速度非常快。」

揮發性有機化合物的重要性，來自它是製造臭氧的原料。但有些揮發性有機化合物會直接傷害人體。苯是一種已知的致癌物；甲苯對中樞神經系統有毒。一項在一九九五年發表、針對奈及利亞人口超過一百萬的城市拉哥斯的研究，發現拉哥斯的戶外苯濃度為兩百五十至五百 μg/m^3，而歐盟的法定上限才五 μg/m^3。有些苯與甲苯的來源較不為人所知，例如墨水、清潔劑或指甲油；而最大來源則幾乎無人不知：車輛燃料。一九九五年的拉哥斯研究直指汙染是「很多大量排放的車輛，加上經常發生的交通壅塞所引起」，以及「排放黑煙的柴油車輛」[1]。

有些較複雜、且最具危險性的有機化合物是多環芳香烴（PAH），例如苯並[c]菲（$C_{18}H_{12}$）、苯並[a]芘（$C_{20}H_{12}$），以及苯並[e]芘（$C_{20}H_{12}$）。這些是由燃燒化石燃料與生物質量（尚未成為化石的有機燃料，例如農業殘留物）所形成。接觸過量的多環芳香烴，與呼吸道疾病與癌症有關，會導致基因突變。萘（$C_{10}H_8$）因具有濃烈的香氣，因而成為某些樟腦丸的主要成分，但如果大量吸入或吸收，會導致紅血球崩解。在我寫這本書的時候，我可以在 eBay 網站上以四・六五美元購買一包號稱「純度百分之九十九」的一百公克裝「萘丸」，但我沒有買。

苯並[e]芘是多環芳香烴的一種，最大來源是農業殘株焚燒，也就是收割過後將田裡的作物殘株燒掉。在非洲人口密度第二高的國家盧安達，大多數人口都從事自給自足式農業。盧安達的農業焚燒所製造的霧霾能存在半年之久。盧安達氣候觀測站是麻省理工學院與盧安達合作的計畫，觀測站的首席科學家蘭利・德威特博士表示：「觀測站坐落在鄉間山頂，我們測量來自非洲中部、東部與南部的氣團……發現盧安達的生物質量焚燒季節造成的影響很大……兩次焚燒季節都發生在盧安達兩個乾季期間，一個是十二月到二月……另一個是六月到八月。」

農業焚燒也是為了清出新土地，包括焚燒原始森林。一九七六至二〇一〇年，巴西亞馬遜河超過七十五萬平方公里的森林遭到清除，相當於原始雨林面積的百分之十五，也是巴西半數以上PM2.5的來源。在赤道亞洲，焚燒也是清除灌木叢與泥炭地的常用手段。二〇一五年的九月與十月，這些焚燒造成一九九七年的聖嬰現象火災以來，赤道亞洲最大量的二氧化碳排放。根據估計，有一萬一千八百八十人因短期接觸這種汙染而死亡。

一九九〇年代初期之前，焚燒農作物也是英國與歐洲多環芳香烴排放的最大來源。我從小在英格蘭鄉間長大，記得小時候每年秋天，都能看見田裡冒著黑煙，農場工人慢慢走在火焰後方，讓火焰飄盪在燃燒的土地上。小時候的我看了覺得好興奮，而在看了艾利給我的數據後，終於領悟那段日子的真相。他打開筆電，挖出演講投影片的一張圖表，顯示英國從一九九〇至二〇〇九年的苯並[a]芘排放量。一九九〇年的苯並[a]芘總排放量是六萬公斤，幾乎半數，也就是大約兩萬七千公斤，來自農作物焚燒。一九九三年，英國已經禁止農作物焚燒，農業所造成的排放量立即降至微不足道，苯並[a]芘總排放量也降至一九九〇年的一半；唯一的來源是工業流程。一九九五年，工業排放標準遭到限縮，年度總排放量再度下降到一萬公斤，僅僅是五年前的六分之一。到了二〇〇九年，只剩下一個主要排放來源，那就是家用柴火火爐，排放量一年大約是三千公斤，從二〇〇二年開始逐年上升。[2]

開發中國家的工業化地區與都市地區的多環芳香烴濃度，通常比其他地方高出許多。根據二〇〇二至〇九年的研究，阿爾及利亞的阿爾及爾的多環芳香烴濃度是八至二十九 ng/m³（奈克／立方公尺）；越南的胡志明市是三十八至五十三 ng/m³；馬來西亞的吉隆坡則是三・一至四十八 ng/m³。英國政府的空氣品質標準專家討論會（EPAQS）建議的多環芳香烴空氣品質標準，僅為每年平均〇・二五 ng/m³，並且宣稱多環芳香烴與肺癌、皮膚癌和膀胱癌有關。慢性或長期接觸多環芳香烴對健康的影響，可能也包括免疫功能下降、白內障、腎臟與肝臟受損、黃疸、肺功能異常，以及開發中國家的高肺癌發生率。

其他重要角色

二氧化硫

如果我在一九八〇年代，或是更早之前的工業年代寫這本書，二氧化硫就是主角。二氧化硫無論在當時還是現在，都是酸雨的主要成分。只要燃燒太多含有硫磺的化石原料，就會形成二氧化硫。煤與原油本身的硫磺含量很高。在一八五〇年工業革命中期，二氧化硫的來源大致上是工業燃燒化石燃料和全球火山活動，兩者各占一半。一百年之後，空氣中的二氧化硫約有百分之九十來自人造來源。

不過我們現在比較少聽到酸雨，這是因為湖泊裡的魚開始死亡，古蹟外牆開始像蠟一樣融化，於是國際社會竭盡全力去除燃料中的硫磺。聯合國一九八五年的《赫爾辛基降低硫磺排放議定書》成效很好。一九八〇至二〇一三年的美國，年平均二氧化硫濃度下降了百分之八十七；在歐洲，二氧化硫排放量從一九九〇至二〇〇九年下降了百分之七十六。然而去除燃料中的硫磺，代價也相當高昂，因此許多開發中國家及國際船運，多半還是使用含硫磺的低等級燃料。二〇〇〇至一〇年，亞洲在全球二氧化硫濃度占比，從大約百分之四十一上升至百分之五十二；北美與歐洲（包括俄羅斯）的占比則是從百分之三十八下降至百分之二十五；二〇一〇年全球二氧化硫總排放量當中，中國的排放量占百分之三十，也就是二十九百萬公噸；德里的二氧化硫排放量當中，有百分之五十五來自貧民區的兩座燃煤發電廠。

從二〇〇〇年開始，二氧化硫的源頭就由衛星監控*，因此我們有詳細的二〇一六年全球「前五百大」二氧化硫排放源的圖表可參考。當中包括兩百九十七座發電廠、五十三座冶煉廠、六十五個石油與天然氣產業來源，以及七十六座火山。俄羅斯諾里爾斯克的冶煉廠，大概是衛星觀察到的單一最大人為的二氧化硫排放源，光是這個來源的二氧化硫總排放量就達到最高一．九百萬公噸

（相較之下，全世界最大的火山，也就是義大利埃特納火山，一年排放量約為〇．五至一．二百萬公噸）。[3]但如果把國際船運看成一個國家，這個國家的二氧化硫排放量超越整個俄羅斯。根據二〇〇三年的一項研究，國際船運的二氧化硫排放量約為十二．九八百萬公噸（約為十至二十六個埃特納火山的排放量）。

二氧化碳

說到空氣汙染，二氧化碳（CO_2）與甲烷（CH_4）之類的溫室氣體是隔了一代的堂表親。它們來自同一個家族，也就是燃燒化石燃料與農業，但並不會危害人體（當然氣候變遷還是會嚴重危害健康）。但如果要解決空氣汙染的源頭，就會發現那些也是溫室氣體的源頭。若是考慮投資報酬，解決空氣汙染能創造雙重效益，不但能消滅當地的健康問題，**還能**減少全球氣候災難。

在自然界的循環系統中，碳是所有生物的一部分。碳原子經常發展出新用途，無論是土壤、植物、動物的身體，或是一種氣體。二氧化碳就是一種碳基氣體，由一個碳原子與兩個氧原子所組

＊衛星測量的第一批二氧化硫數據，其實是在一九七九年記錄的。但航海家一號衛星提供的數據是木星衛星埃歐的大氣數據，不是地球的數據。所以二十年來，我們對於一個遙遠行星的二氧化硫濃度，比對我們所居住行星的二氧化硫濃度了解更多。

成。金星與火星等行星的大氣多半是二氧化碳，相形之下，地球大氣中的二氧化碳含量極低，這是因為地球的液態水會吸收二氧化碳，地球的植物也以二氧化碳為養分。而二氧化碳在海洋中分解，會形成碳酸。

在格陵蘭與南極洲，每年的降雪層就像樹木年輪，是一種古老的紀錄。從格陵蘭與南極洲的冰芯取樣，我們發現以 ppm（百萬分點）為單位，二氧化碳每十萬年會歷經一次尚稱規律的週期，從一百八十 ppm 低點，到兩百八十 ppm 高點。但到了一九五〇年，二氧化碳在人類史上首度突破三百 ppm 大關，而且還持續升高。二〇一六年九月是一個沒人想達成的里程碑。在一年當中大氣的二氧化碳濃度通常最低的時候，北半球的植物食用了整個夏天的二氧化碳，然而九月的二氧化碳卻還是達到四百 ppm，而且沒有下降。要想像四百 ppm 長什麼樣子，就像 Carbon Visuals 部落格指出的，四百 ppm 的概念就像小型會議室的空間裡擺了兩大臺飲水機。增加一百 ppm，照理說需要約七千年的時間，這次卻只用了六十六年。二〇〇五至一五年短短十年間，大氣層的二氧化碳就增加了二十 ppm*。大氣中的二氧化碳濃度上升，海洋生物也因酸度增加而受傷害，造成的問題包

*上一次空氣中有這麼多二氧化碳，大概是在三百萬年前的上新世。當時，二氧化碳濃度一連幾千年都維持在三百六十五至四百一十 ppm。在這段期間，北極的氣溫比二〇一一年高出攝氏十一至十六度，海平面也高出二十五公尺左右。根據美國國家航空暨太空總署，如果我們按照現在的速度，又在未來幾百年耗盡化石燃料存量，二氧化碳會持續上升至一千五百 ppm。

括貝殼成長減少和珊瑚礁漂白。

火山是二氧化碳的自然排放源，但排放量不如人類燃燒來得多。根據美國國家航空暨太空總署地球觀測站，火山每年排放一億三千萬至三億八千萬公噸的二氧化碳；人類燃燒化石燃料，排放量約為三百億公噸，是火山的一百至三百倍。在美國，發電廠是最大的溫室氣體固定排放源。二〇〇九年，美國的能源生產占溫室氣體排放總量的百分之八十六。我們需要雨林吸收大氣裡的二氧化碳，卻又將雨林清除焚燒，演變成雙輸局面。能吸收二氧化碳的樹木變少了，焚燒樹木又等同釋放更多碳到空氣中（還有氮氧化物與多環芳香烴）。印尼過去十年來，規模大到幾乎不可思議的森林大火持續延燒，其中好幾場大火純粹是為了挪出土地種植棕櫚油園。印尼百分之八十的雨林即燬於人為縱火。一九九七至九八年的幾場火災，在婆羅洲與蘇門答臘的燒燬面積約為九百七十萬至一千一百七十萬公頃（相當於美國俄亥俄州的面積），燒燬了四百五十萬至六百萬公頃的熱帶低地雨林，以及一百五十萬至兩百一十萬公頃的泥炭土。估計碳排放量相當於該年度一整年的**全球**化石燃料排放量的百分之十三至四十。二〇一五年的幾場森林大火，造成的損害更為慘重。

一氧化碳

碳經燃燒會與氧結合。如果與兩個氧原子結合，就會形成二氧化碳；如果只與一個氧原子結合，會變成一氧化碳（CO）。德芙拉．戴維斯說得對，無論是二氧化碳還是一氧化碳，濃度夠高都會要了你的命，「但致命所需的一氧化碳濃度，遠低於二氧化碳濃度。」一氧化碳的自然濃度約是〇・二ppm。這個濃度的一氧化碳幾乎對人體無害，可以忽略不計。但車輛廢氣、包括鑄鋼廠在內的工業生產，還有菸草煙霧釋放的高濃度一氧化碳，就是空氣中最致命的氣體之一。一氧化碳像來客串的演員，有時候很搶戲。一氧化碳大多數情況下不會出現在螢幕上，但一旦出現可就一發不可收拾。一氧化碳會降低由紅血球血紅素負責載送到身體各處的氧氣，所以僅僅兩百五十ppm濃度即可致命。每年都有少數人死在露營地，因為他們會在晚上把拋棄式BBQ烤爐拿進帳篷取暖，拉上帳篷就等於用一氧化碳自殺。死亡人數雖少，卻不容忽視。一九七〇年代與八〇年代的車輛排放，導致戶外空氣中一氧化碳濃度上升到危險等級。等到之後車輛安裝觸媒轉化器，一氧化碳排放量隨即減少。倫敦中區馬里波恩路的觀測數據顯示，一九九八至二〇〇九年間，一氧化碳濃度每年大幅下降百分之十二。但一氧化碳並沒有完全消失。一氧化碳就像二氧化硫，在歐洲與北美減少，同一時期卻在南半球與亞洲增加。印度的一氧化碳在一九九〇至二〇一〇年間穩定增加，中國的排放量則在二〇〇〇年後大幅上升，主要原因是汽車持有率、柴油燃料，以及金屬與化學製造等工業規模激增。

甲烷

甲烷（CH_4）是一種不含氧的碳氫氣體，由一個碳原子與四個氫原子組成。甲烷是有機物質在動物的腸胃，或是由細菌進行腐朽或消化所產生。因此甲烷的主要排放源包括垃圾場、農業和化石燃料。原油也是一種腐朽的有機物質，所以原油上方的氣體多半是甲烷，集中後再經由管線輸送到你家瓦斯爐的，也是這個甲烷。吸入甲烷對人體的直接損害相當輕微（英國的家庭在一九六〇與七〇年代改用天然氣前，使用的是劇毒的煤氣，那可就不同了），但它很容易爆炸。如果你家充滿了甲烷，吸入高濃度的甲烷並不會要你的命，但打開電燈開關就會。從溫室效應的角度來看，一個甲烷分子相當於大約二十個二氧化碳分子，所以大量的甲烷還是有影響。現在甲烷在空氣中的濃度是前工業時代的兩倍之多，主要來自養牛業、稻田、垃圾掩埋場，甚至天然氣管線滲漏排放量增加。一七五〇年，全球甲烷的平均濃度約為七百七十二 ppb；到了二〇一一年，已經上升至一千八百〇三 ppb。德里在二〇〇八至〇九年的甲烷濃度，住宅區在六百五十二 ppb 與五千三百五十六 ppb 間震盪；在所謂的「非法住宅區」或貧民區則高達一萬五千兩百二十 ppb。[4] 二〇〇六至一〇年的甲烷排放量，將近百分之五十來自三輪車與公車使用的壓縮天然氣（CNG）燃料。[5]

但農業絕對是甲烷的最大排放源，占歐盟二〇一五年甲烷排放量的百分之五十四；光是家畜的消化排放，就占美國甲烷總排放量的百分之二十二。美國甲烷總排放量有百分之十到十二完全來自牛肉生產。一頭母牛一天能排放最多五百公升甲烷。更值得擔憂的是隨著全球肉類需求上升，這些排放有可能會增加。聯合國糧食及農業組織預測，二〇二五年的全球肉類產量會比二〇一五年成長百分之十六；同時期全球牛奶產量可望成長百分之二十三。根據美國地質調查局統計，濕地與火山的甲烷排放，每年約可生成兩億公噸的甲烷；汽車與工業活動每年製造兩百四十億公噸的甲烷。

跑龍套的角色

以上介紹的氣體當中有主角，也有重要的配角；排放源有天然，也有人為，有些氣體則完全是人造。我實在很想沿用小報陋習，把這些氣體稱為「科學怪人汙染物」，但我不會這樣做（其實剛才已經做了）。

人造鹵碳的製作方法，是拿一個碳氫化合物，把氫拿掉，換成一個或一個以上的鹵素原子（氯、氟、溴、碘）。其中最知名的是氟氯碳化物，人造的氟氯碳化物壽命很長，有些在大氣的壽命不只幾年，而是幾百年。幾乎是永生不死的四氟化碳，壽命可達五萬年（相較之下，羥基自由基的壽命只有一秒，可謂轉瞬即逝）。在一九三〇年之前，家用冰箱偏好使用的冷媒氣體，包括丙烷、氨和二氧化硫，全都是揮發性氣體，難怪會發生那麼多爆炸與死亡事件＊。一九二八年，通用汽車公司要求頗負盛名的工程師托馬斯．米基利（記住這個名字，我們後面還會遇到他）設計

＊冰箱運作原理是將一種揮發性氣體困在密封管線系統內。冰箱後方管線將氣體壓縮成液體，並維持一定溫度，但這個液體在進入冰箱內部管線前，又會擴張成氣體，而且會突然冷卻。氣溶膠噴劑遇到空氣會突然冷卻，也是同樣的原理，只是冰箱是將揮發性氣體困在裡面，不斷循環。

一套解決方案。米基利建議使用不具揮發性、且具惰性的氟氯碳化物。氟氯碳化物在十九世紀首度合成，但還未發展出商業用途。米基利為了示範氟氯碳化物超級不易燃的特色，他先是吸了一口這種新氣體，再對著點燃的蠟燭呼氣，結果蠟燭不但沒有爆炸，反而熄滅了。氟氯碳化物很快就成為冰箱與冷氣機的標準成分，具有化學活性低、無毒的特質，因此也可用於滅火器、氣溶膠噴劑的推進劑、電子製品溶劑，以及塑膠製品的發泡劑。但是氟氯碳化物的惰性也是日後災難的源頭。「氟氯碳化物的壽命實在太長，會進入平流層，」艾利說，「在（地面），太陽的威力不足以分解這種含鹵素的分子鍵。大氣層唯一能分解這種分子的地方，位在很高的平流層，那裡的陽光較強烈。所以氟氯碳化物在大氣層漂流多年，最後少量進入平流層。平流層的陽光夠強，能分解氟氯碳化物的鍵。」此時氯終於掙脫出來，成為自由基，並急著與氧原子結合。臭氧含有三個氧原子，因此遭到從氟氯碳化物掙脫的氯瘋狂摧毀。大多數氟氯碳化物的壽命從數十年到數百年不等，所以在你童年時期誕生的氟氯碳化物，現在大概還耐心在大氣層往上爬。

氟氯碳化物只是科學怪人汙染物（對不起，我已經用習慣了）當中最有名的。根據《刺胳針》期刊的汙染與健康委員會（二〇一八年），從一九五〇年至今，人工合成的新的化學製品與殺蟲劑已超過十四萬種，其中產量最大的五千種「廣為散播在環境中，幾乎每一個人都接觸得到」，而不到半數「經過安全與毒性測試」。委員會指出，新的化學製品「在過去十年間（二〇〇七至一七年），而且只有在少數高所得國家，才會強制進行嚴格的上市前評估。」[6]英國首席醫療官的報告也提出相同看法：「每個人在一生當中會接觸到成千上萬種化學、實體及生物汙染物，我們只監控其中少數幾種。」

天空就是邊界

我跟艾利．路易斯見面，得以把大氣層想像成低溫燃燒的火焰。我們把愈多化學物質扔進火裡，大氣層就愈難過濾掉這些東西。但空氣的高度也會影響這個過程。沒錯，我們呼吸的空氣是有高度的，而且大概比你想像的還要低。

大氣層最低的一層，也就是最靠近地面那一層，叫做對流層。我們居住、呼吸的那一點點對流層，也就是這些氣體排放的去處，叫做「大氣邊界層」。大氣邊界層的高度經常變動，離地面數公尺到兩公里不等。我請英國氣象局空氣品質團隊的主管保羅．阿格紐解釋給我聽。保羅的職業生涯從美國新墨西哥州的美國原子能委員會開始。他負責一個專案計畫，協助俄國人與美國人用核能在太空發電。後來他發現太空核能競賽不會實現，轉而研究氣象學。不過他很快發現，大氣化學比火箭科學複雜多了。他說邊界層就是「大氣層接近地球表面的那部分，很容易受地表、地表上山丘還有很嚴重的對流等特徵影響。」我努力想像整個畫面，問他大氣邊界層頂部是不是就是雲朵平坦的底部？「是，這差不多是邊界層的高度，有時候也不是，不過……從雲層底部通常能推斷出邊界層的高度。」

我印象深刻的是在巴黎，巴黎地區空氣品質監測組織的環境生物學家艾蜜莉．弗利茲說，這就像「跟沒熄火的汽車一起關在車庫裡，邊界層頂部就像個蓋子，坐在我們頭上。」在二〇一六年十二月的巴黎，「這一層大概是五十公尺高，有時甚至更低。」她對我說，「我們在這一層製造各式各樣的汙染，大概有二十公尺高吧，還不覺得怎麼樣，所以（汙染）才會失控到這麼嚴重。說穿了，我們就是在呼吸自己製造的汙染。」倫敦國王學院的空氣品質模型的高級講師尚恩．比弗斯博士也說：「太陽在大氣邊界層製造很多亂流，所以在夏季，即使（夏季）不怎麼炎熱的英國，地面也會迅速升溫，上方空氣也會升溫，形成亂流，邊界層的高度就會升高；反過來也是一樣，所以會在一夜間迅速降溫，邊界層因而降低，尤其在冬天。」在戈壁沙漠，邊界層在白晝可以升高到離地面四公里，到了晚上就驟然降到幾乎接近地面。意思是說你站起來，頭就會伸進對流層平靜無亂流的「自由大氣」。

大氣邊界層有時又稱為「混合層」，因為大氣層中只有這一層經常接觸地球表面。各種溫度、風速都在這一層中攪拌，一切都攪拌在一起。但上面一層相對平靜，因為不會與地球表面接觸。兩層之間的蓋子效果奇佳，大多數汙染物會停留在下面的邊界層，原因很簡單，大多數汙染物本身會與其他化學物質產生化學反應，而且壽命很短。所以氟氯碳化物才會如此特別。氟氯碳化物可以存活數十年，慢慢爬上大氣層的上層。

在都市，邊界層的高度會嚴重影響空氣品質。艾利說：「大多數城市每天的排放量都差不多，所以決定汙染濃度高低的關鍵是氣象因素……在北京這樣的地方，一年到頭風速都很低，所以邊界層在夜間變得低矮，這就是個大問題。倫敦的邊界層有時也很低，但倫敦的風量通常較大，所以邊界層變低的現象比較少見。」氣壓在其中扮演關鍵角色。在高氣壓環境，空氣通常會靜止不動，汙染濃度就會不斷累積；而在低氣壓環境，天氣通常潮溼多風，汙染物容易四散，或是經由雨水沖刷離開大氣層。

除了臭氧以外，大多數長期接觸會導致慢性疾病的汙染物，在冬季濃度比較高，因為邊界層在冬季的高度較低。問題是我們的鍋爐還有燒柴暖爐，也是在冬季火力全開。我們在冬季也喜歡待在溫暖的車裡，不喜歡在人行道上受凍。比弗斯博士說：「這就像是最糟的情況。」城市確實有一個小小的優勢，相較於鄉間，城市更能留住熱氣，也更能散發熱氣，因此邊界層高度會更高。這叫做「都市熱島」效應。但這些城市本身就是汙染的源頭，所以缺點還是大於優勢。有數百萬輛汽車與暖氣系統向空氣排放汙染物，邊界層高度多個數十公尺也沒什麼意義。何況城市的建築物會營造「街谷」效應。街道兩側都是高樓，上面又有邊界層蓋住，甚至邊界層的位置比高樓還低，汙染物被四面困住。於是人們在汙染物中走路、騎單車、開車或推著嬰兒車。牛津街是倫敦最繁忙的商店街和觀光景點，也是倫敦空氣汙染最嚴重的街谷。

因此衡量汙染的確切濃度，以及我們接觸汙染的程度，是極為複雜的科學。我住在英格蘭南部的牛津郡，空氣品質由地方政府以擴散管量測。從一九七〇年代開始，英國與全球各地廣為使用擴散管，量測周圍二氧化氮濃度。擴散管是小型的塑膠試管，內含一種叫三乙醇胺的化學試劑，能直接吸收空氣中的二氧化氮。三乙醇胺在實驗室取出後，就能透過分析得知試管暴露在空氣的期間，以及空氣中二氧化氮的平均濃度。通常每個月採樣檢驗一次，因此只能記錄每月平均值，無法看出哪幾個小時是尖峰，甚至無法看出哪些日子是尖峰。擴散管頂多是一種科學的猜測。擴散管的不確定性也較高，根據英國政府估計，不確定性可高達正負百分之二十五。不過擴散管卻成為英國各地方政府最愛用的空氣品質監測法。有些大型城鎮為了更詳細、正確記錄空氣品質，也有固定的「自動監測器」，至少幾乎能即時監測氮氧化物與懸浮微粒濃度。離我家最近的自動監測器位於牛津高街，離我家大約三十英里，所以我也不能先去那邊看看空氣品質怎樣，再決定要不要出門走到女兒的學校。

英國首席醫療官莎莉．戴維斯女爵士，決定將她的二〇一八年年度報告（全部三百四十八頁）全用來探討汙染。她在序言就提出警告：「我們缺乏系統，無法有效監測並理解汙染對健康的影響，也無法依據研究結果採取行動。」[7]負責安裝並維護英國政府整個自動監測系統「自動城市與鄉村網路」（AURN）的公司，是Air Monitors公司。這家公司的創辦人兼常務董事吉姆．米爾斯竟然也認為英國還有許多國家，目前採用的監測方法根本沒用。「英國必須加強監測能力，因為我們在太多地方用十英鎊一個的擴散管，在測量二氧化氮的濃度。這種方法只能知道這一個月是高於或低於歐洲規定的上限，完全沒有意義……檢測二氧化氮的擴散管是不能提升空氣品質的……這麼重要的事，地方議會卻這麼不當回事，看了真難過。」

現實情況是，絕大多數人並不知道自己在日常生活中會接觸到哪些汙染物。就算你碰巧整天站在擴散管旁邊，你也還是不知道。如果你運氣好，所在的城市正好有吉姆他們公司的精密自動監測器，而且正好就在你住的那條街上，你**還是有可能**不知道。吉姆對我說，倫敦的馬里波恩路某一段，也就是杜莎夫人蠟像館所在那一段，是「首都汙染最嚴重的街道。我們在那裡（自動城市與鄉村網路）的監測站，用的是最精密、最新、最好的設備，大約長八公尺、寬四公尺，就在西敏市議會外面。那監測站算是上上之選。問題是監測站監測的是街道的**那一側**……一個人站在（另一側的）杜莎夫人蠟像館外面排隊，接觸到的濃度可能比監測站回報的數據還要高出三倍，或者反過來也有可能，要看天氣而定。反正複雜到不行，隨時會變動。」

想知道理想值（對健康危害較低水準）是多少，世界衛生組織提供了建議標準，只是各國奉行程度不一。世界衛生組織的標準幾乎比任何國家、任何地區都要嚴格許多。最不受重視的是二氧化硫的標準：世界衛生組織的建議標準是二十四小時內的二氧化硫公開接觸量不得超過八 ppb。歐盟卻把上限設為四十八 ppb，加拿大是一百一十五 ppb，美國則是一百四十 ppb。二〇〇八年五月，美國國家環境保護署（EPA）在法院命令下，勉強將臭氧標準從八十 ppb，下修到七十五 ppb，而事實上，美國國家環境保護署的科學家團隊和顧問委員會都建議將標準下修到六十 ppb；世界衛生組織的建議標準則是五十 ppb。美國的臭氧標準至今仍是全球最佳，顯然科學界對於空氣汙染物的理解，與相關空氣汙染物法令規範之間，存在著極度危險的落差。

就算把像倫敦這樣的城市塞滿了感應器，同樣的利益衝突還是會浮現。在倫敦奧運前，「乾淨空氣在倫敦」運動團體的賽門·博克特親眼看見一臺卡車在路上噴灑汙染抑制劑（醋酸鈣鎂）。他揮手叫了一臺計程車跟在後面，發現卡車走的道路，正好都是倫敦的汙染監測裝置所在道路，其他地方完全沒去。博克特說：「這（對於倫敦的汙染程度）完全沒作用，唯一作用只是掩蓋了違規的數據。」

第三章 懸浮微粒

前一章介紹的氣體各有危害，但有一種空氣汙染物的危害程度傲視群雄，而且不是氣體，是固體，叫做懸浮微粒（PM）。懸浮微粒是飄浮在空氣中的微小粒子，從路上的粉塵到煤灰都算，對人體健康的危害最大。我們在前言見過懸浮微粒，現在再次溫習：科學家對懸浮微粒的定義，並不是依據成分（例如煤煙、農業粉塵、引擎煙氣），而是依據大小。體積最大的一種叫做PM10，是直徑在十微米（約人類毛髮寬度的十分之一）以下的粒子；體積較小的PM2.5直徑不到二．五微米（約人類毛髮寬度的四十分之一）；它們的小親戚奈米粒子直徑不到〇．一微米（再拿人類毛髮比較就沒什麼意思了＊）。廣義來說，體積愈小的懸浮微粒，愈有能力摧毀我們的健康。

＊如果你還是想知道，那是人類毛髮寬度的千分之一。不過奈米粒子也可以小到直徑僅〇．〇〇一微米，即人類毛髮寬度的十萬分之一……我太囉嗦了。

有人勸我不要在網路上買便宜的 PM2.5 監測器（坦白說，會這樣勸我的，多半是比較昂貴機種的製造商）。但我桌上擺著剛從中國送來的包裹，裡面正是一臺便宜的 PM2.5 監測器，是位於北京的新創公司 Kaiterra 製造的「鐳豆二號」。我會選這款，是倫敦國王學院的法蘭克・凱利寫電子郵件向我推薦的。他的同事拿了幾臺跟實驗室的昂貴精密監測器比較，發現鐳豆二號的表現並不遜色。鐳豆二號能裝進我的手提行李，計算 PM2.5 是以每立方公尺的微克（一百萬分之一克）為單位。我為了寫這本書四處探訪期間，走到哪都能打開我的「鐳豆」，不必經過嚴謹的科學程序，馬上就能「把脈」PM2.5 濃度。我們在第一章討論過，「鐳豆」很快成為我的旅遊良伴。不過，「鐳豆」當時完好抵達我家的辦公桌時，我並不確定它是否管用。讀數堅持停留在一 µg/m³。「鐳豆」吸收空氣會發出微微的嗡嗡聲，所以我知道已經打開了。接著讀數短暫上升到三 µg/m³，我看了很興奮，但後來又回到一 µg/m³。到了午餐時間，我把鐳豆帶進廚房，故意做了一道我很愛吃、卻常製造許多油煙的菜：炸墨西哥薄餅。我選用的平底鍋是沉重的鑄鐵鍋，是那種每次用完後只需擦拭、不需清洗的鍋子。這是因為烹飪後的油脂會形成一種天然的「不沾」表層，而上一次燒焦的食材，這餐又會再燃燒一次＊。我的鐳豆一開始處變不驚，隨著墨西哥薄餅變得酥脆，讀數倏然飆升至兩百二十 µg/m³，接著是兩百八十 µg/m³，最後登上四百〇一 µg/m³ 高峰。我跟當時懷孕的妻子坐在廚房桌邊吃午餐，鐳豆的讀數維持在一百八十 µg/m³ 不變，即使窗戶大開著也一樣；我下一次做墨西哥薄餅，是放進烤箱裡烤，鐳豆的讀數始終沒達到七 µg/m³。

說到 PM2.5 的威力，空氣中那些有害氣體完全沒得比。歐洲環境署研究二〇一二年歐洲四十國因空氣汙染造成的過早死亡事件，發現四十三萬兩千個案例的死因是 PM2.5；第二與第三致命的二氧化氮及臭氧，造成的死亡人數為七萬五千與一萬七千個案例。其他研究也得到相同的結論，每五起空氣汙染相關死亡事件，大約有四起是由 PM2.5 造成。

英國心臟基金會卓越研究中心的心臟醫學教授大衛・紐比，在二〇〇〇年代初開始研究空氣汙染，我寫這本書時常常請教他，他現在也是研究微粒汙染對健康影響的權威之一。但他也承認，他大約二十年前開始研究這個主題，還以為黑煙裡的大塊微粒是最可怕的健康殺手。「但其實那種微粒又大又粗糙，會停留在上氣道；而我們現在說的這種微粒會一路進入到肺裡面……汽車通常會產生 PM2.5，（其中）大多數都小於 PM0.1 的奈米粒子，小到無法想像。這些燃燒產生的微粒當中，有裹了一層汽油與柴油的金屬微粒和有機物質微粒，看起來很像吸菸者肺部排出的焦油，你會發現（懸浮微粒）汙染會造成同樣的畫面。」

＊先別急著質疑我的衛生習慣，這在世界上很多地方都是標準做法。我有個朋友騎單車越過蒙古，當地一戶人家邀請他到家裡享用傳統美食。大家語言不通，我那朋友決定主動洗碗，以表達感激之情。黑黑的鐵鍋是艱難的挑戰，但他還是使出渾身解數刷洗，到最後鍋子總算是乾乾淨淨、回歸金屬本色。他微笑著呈現戰果，主人一家驚惶的表情，至今仍是他揮之不去的夢魘——十年來的調味料全毀在他手上。

我拜訪法蘭克．凱利，了解到更多。他是倫敦國王學院的環境衛生教授，也是政府顧問單位「空氣汙染物健康效應委員會」（COMEAP）主席。我在搭火車前往倫敦的路上，打開我的筆記型電腦，將新買的鐳豆放在桌上，在筆電旁邊一邊處理電子郵件，一邊偶爾瞄一眼。從班伯里往南朝倫敦前進，讀數本來只有五到十 μg/m³。我們幾乎是一離開高威科姆，讀數就上升到十二至十五 μg/m³。隨著愈來愈靠近倫敦，即使在有空調的車廂裡面，讀數仍然緩緩上升。在接近倫敦馬里波恩車站的隧道，火車漸漸減速，最後完全停下，大概是要等前方的月臺淨空。此時柴油氣味襲向我的鼻孔，鐳豆的指數直線上升，二十幾，三十幾……一路到八十幾。火車上可能只有我一個人知道，我們現在正浸泡在八十三 μg/m³ 的柴油微粒當中（世界衛生組織歸類為「人體有致癌風險」等級）。火車走出隧道，繼續前進，讀數掉到六十幾。我進入倫敦地鐵，站在月臺，感受到一股熟悉的暖風，地鐵列車即將到站。那股暖風似乎也充滿 PM2.5。只見讀數一路暴衝，突破一百，最後落在一百二十一。在地鐵列車上（我們是在誰也不會跟誰交談的倫敦，所以沒人問我大腿上那個看起來像蛋的鬧鐘是什麼），讀數在整個車程都維持在六十五上下。我那天早上出發時，讀數都還是個位數與十位數出頭，如今的讀數簡直怵目驚心。

我總算抵達法蘭克．凱利在倫敦國王學院的辦公室，我先謝謝他向我推薦鐳豆，也告訴他那天早上一路上的 PM 數據。「地鐵的 PM2.5 跟火車隧道裡的數字差異很大。」他說。「如果是柴油（地上）列車，柴油排放會包含許多小微粒，有 PM2.5，還有更小的粒子，主因是燃燒不完全（所形成的）。地鐵則多半是粉塵微粒、髒汙或鐵軌的磨損。」

不過這些研究都非常新。倫敦市長委請凱利的空氣汙染物健康效應委員會，研究二〇一七年倫敦地鐵的空氣汙染程度。我跟凱利見面時，這項研究還要過很久才會發表。凱利為了說明給我聽，拿出簡單易懂版的懸浮微粒研究史。「這是我上課用的投影片，從一九五〇年代到二〇一〇年的變化。」他說。「從投影片會發現，黑碳與二氧化硫濃度於一九五〇年代末到八、九〇年代初期，下降的幅度非常明顯。這都是（英國）《空氣淨化法》和關閉都市發電站的功勞。你找來一九八〇年代末、九〇年代初的人，問他當時空氣品質，（英國）每一個人包括科學家在內，都會說那不是問題。直到一九九〇年代中期，我們才開始得到美國來的消息，知道有了一個新的問題——微粒。一定要看文獻才會知道這個問題。大概一直到二十一世紀開始，（懸浮微粒）才真正又成為主流。」

我發現懸浮微粒主要有三個來源：天然的氣溶膠*、次級懸浮微粒和初級懸浮微粒。天然的包括海鹽、沙、粉塵、花粉及火山灰，幾乎涵括任何細小到能由風吹起、在空氣中傳播的自然物質。空氣中必須具備某些自然微粒，水蒸汽才會匯聚，形成雨雲。海洋藉由海浪，將氣溶膠排放至空氣

*科學名詞「氣溶膠」可能會讓人聯想到腋下除臭噴霧，但其實這個名詞只是泛指飄浮在空氣中的固態或液態細小微粒。

中，這是地球大氣層中最常見的天然氣溶膠。另一種常見的類型是礦物粉塵，例如沙塵暴。不過「自然粉塵」不見得與「自然因素」是同一個意思。二十世紀初農業管理及家畜放牧管理不善，導致美國西部的粉塵成長百分之五百，也是一九三〇年代「黑色風暴*」起因。由於食物與水源短缺，如今全球都能看見類似的沙漠化現象。

我們不太需要擔心天然的氣溶膠（病毒與真菌孢子除外，但那完全是另一回事）。紐比記得有一次在做他的招牌「毒氣室實驗」，讓志願者接觸愛丁堡街道上蒐集來的柴油汙染。他認為柴油汙染的濃度並不高，該次志願者並沒有出現常見的健康問題。分析懸浮微粒樣本的化學成分之後，他突然間全明白了：內含百分之九十九的鈉與氯化物。由於空氣採樣當天的風向，還有愛丁堡離海很近，所以他的志願者只接觸到海洋的空氣（顯然他們也鬆了口氣）。雖然 PM2.5 濃度很高，但 PM2.5 的來源是鹽，完全不會危害人體健康。艾利對我說：「在英國（這種小島國）不會得甲狀腺腫的原因**，是因為吸入了含碘的海鹽微粒。我們需要（空氣中的）海鹽之類的東西。」

---

* 黑色風暴並不是大國專利，但可能會襲擊砍伐自然界樹木與樹籬的國家。華利斯指出，一九六八年的不當農業作業，「導致英格蘭東部發生當時史上最嚴重的沙塵暴……有些地區沒了擋風的樹籬（因為新型態的密集農業）。天空盡是雲朵般的粉塵不停翻湧……」

** 頸部甲狀腺腫大看起來有點像很大的喉結，最常見的原因是缺碘，常見於內陸國家。

次級微粒稍微複雜一點，是由空氣內部的化學程序所形成。麻省理工學院的化學工程教授傑西．克洛說，空氣充滿了同時形成的新微粒：氣體與揮發性有機化合物互相起化學作用，結合成一團，從氣體微粒演變成液體微滴，最後發展成固體。我以為大多數的 PM2.5 應該是初級微粒，是固體的煤灰與粉塵。結果傑西說並非如此：「至少在人為領域……（PM2.5）多半是次級的。一大來源是燃煤，或者是燃燒硫磺含量高的柴油所排放的二氧化硫……硫磺一路氧化，變成硫酸，再凝結成硫酸鹽微粒。大多數的硫酸鹽是次級，應該說絕大多數才對。」他的答覆出乎我意料。如果有人想要安裝過濾器，將懸浮微粒隔絕在外，無論是安裝在汽車引擎或別處，都應該記住這番話。過濾器也許能隔絕固體微粒，但對於先以氣體型態排放，後來再變成固體的微粒束手無策。例如氨氣就會與氮氧化物氣體在大氣層中起化學作用，形成硝酸銨之類的固體微粒。氨可以是一種氣體，但它在市區也能形成次級懸浮微粒，占歐洲 PM2.5 總重量的百分之十至二十。發生在二〇一四年三月、也就是我女兒出生當時的倫敦霧霾，起因是農場排放的氨與車流量排放的氮氧化物起化學作用，形成硝酸銨微粒。英國氣象局的保羅．阿格紐告訴我：「會發生空氣品質不良的事件……通常是因為有大量次級 PM2.5 形成，而且擴散，尤其是硝酸銨……很容易製造出微小微粒。」

所以高濃度的氮氧化物會形成次級懸浮微粒，導致 PM2.5 濃度升高。可以說高濃度的氮氧化物就是高濃度的懸浮微粒，至少大量的氮氧化物會形成大量的懸浮微粒。美國聯邦公路總署進行的一項研究顯示，美國所有的 PM2.5 當中，有百分之三十至九十屬於次級懸浮微粒；歐洲多國在二〇一五年針對汽車引擎排放做的研究，也發現次級懸浮微粒的形成量，平均要比原本從排氣管排放的總初級排放量多出三倍。

我們較容易理解以固體型態直接排放在空氣中的初級汙染微粒，而在這些微粒當中，毫無爭議的重量級冠軍是「黑碳」，其實就是煤灰，是化石燃料與固體燃料在燃燒過程形成的小小碳微粒。關於煤灰，有些事你可能不知道。煤灰不溶於水，還能吸收光與熱。所以空氣中的煤灰達到一定的量，大氣層溫度就會升高，因為煤灰會吸收太陽的熱，再散發出去。因此森林大火製造的巨量黑碳，就是全球暖化的一大成因。位於北京的中國氣象科學研究院在二〇一三年發表的論文，主張黑碳能直接吸收太陽輻射與紅外線輻射，因此會擾亂「地球大氣系統的能量平衡」，甚至會「導致雲層空氣溫度上升，因此直接造成雲的蒸發與減少。」[1]在亞洲，這種效應與當地暖化趨勢，以及對季節性季風雨受到的負面影響有關。

根據一項一九九六年針對全球黑碳存量的調查指出，年排放量來自露天燃燒（百分之四十二）、化石燃料（百分之三十八）和固體燃料（百分之二十）。艾利・路易斯說，要想像黑碳的形成過程，可以回想學校自然課用的本生燈。「本生燈有兩種設定，一種是藍色火焰，就是完全燃燒的狀態，使用的空氣不會超過所需量，所以燃燒溫度很高，除了水與二氧化碳，不會有廢物形成；打開黃色設定，則會出現一閃一閃的黃色火焰，還有煤灰……沒有組織的碳分子網絡再也不是乖乖的獨立分子，而是變成黑色的粗粒。」這些其實就是鬆脆的碳，為燃燒不完全的結果。鬆脆的碳像一塊海綿，會吸收其他化學物質，就像老大哥木炭一樣。數百年來都有人將木炭用於淨化水質，因為包括揮發性有機化合物在內的有機化學物質，都會受木炭的化學成分吸引。把木炭放進髒水中，髒水中的雜質會慢慢附著在木炭上，水就變得可以飲用。空氣中的黑碳微粒也是一樣，但有一個顯而易見的缺點：我們全都會呼吸進去，雜質什麼的都會呼吸進去。「這些易碎的純碳晶體直接從汽車排氣管排放出來，很快就會裹上一層泥狀物質。」艾利說。「（黑碳）對化學物質來說就像磁鐵一樣。」

幾乎不用說也知道，黑碳的毒性也很強，還能把吸菸者的肺變黑。盧安達氣候觀測站的蘭利·德威特博士表示：「在奈洛比的道路附近進行的短期研究中，發現很高的……黑碳濃度。道路的汙染程度非常重要，因為在非洲東部，很多人會沿著道路走，或是騎摩托車，兩者都嚴重暴露在廢氣中。」

歐洲的初級微粒大本營是波蘭。波蘭具有實力堅強、規模宏大的煤產業，舉國上下又有焚燒垃圾習慣，所以夏季汙染程度相對輕微；到了冬季卻一舉登上全球最差。世界銀行（二〇一五年）的數據顯示，波蘭百分之八十一的能源來自煤；相較之下，鄰近的德國是百分之四十四（法國是百分之二）。居住在克拉科夫的企業家梅西亞·李斯對我說起二〇一五年十一月那場特別嚴重的煙霧：「有一天我在克拉科夫的橋上騎單車，那座橋通往新的科技區，可是煙霧實在太大，我什麼都看不見。那看起來根本不像煙霧，簡直像牛奶……像天上的牛奶……共產政權跨臺之後，情況變得很嚴重，因為天然氣價格漲太高，人們為了取暖，開始在家中焚燒煤、木炭與垃圾。我們還是要把所有的爐，從焚燒垃圾的那種舊式（暖爐），換成天然氣或是區域供熱。」

黑碳來自火，所以不難想像 PM2.5 的一大來源——還是不斷成長的來源，是家家戶戶的柴火與火爐。而且在已開發國家，住宅區燃燒木柴取暖的現象愈來愈普遍，政府往往還將木柴視為「可再生燃料」，獎勵民眾使用。二〇一三至一四年，英國偵測到 PM2.5 排放量大幅成長（成長幅度達百分之二十九），這段時間唯一的變化，就是更多人在家中燒柴取暖；二〇一五年，大約百分之四十的 PM10 來自家用暖爐（是柴油汽車排放量的兩倍）。英國家庭已經安裝了一百五十萬臺暖爐，每年還賣出二十萬臺。包括倫敦在內，大部分英國城市仍然禁止柴火煙，因為一九五六年的《空氣淨化法》制訂了最初的「空氣品質淨化區」，不過家家戶戶卻依舊使用柴火暖爐。「空氣品質淨化區的規範完全沒有落實，」艾利說，「大多數人根本不知道自己是不是住在空氣品質淨化區。這個問題在倫敦中區尤其嚴重……過去二十多年來，倫敦中區的 PM2.5 與 PM10 濃度降低很多……現在因為柴火暖爐，倫敦的ＰＭ又開始上升。」濃度的高峰並不是交通的尖峰時間。艾利說：「如今倫敦 PM10 濃度的高峰在星期五與星期六的晚上，真是瘋了。」他參加一項研究，比較柴火暖爐與車輛造成的影響，結果相當令人震驚。「一個柴火暖爐的排放量約等於一臺七．五公噸的卡車在你家外面空轉。」他說。「這大概還只是保守估計。約克是空氣品質淨化區，但這裡很多人家裡都有柴火暖爐。街上有再多卡車，也比不上同比例的柴火暖爐數量。」

《泰晤士報》的標題指出，環境、食品和鄉村事務大臣「想取締燃煤與排煙爐」。這個標題在上一個世紀就該出現，卻遲至二〇一八年一月三十日才登上報紙。柴火暖爐在當時就像現在的狀況，迅速成為中產階級的必備配件。倫敦國王學院的蓋瑞·富勒甚至認為柴火暖爐會興起，是因為Grand Designs一類的家庭生活電視節目廣受歡迎的關係。英國單一最大的PM2.5來源——一年製造三萬七千兩百公噸PM2.5的來源——是家戶柴火，因為英國人想打造最美觀的客廳。根據《新科學人》二〇一七年一篇評論指出，柴火暖爐「會損害我們的健康，並加速全球暖化」。儘管如此，英國環境、食品和鄉村事務部探討家戶燃燒的諮詢會議（於二〇一八年二月結束）表示，並不會「出手阻止」新暖爐的使用或安裝，而是要「鼓勵消費者改用更乾淨的柴火」。世界上雖然有煙量較多或較少的燃料，卻沒有所謂乾淨或「無煙」固體燃料。伯明罕大學大氣科學教授羅伯·麥克肯茲在二〇一七年向《衛報》表示：「無煙煤製造的氮氧化物比木柴燃料還多，而且這兩者都會產生很小的微粒。那是大家最注意不到、卻最有害的東西。」

歐洲大多數地區情況也是如此。愛爾蘭，柯林·歐多德教授對《愛爾蘭時報》表示，極端的空氣汙染事件來自住宅區燃燒固體燃料。他認為住宅區的固體燃料燃燒量占總燃料燃燒量的百分之四，卻占了總汙染量達百分之七十。「最大的問題在於這些燃料號稱『綠色』或『低碳』，能減少溫室氣體排放量，卻是空氣汙染的元凶。」他也稱固體燃料「讓空氣淨化政策開倒車」。在芬蘭的赫爾辛基，約有百分之九十的家庭住宅設有壁爐；在赫爾辛基都會區，燃燒所製造的微粒排放量當中，約有四分之一來自壁爐與柴火蒸汽浴。

北美地區也感染了這種柴火爐流行病。在美國緬因州，使用柴火作為主要熱源的家戶數量，從二〇〇五年總家戶數量的百分之七，上升到二〇一五年總家戶數量的百分之十三。而在蒙大拿州的鄉間住宅區，冬季 PM2.5 有百分之八十來自柴火煙。在加州的聖華金谷盆地，燃燒包括木柴在內的固體燃料，是冬季懸浮微粒的單一最大來源。主要城市的情況也一樣。在聖荷西、亞特蘭大、蒙特婁及西雅圖，百分之十至三十九的冬季 PM2.5 來自柴火。鐳豆製造商 Kaiterra 公司執行長黎安・貝茲想起一位前往科羅拉多州阿斯本參加空氣品質研討會的朋友：「他們坐在很大的滑雪木屋裡，壁爐燒著柴火。他帶了他的鐳豆……打開後發現客廳壁爐附近的讀數是四百五十（$\mu g/m^3$）。他跟在場其他人都很驚訝，實在也很諷刺，因為他們都是室內空氣汙染專家。有人還以為鐳豆壞了，於是他拿著鐳豆伸出窗外，讀數即下降到二（$\mu g/m^3$）。」

另一種初級懸浮微粒是金屬小碎片。鉛是空氣汙染物的元老，由羅馬人精煉，在二十世紀中至末期又因汽車使用含鉛汽油得以風雲再起。一九二一年，通用汽車工程師托馬斯・米基利首度在實驗室中將所謂四乙基鉛加入汽油，以避免「引擎爆震」。是的，就是那一位托馬斯・「氟氯碳化物」・米基利。他生前獲得美國化學學會最高榮譽普里斯特利獎章，死後卻遭科學作家嘉布里・沃克批評為「對地球大氣層的傷害超越史上任何一個有機體」*。第一個健康警示，幾乎是在一九二三年立即出現。杜邦公司的四乙基鉛工廠工人接連死亡，死前「幾度嚴重精神錯亂」。米基利不想承認失敗，主動召開記者會，將四乙基鉛倒在自己雙手，吸入六十秒的煙氣（他後來也用氟氯碳化物表演這一套），宣稱他即使每天這樣做健康也不會受損。記者滿意離去。米基利隨即診斷出鉛中毒，偷偷向公司請假。

流行病學家德芙拉．戴維斯寫道，鉛的電子電荷與鈣相同，因此會在人體各處與鈣競爭。「在需要鈣的骨骼、大腦、血液，還有整個神經系統，鉛會造成無法挽回的傷害。」[2]她說，鉛要進入人體血流，最好的辦法就是縮小體積，放入可燃液體，再將煙氣排放至空氣中。想避免「引擎爆震」，其實加入乙醇也可以，但乙醇不能申請專利，四乙基鉛才是能申請專利的新配方，能賺進更多財富。全世界確實因金錢而遭到毒害。

英國皇家環境汙染委員會在一九八三年發表的報告指出，鉛在二十世紀的分布極廣，「很難相信地表還有任何一處，或是任何一種生物，沒有受到人為來源的鉛的汙染。」全球各地原本廣為使用含鉛汽油，直到一九九〇年代末大多數主要國家開始逐步淘汰，才逐漸式微。但如今空氣中還是可以發現鉛微粒，多半來自鋼鐵業的排放。鋼鐵業也是汞排放的最大來源。而且鉛與許多汙染物、

* 米基利在晚年罹患小兒麻痺症。他最後的發明是一套保護帶，能讓他在床與輪椅之間移動。結果他在一九四四年被自己發明的保護帶勒斃，享年五十五歲。

甚至放射性物質有所不同，長期並不會分解。鉛微粒也會從路面飛起。鉻酸鉛是經常用於路面標示的黃色顏料。七十年來使用含鉛汽油所排放的鉛，依然存在於世界各地的大氣中，也會重新懸浮在世界各地的大氣中。北京雖然在二〇〇〇年禁用含鉛汽油，但鉛濃度仍於二〇〇一至〇六年上升，因為煤與石油燃燒、鋼鐵業，以及水泥粉塵仍然貢獻著鉛的排放。

在「PM2.5」的統稱下，蘊含著這麼多細微的差異與不同物質。「真的是這樣，對不對？」艾利很欣慰，我終於搞懂了，他接著又說，「PM2.5 只是一種方便測量的說法，是測量空氣中的微粒重量，並不會告訴你是什麼東西的微粒，也不會告訴你是否為森林大火製造；是不是黑碳、是不是液體氣溶膠，什麼都不會告訴你。PM2.5 這種計量單位在一九七〇年代開始採用，因為當時的人只知道這個……如果你現在從事相關領域工作，你會覺得 PM2.5 是很差的衡量標準。」彼得・布蘭布利科比目前是香港城市大學環境化學教授，他在一九七〇年代曾經是英國政府的科學顧問委員會一員。他也認同艾利的觀點：「我都還記得七〇年代的人說：『等一下，這些粒子的表面裹著一層多環芳香烴，是一群很複雜的有機物質……』也討論過這個問題，但我覺得這也是測量工具的問題，沒有幾種（測量）方法能判斷（差異）。」

判斷懸浮微粒的化學成分仍然不容易，因為一團粉塵可能來自眾多本地與跨境來源。可以使用「離子束分析」之類的方法進行區別：高速移動的荷電粒子碰撞某物質後放慢速度或偏離方向的方式，與其碰撞的物質完全相同。二〇〇四年，菲律賓馬尼拉使用離子束分析法分析當地空汙的PM2.5成分，結果發現PM2.5來自生物質燃燒（百分之三十九）、石油燃燒（百分之二十一）、鹽（百分之十七）、黑碳（百分之十四）、土壤（百分之八），以及二衝程引擎排放（百分之一）。

每一個城市都有獨特的懸浮微粒足跡。在瑞典的斯德哥爾摩，融雪後露出的路面，被冬季使用的疊層輪胎挖開，形成的道路粉塵占PM10排放量的百分之七十四，也是春季到來的象徵；在二〇一二年的德里，PM2.5的單一最大來源是運輸（百分之十七），其次是發電廠（百分之十六）、磚窯（百分之十五）、工業（百分之十四）、家戶（百分之十二）、廢棄物燃燒（百分之八）、柴油發電機（百分之六）、道路粉塵（百分之六）和建築施工（百分之五）；在二〇一四年的肯亞奈洛比，礦物粉塵與交通量約占PM2.5總量的百分之七十四，其他主要來源包括工業活動、燃燒和生物質量燃燒；最令人擔憂的例子是一九九〇年代末的墨西哥市，貧民區有超過兩百萬隻流浪狗，一天產生三百五十三公噸的狗糞。空氣中的PM10也驗出「狗粉塵」，即狗糞乾燥後的微粒。《洛杉磯時報》在一九九九年指出一個噁心的事實：「狗粉塵與其他微粒會附著在露天攤販販賣的墨西哥薄餅、墨西哥粽和莎莎醬，吃下肚就等於吃下慢性腸道疾病。」

因此城市間即使擁有相同的PM2.5濃度，各自市民面臨的健康危機也很不一樣。二〇一二年的北京，中國記者柴靜在一個尋常的上班日，隨身攜帶一臺懸浮微粒過濾取樣器，讀數是三百〇五．九一 $\mu g/m^3$。濾網的顏色從純白變為純黑。她想知道濾網上的東西是什麼，就請北京大學的邱興華博士分析這些東西的化學成分。結果發現樣本上含有十五樣致癌物，包括聯苯、乙烷合萘、苯並[e]芘（目前已知最強大的致癌物）和茀（一九四七年多諾拉災難的主要汙染物之一）。

更複雜的是有些懸浮微粒是本地排放，有些則會傳播到幾公里，甚至是數百、數千公里之外。在很多城市，PM2.5 的濃度多半來自這些「跨境汙染物」。盧安達氣候觀測站的德威特博士估計，區域農業燃燒形成的霧霾是盧安達首都基加利的 PM2.5 最大來源，當地來源大約只占「平均全年總汙染量的百分之三十至四十」。美國西部的野火事件約占美國 PM2.5 排放總量的百分之十八，而且占比持續上升。二〇一七年十二月發生毀滅性的湯瑪斯野火，是加州史上規模最大的野火。科羅拉多州立大學大氣科學教授傑弗瑞．皮爾斯在記者會上表示這是「加州的新慣例」，而且野火即將成為全美國每年懸浮微粒排放量的最大來源。不到一年，二〇一八年八月發生了更嚴重的門多西諾複合大火，焚燒面積幾乎是湯瑪斯野火的兩倍。

即使在倫敦，也有研究發現百分之七十五的懸浮微粒可能是跨境，也就是來自別處。我發現這數據後心情有些低落，才剛萌芽的願景就這麼毀了，還以為大多數汙染來自本地，可以透過本地行動解決，沒想到事實並非如此。跨境汙染聽起來愈來愈像氣候變遷。一個城市甚至一個國家的行動，到頭來完全沒有意義，因為其他城市或其他國家依然無所作為，甚至排放更多。百分之七十五的數字是否也代表著，就算我們放棄所有的汽車、公車、柴火暖爐或燒烤餐廳，也只能影響 PM2.5 汙染的百分之二十五？我先請教巴黎的艾蜜莉．弗利茲，她說：「嗯，這要看是年度平均值還是高峰值。通常會有高峰或汙染事件，是因為我們遇到的（氣象）環境邊界層很低，沒有風……我們等於是自己汙染自己。這是多半來自本地。但如果以每日來看、以整年來看，我們有風，而且是的，鄰居的汙染也會擴散到我們這邊來……有時連風向都會繞回來，把我們製造的汙染又帶回給我們，因為我們是很大的排放源。」

在倫敦國王學院進行倫敦大氣排放盤查（LAEI）的尚恩．比弗斯博士也補充說明：「如果你只是在倫敦隨便一個地方，那大多數的懸浮微粒確實是從外地來的；但你如果站在倫敦的主要道路附近，那就不見得如此，會有更多來自本地的……氮氧化物與二氧化氮來自都市，是本地製造出來的。」倫敦交通局空氣品質政策分析師伊芳．布朗也參與倫敦大氣排放盤查，對我說了類似的話：「跨境汙染的比例通常稱為區域背景，會隨地點與汙染物有所不同……例如路邊的濃度往往最高，而汙染最大來源是道路運輸。以氮氧化物來看，通常約有百分之七十五至八十來自道路運輸，包括暖氣與區域背景這些其他來源所占的比例相對來說小很多；但如果遠離路邊，汙染濃度會下降，但汙染來源也會變得五花八門。」意思是遠離路邊的地點 PM2.5 濃度會下降，比方說從四十 μg/m³ 降到二十 μg/m³，但在這二十 μg/m³ 的 PM2.5 中，跨境來源占的比例會上升。經過這陣子的研究與訪談，我總算弄懂這一點，也鬆了一口氣。

二〇一七年十月，我家中辦公室的白牆開始發出詭異的橘光。鄰居隔著花園牆喊我：「過來看看太陽。」我看見太陽高高掛在天空，卻是紅色的，彷彿西沉的夕陽。我剛好要在那天拜訪英國氣象局的保羅．阿格紐，就順便問他這是怎麼一回事。撒哈拉塵經常成為嚴重汙染事件的代罪羔羊，但這次還真的就是撒哈拉塵惹的禍。保羅說：「北非的汙染要想來到我們這，就必須衝上大氣層的高層，高達數幾公里。」這一團橘沙由最近出現的颶風奧菲莉亞推送過來，飄過大半個不列顛群島。但保羅說「從北非過來的路程，有一大半都發生在邊界層上方。」他說，撒哈拉塵會一直維持在我們頭上數公里的高度，直到抵達挪威北部，然後「非常有可能在高層大氣散開」。因此跨境汙染往往發生在離我們很遠的高空，不會影響到我們呼吸的空氣。我們需要擔心的，是地面上的東西。

心臟醫學教授大衛．紐比也補充：「說到周圍微粒暴露程度，有兩點需要思考：一個是整體濃度，這會受氣象因素影響，風從哪個方向來、往哪個方向吹……對，也有可能從數公里外過來。但如果是城市交通量，微粒是在道路產生，而且散開得非常快。快速蔓延的汙染通常從路邊開始。你站在車子旁的濃度，會比你站在十公尺外的濃度高很多。」

以全國的百分比來看，道路運輸在二氧化氮與 PM2.5 排放量占比相對較小，通常在百分之二十左右；工業與發電這些部門的占比也相同，有時還更多。但人們居住、工作，也會旅行，花在道路或道路附近的時間，會比站在發電站旁的時間多出很多。在城市，我們離車輛很近，接觸到的最小微粒會進入我們的血流。所以微粒的最後一塊拼圖，就是微粒數量（PN）。微粒數量是任何一口空氣的微粒總數，而不是微粒的質量或重量。車輛排放與都市空氣汙染的背景來源不同，它發生在地面，也離我們人類很近，我們都會呼吸進去。這些微粒當中最小的、也就是 PM0.1 及更小的微粒，叫做「超細微粒」或奈米粒子，有愈來愈多證據顯示會造成最嚴重的健康問題。奈米粒子小到無法計算重量，是以數量、而非質量，占整體 PM2.5 的最大比例。奈米粒子對人體健康最大的危害，在於進入人體肺部的數量，而非質量。

「體積小可能會具有特殊的毒性，或是更強烈的毒性。」法蘭克・凱利寫道，因為「較小的微粒表面積廣大許多」，能讓有毒化學物質附著其上。體積較小的微粒表面積，怎麼會超過體積較大的微粒表面積？我花了很久的時間才搞懂這一題。這句話的意思並不是說一個小微粒的表面積，真的比一個大微粒的表面積還大。大微粒的表面積，嗯，比較大。但如果把很多小微粒塞進一個大微粒的空間，總表面積就會增加很多。我常常拿運動舉例，這次也不例外。一顆標準足球（美國讀者請注意，我說的不是美式足球）周長是七十公分，表面積約為一千五百平方公分，總體積約為五千七百九十二立方公分；高爾夫球就小得多，周長約十三公分，所以表面積是五十四平方公分，體積約四十立方公分。因此以體積而言，一顆足球的體積可以容納一百五十六顆高爾夫球，但一百五十六顆高爾夫球的總表面積，會是八千四百五十三平方公分，比一顆足球的表面積，整整大出二・五平方公尺。我們把比例縮到很小很小，想像我們吸入一百五十六顆迷你高爾夫球。這一百五十六個迷你微粒的每立方公尺的公克數（PM2.5 的慣用單位），會跟一個大粒子差不多，但附著的肺部組織面積會大很多，引發更多發炎。

「表面積的差異很大，而表面正是有毒物質附著的地方。」大衛．紐比再次強調，「比起（背景）監測站的數據，路邊或車流的汙染程度高出許多，也集中許多。」紐比說，汽車排放的大多數微粒，尤其是現代有良好過濾系統的汽車所排放的大多數微粒，「都比PM0.1還小。」

汙染監測公司Air Monitors創辦人、醫學博士吉姆．米爾斯表示，他們在產業上投入愈來愈多資源，要將這些比較小的微粒分離出來，加以辨識。「我們現在使用的設備能計算這些微粒的數量和體積，就能知道『肺部附著表面積』，就是你以後會常聽到的ＬＤＳＡ。我們會知道有多大面積讓那些髒東西附著上去，也會知道到底有多少微粒。這很重要，因為微粒的體積愈來愈小了。」吉姆說，想知道奈米粒子與我們能在黑煙中看見的PM10比起來有多小，「想像一個PM10微粒重量是一公克，其實沒有一公克，比一公克輕多了，不過我們就當成一個質量單位，或是一公克。你問別人一個PM1.8的微粒（相較之下）重量多少，大多數人會回答〇．一公克，很合理嘛對不對？其實並不正確。如果一個PM10微粒的重量是一公克，一個PM1微粒的重量就是一毫克（一公克的千分之一）。一個PM0.1微粒，體積還是比廢氣排放來大多數柴油微粒還大，重量是一百萬分之一公克……幾乎沒有重量。要有一百萬個PM0.1微粒，才能達到一個PM10微粒的重量……直徑減少十倍，重量會減少一千倍。所以說到底，現代柴油汽車所排放的微粒等同沒有重量，體積比一個PM10微粒小上一百萬倍。」但PM10，頂多是PM2.5，始終是大多數懸浮微粒相關的法令、規範與監測重點？吉姆說確實如此。「政治人物說：『喔，可是PM2.5與PM10就包括所有大大小小的微粒啦。』是沒錯，但是我們應該計算的不是重量，而是這些微粒的數量和表面積。」

比弗斯博士參與倫敦大氣排放盤查，也發現「極小的微粒即使數量龐大，重量並不會增加多少……你吸入的微粒數量，其實跟你所在地點非常相關，比氮氧化物的相關性還大，因為車輛排放非常大量的極小微粒……所以舉個例子，從路邊到背景地點，微粒數量下降程度極為明顯。」飛機排放也是同樣的道理。一項在二〇一六年針對洛杉磯國際機場的研究，發現飛機雖然會大量排放PM2.5，但機場的PM2.5濃度竟然低於研究人員的預期。而研究人員在分析微粒數量後，發現數量相當驚人。飛機排放的多半是奈米粒子，在PM2.5質量所占的比例微乎其微。奈米粒子到了下風處，會在大氣層內起化學反應，形成更大的微粒，當地的PM2.5質量因此增加。飛機排放的奈米粒子就像高爾夫球，等到降落在周邊地區時，已經匯聚成足球。

奈米粒子除了表面積更大之外，也更深入人體。二〇一七年，紐比在愛丁堡的團隊決定徹底證明這個原理。他們把黃金磨成奈米粒子，安排實驗室的老鼠和人類志願者吸入，再觀察奈米粒子會落入身體的哪個地方。一個始終沒有定論的問題是「微粒能否（直接）進入血流」，他說：「我們思考何種物質的微粒不會傷害身體，又可以讓我們觀察體內的動向。我們想了很多辦法，包括放射性標記，最後還是決定用黃金，因為在正常情況下，人體內不會出現黃金。黃金也具有惰性，人們會用黃金製作珠寶，是因為黃金不會氧化，不會因久置於空氣中出現任何損害。我們從荷蘭運來一部可以製作一大堆黃金微粒的機器，做出不同大小的黃金微粒。小微粒的直徑是二十奈米（PM0.02）到五、六十奈米（PM0.05-6）。」首先由老鼠試驗。「較小的微粒進入血流的速度快得多，較大的微粒則幾乎進不去。能進入血流的（上限），似乎在三十奈米（PM0.03）左右。」

我的鐳豆計算PM2.5能辨識的最小微粒是PM0.3，也就是直徑三百奈米的微粒。紐比所說的微粒大小只有PM0.3的十分之一（質量則是千分之一），會進入血流的微粒比這還小。「到最後我們拿直徑兩奈米（PM0.002）到兩百奈米（PM0.2）的微粒做實驗，結果一再發現直徑在三十奈米左右的微粒就無法（從肺部）進入血流……我們先拿老鼠做實驗，接著開始做人體實驗。我們安排健康的志願者戴口罩在房間裡接觸黃金微粒。然後叫他們騎一下單車，增加呼吸頻率。再追蹤他們的血液與尿液，看看裡面有沒有黃金，果然真的有。」有幾位受試者才接觸十五分鐘，血流就能偵測到黃金；老鼠的研究結果也能證明，奈米粒子會聚集在動脈中已經發炎的部位，或堆積脂肪的周邊。因此紐比與團隊成員研判，吸入奈米粒子可能會引發急性心血管疾病，也就是心臟病發作與中風，因為動脈會阻塞。把動脈想像成道路，既有的發炎與脂肪想像成車禍現場，吸入的奈米粒子則像後方不斷累積、導致交通堵塞的車輛。很久以前就有人提出，小於PM0.1的超細微粒能進入人體幾乎所有部位，包括淋巴結、脾臟、心臟、肝臟，甚至大腦。而紐比的愛丁堡團隊證實的確如此。

最能危害我們健康的，是奈米粒子，還有我們吸入的奈米粒子總數量。換個俏皮點的說法，我們的身體能承受空氣中的一點鹽與沙；但是絕大多數直徑在三十奈米以下的奈米粒子，那些遊走在我們動脈、聚集在我們膽固醇周圍的奈米粒子，並非來自跨境汙染物，而是來自我們的道路。具體來說應該是來自燃燒化石燃料，燃燒腐朽的生物物質所形成的古代湖泊，換取推進力的汽車與車輛。

第四章
無火不起煙

我的研究到了這個階段，一個存在已久的問題完全讓我分心了：空氣汙染究竟是現代才有的現象，還是人類在歷史上一直與空氣汙染共存？答案並非你所想的那樣絕對。前幾章不斷高昂的情緒，在這一章要稍作緩解。讓我們深呼吸，圍著營火坐下，與古代的先人說說話。空氣汙染自哪一年出現？空氣汙染是否損害了我們祖先的健康，或者其實是現代人變得太軟弱？

保羅．古柏格教授說：「你可以看見一公里半以外的新石器時代遺址。」他和我用 Skype 通話，螢幕上他的雙手停在半空中。他人在法國鄉間的考古挖掘現場、一個叫佩什德拉澤的洞穴，所以網路通話品質當然不會太好。不過我還是聽得見他說話。「新石器時代遺址，」他說，「就是一片灰灰的灰燼。」古柏格是波士頓大學地質考古學的榮譽退休教授，正在研究目前已知史上最早的用火遺址，而有證據顯示，生活在這洞穴裡的直立猿人可能懂得控制火。他與他的團隊在南非的奇蹟洞，找到一百萬年前殘餘的灰燼。我以為他會告訴我，這就是「元年」的證據，也就是火與煙開始成為人類生活典型特色的那一年，但他和相同領域專家並不確定。考古發現可以證明，並不是人類自從發現了火，從此就每天使用。應該說在早期人類史，人類時而長期用火，時而長期不用火。即使人類已經懂得用火，有些人類還是終其一生不曾用火。一直要到一萬兩千年前的新石器時代，才能從他們、或者應該說我們遺留的一堆堆灰燼，判斷出曾有人類活動的遺址。那中間大約九十八萬八千年的時間，究竟發生了什麼事？

「奇蹟洞是特例！」古柏格說話常常忍不住加強語氣，「最可信的還是以色列的凱塞姆洞穴，距離現在（只有）三十萬至四十萬年。那裡有多次用火的證據，新的灰燼疊在舊的上面，很明顯是多次用火……在歐洲（還有）中東，似乎有不同的用火紀錄。」利物浦大學在二〇一六年發表的論文也附和，「雖然有愈來愈多（歐洲的舊石器時代）用火遺址出土，但很明顯地，**相對**來說仍舊稀少。」在四十萬年前左右，或是更久以前的歐洲考古遺址，幾乎找不到經常用火的證據。如果非洲的人族在遷入歐洲前就已經精於用火，那怎麼沒把這個技術帶到歐洲來？

二〇一五年，古柏格應邀參與在葡萄牙舉辦的「火與人屬」研討會，他是受邀的十七位研究人員之一。討論主題是用火的起源，以及用火在人類演化歷史上所扮演的角色。十七位研究人員當中，也包括加拿大西門菲莎大學與美國賓州大學考古學與人類演化研究的講師丹尼斯・桑德嘉特。他在職業生涯初期專門研究石器時代的工具，近年來也開始研究早期人類用火的相關問題。「大概早於四十萬年前那段期間，約有六個遺址能找到用火的證據。」他從加拿大家中的辦公室對我說。「不過這些遺址沒有壓倒性的證據，只有幾塊小小燒焦骨頭的碎片、一塊變紅的沉積物……這麼長的一段時間，竟然只有這麼少的可能用火證據……我認為這些遺址可能跟人類行為無關，也可能有關，但說不定更可能是自然形成的火所留下的遺跡，畢竟確實沒有明確證據顯示這些是人類用火留下的遺跡。而在約四十萬年前以後的時間，倒是有人類用火的明確證據。」他也提到以色列的凱塞姆洞穴。

凱塞姆洞穴與更早期遺址的差別，在於是否有爐床。爐床是一種特製的火坑（在凱塞姆洞穴是四平方公尺）。遺址位於特拉維夫以東十二公里的石灰岩山脈，是目前已知最早的人類定期圍繞火堆而坐的地方。凱塞姆洞穴在距今四十二萬至二十二萬年前有人使用，爐床則是三十萬年前的產物。神奇的是這麼古老的爐床，竟然能讓我們第一次發現經常吸入火煙會造成的影響。巴塞隆納自治大學的凱倫・哈迪在二〇一五年發表的論文中，研究了八顆凱塞姆洞穴出土的人族牙齒，尋找吸入火煙的證據。她發現人類史上「最早接觸潛在的呼吸道刺激物的證據」，包括微粒。牙齒含有微小的木炭粒子，是直徑不超過七十奈米的微粒，微粒透過呼吸進入嘴部，而非進食，「這代表了用火經驗，而（這些微粒）也能證明洞穴裡的空氣充滿煙霧。」

來自以色列的三十萬年前的爐床，能否證明人類在三十萬年前開始與火共存？桑德嘉特認為事情還是沒有那麼簡單。他跟古柏格近期著手研究尼安德塔人的用火。歐亞大陸的尼安德塔人與凱塞姆洞穴居民是同一時期的人，直到四萬年前左右滅絕（或同化）為止。「每一個人，包括我們在內，都以為尼安德塔人一直用火，可能也知道怎麼生火。」桑德嘉特說。「我們挖掘之後……發現尼安德塔人在某些時期確實會用火，但也有幾段很長的時間不在那些地方用火……奇怪的是那些用火跡象很少的地層，正好對應到寒冷期。那些地層有一大堆人工製品與骨頭，顯示尼安德塔人在那段未用火期間仍住在那裡，並不是完全沒在那裡生活。」法國西南部至少有七個遺址，能找出類似的寒冷期用火減少的證據。在十三萬年至七萬五千年前的上一個間冰期形成的地層，可以發現尼安德塔人頻繁用火，使用的是非常完整的爐床；而在同一群遺址中寒冷期的地層，也就是七萬五千至四萬年前的地層，似乎完全找不到用火痕跡。這些考古地層充滿了石頭工具，以及屠宰過的動物骨頭，但那些工具與骨頭都沒有燃燒過，也沒有爐床。要不是尼安德塔人早已精通先進的用火技術，光憑這些證據，還會以為尼安德塔人忘了要怎麼生火。二〇〇一年在德國出土的尼安德塔人遺址中，發現人工建造的爐床，以及幾塊保留下來的瀝青，距今約八萬年。瀝青的用途可能是黏合木頭。要製作瀝青，必須將樹皮保存在刻意控制的火中數小時，以維持一定的高溫。

「這就帶出很多很有意思的問題……說不定他們不需要火？」古柏格說，「而且這比（奇蹟洞）年輕多了，這是在（人類）歷史的結束，而不是一開始。」所以火不見得是人類日常生活的一部分？「不對！重點就在這裡。法國這裡的尼安德塔人在八萬到九萬年前用火，後來天氣變得寒冷，他們就不用火。我們今天早上（在挖掘現場）吃早餐也在談這個觀念，就是『喔，我們發現了火，大家就廣為使用』的觀念，但這並不正確，根本不是這樣。」

這跟所謂的「烹飪假設」有什麼關係？所謂「烹飪假設」，就是人類大腦的成長之所以異於其他動物，是因為人類會烹煮食物。「這樣說好了，這並不能證明烹飪假設成立，」古柏格說，「如果真是這樣，那我們應該到處都能發現火的遺跡，問題是沒有。」因此另一個理論是幾千年來，假使成立的話，應該說在人類史上的大部分時間，人類喜歡將食物嫩化、醃製或發酵，而不是放在火上烹煮；甚至有可能是很多早期人類並不想住得離火太近。我覺得這對我們所認知人類的概念，是一種很有趣的衝擊。我的意思並不是說我們應該重回醃製食物、慢嚼食物的歲月；我的意思是，這樣說比較聳動：也許我們並不如我們想像的那樣需要火？也許我們可以跟古代祖先一樣，自行選擇什麼時候用火？

從新石器時代的農業革命開始，火確實成為人類文明的核心。人類開始共同住在小鎮，在固定的住所管理農作物與家畜。爐床不只是每一個社會的重心，更是每一個家的重心。「你可以看到一公里半以外的新石器時代遺址。」Skype 通訊恢復正常，古柏格又對我說了一次，「因為所有的沉積物顏色都灰灰的，都有一層灰燼……人類開始坐下來，久坐不動，整個社會的結構變了……大概發生在一萬兩千年前，是很重大的改變……從汙染的角度看，我覺得就是那個時候開始的，在新石器時代早期。」

漢斯．胡斯曼博士是荷蘭教育文化及科學部的考古學家，先前是萊登大學的講師。他是專門研究新石器時代的微形態學家，也是斯維夫特班特研究團隊成員。斯維夫特班特是一個獨特的新石器時代遺址，保存在荷蘭濕地下方。幾百年來，荷蘭人以壕溝排掉沿海平原的水，將沿海平原變更適合農業的「海埔新生地」。一九六〇年代，阿姆斯特丹以東五十英里的斯維夫特班特的一處濕地，也以同樣的方式排水，卻意外發現了大約六千年前的完整新石器時代地景。在新石器時代，全球海平面較低，這裡位於潮汐起落的小灣間，是一處乾燥陸地上的聚落。出土文物中除了尋常的陶器、骨頭與工具之外，還有很多燒焦的東西。「第一群農作者的標準新石器時代聚落，」胡斯曼說，「有很多陶器、燒焦的東西，到處都有燧石，非常集中……這個區域的遺址（都）有黑而厚的地層，充滿考古遺跡，多半是燒焦的植物，因為這些保存在水與泥沙之下，而不是農地或建地。「（斯維夫特班特）有趣之處在於不僅發現這麼多東西，而且這些東西所在的位置跟六千年前一模一樣，保存得非常好。」斯維夫特班特遺址也有不少保存完整的爐床。「這些建築物中，牛與人類生活在一起，三分之二（的空間）給牛用，三分之一給人用。往往會看見一個爐床（人住的地方），第二個爐床在建築物中央。在新石器時代的生活環境，日常生活都會接觸到煙……至少一整天都會有一點點火在燃燒……在斯維夫特班特的遺址發現幾個點火工具，就是專為生火打造的燧石……我覺得當時人們一定懂得生火、用火，因為無論是聚落或地景，都能找到用火的遺跡，生火煮食、生火取暖、生火燒掉廢棄物、生火製作物品。」

當時還沒有發掘化石燃料，所以常用的燃料是木頭。胡斯曼說：「在那個年代，如果沒有木頭，大概就用動物糞便。有人討論過舊石器時代的人會不會也拿骨頭當作燃料，畢竟新鮮的骨頭有很多脂肪，脂肪可以燃燒。」在當時，乾燥糞便是常見的燃料，至今在全世界很多地方也是，燃燒起來煙量很大。「就算經過澈底乾燥，也還是有很多煙。」胡斯曼說。「燃燒糞便不會產生真正的火焰，只會是悶燒……我知道有個人在一間重建的中世紀農舍，拿各種燃料做試驗。（他）燃燒木頭與泥炭都沒有問題，但他燃燒動物糞便就不得不走到屋外，因為整個屋子都是煙！」他笑著說，「用木頭生火，晚上睡覺也不必弄熄；用糞便生火，那就非熄滅不可。」

另一位荷蘭考古學家迪克．斯塔伯特在一九九〇年代提出理論，認為人類在日常生活會聚集在爐床旁說故事，可能因此帶動了複雜語言的演化，包括抽象概念在內，甚至刺激了藝術的發展。火也開始出現在最早期的宗教場景。燧石與黃鐵礦的「打火組合」開始作為陪葬品，大概要給死者在來生使用。

接著約在七千年前，我們純熟的用火技術或許點燃了第一次真正的工業革命：銅、青銅，接著是鐵的金屬加工。裝飾用的銅珠在土耳其的新石器時代大型聚落加泰土丘出土，約是西元前七千五百年至西元前五千七百年的產物。後來有人將銅礦與砷一起加熱，製成青銅，除了廣受喜愛的青銅工具與飾品之外，也製造出史上第一次有毒的工業排放。目前已知史上第一個金屬鉛製品，是上埃及（編注：位於尼羅河上游、埃及與蘇丹交界處的努比亞地區。坐落有阿拜多斯神廟和伊西斯神廟，為第一批入選世界遺產名錄的遺址）阿拜多斯神廟出土的金屬塑像，距今已有大約六千年。製作金屬鉛，不僅要從岩石開採鉛礦，還需要熔煉。熔煉過程需以高溫燒掉硫，將鉛礦與氧結合，再與碳起化學作用，通常是與木炭起化學作用。

熔煉鉛礦以提煉銀，是大約西元前一三五〇年古埃及人發明的技術，後來由羅馬帝國發揚光大。這段時間空氣中鉛排放量的世界紀錄，要到兩千年後才會由工業革命超越。在耶穌誕生時代，銀礦一年能製造八萬公噸的鉛渣，其中至少有百分之一是微粒，體積小到能與空氣混合均勻。現代的冰芯取樣技術發現，在羅馬帝國的八百年間，約有四百公噸的鉛微粒落在格陵蘭的冰冠上（不過這只占二十世紀使用含鉛汽油六十年來的鉛微粒量百分之十五而已）。空氣的味道也變了。羅馬編年史家盧修斯・阿奈烏斯・塞內卡在西元六十一年寫道：「我一離開羅馬汙濁的空氣，離開煙囪的臭氣，還有空氣中的瘟疫、煙霧與煤灰，心情就為之一變。」古羅馬少數出土的幾具防腐處理過的木乃伊，也就是所謂的「紅洞木乃伊」，其中一具是僅僅八歲的女孩遺體，有嚴重的煤肺跡象，意思是屢次接觸煙，造成碳在肺部累積。

我在二〇一七年底造訪大英博物館，想親眼目睹古代空氣汙染的證據。我與負責大英博物館所有人類遺骨的體質人類學館長丹尼爾・安東，以及他的博士學生安娜・戴維斯巴瑞特，約好在公共玻璃天井下見面。丹尼爾帶我們到側門，他轉動鑰匙，引我來到大英博物館幕後。突然間整個建築少了些建築大師諾曼・福斯特的風格，更像是一九七〇年代的地方議會。我們爬上狹窄的樓梯，穿過走廊，打開門，裡面是一個小得出奇的房間。房間內的桌上放著兩套幾乎完整的骨骼，骨頭染上沙漠土壤的橘棕色。兩具骨骼的主人都是中世紀的蘇丹女性，曾經居住在尼羅河旁。志工研究員正拿著乾刷子，清理她們的骨頭與牙齒。

兩具骨骼已有大約一千年的歷史，在尼羅河的麥洛維水力發電大壩興建前出土，為蘇丹國家古文物與博物館公司於二〇〇七年捐贈大英博物館近一千具骨骼的其中兩具。骨骼在乾燥的沙漠環境得以妥善保存，也揭露西元前一七五〇年到西元一五〇〇年人類社會的生活方式。安娜目前正在研究慢性呼吸道疾病的盛行率，因為骨骼沒有剩餘的肺部組織可以參考，所以她只能從骨頭推敲。她對我說：「如果因呼吸道疾病發炎，鼻竇或肋骨內層應該會長出新的骨頭。」下呼吸道疾病可能會引發肋骨某些部位發炎，刺激新骨頭生長。西元七十九年葬在維蘇威火山旁的古羅馬人的骨骼，也能找到類似的肋骨損害，應該是長期吸入煙所導致。

「這裡有一些局部的自然木乃伊化現象。」安娜說。「你可以看到這邊的皮膚跟韌帶。」她指著頭骨上薄如紙張的碎片。我問他們從這具骨骼能看出什麼。「從骨盆可以推斷是女性，」丹尼爾說，「而且從關節損耗程度來看……她過世時應該是中年人，可能三十五到五十（歲）。」他們也能看見疾病的跡象，包括骨折、可能是肺結核引發的脊柱彎曲，還有一個較不科學的判斷是「牙齒很不好」。安娜往後還要用內視鏡——也就是接在細管子末端的一臺小型攝影機，常見於外科手術——檢查骨骼是否有鼻竇炎的跡象，而且這種檢查方式不會損傷頭骨。「我常說鼻竇炎是空氣品質的指標，」她對我說，「鼻竇炎是很好的指標。因為鼻竇是你身體與你呼吸的空氣間的第一道防線……如果（某族群的）患病率很高，有發炎跡象，那就代表你呼吸的空氣有問題。」

鼻竇炎的意思是一個或更多的鼻竇內層發炎。鼻竇是頭骨中位於眼睛與鼻子上方及周圍的四對充滿空氣的腔，如果是持續慢性發炎，壓力會促使新骨頭成長，這對往後的考古學家來說是重大的判斷指標。安娜告訴我：「先前針對肋骨與鼻竇的生物考古學研究，已經證明……鼻竇炎的罹病率很高，可能是由金屬加工所造成，代表金屬加工在空氣中形成的細微粒，導致很多男性罹患鼻竇炎。」我們見面時，安娜還沒有發表她的研究結果，不過她從目前研究過的蘇丹骨骼，確實發現鼻竇炎的罹病率很高。

「研究人類遺體，可以發現從其他參考資料——無論是書面文字或物質文化都無法得知的證據——判斷以前人們的健康狀況。」丹尼爾說。「只有研究人類遺體，我們才能得知過往人們的健康狀況……跟現在的情況非常相關。癌症與心血管疾病並非新疾病。我們研究疾病發生的地點、出現的症狀，也許更能了解在怎樣的環境中、怎樣的條件下會增加（罹病率）……也能知道是否僅僅生活在某種環境，罹患呼吸道疾病的風險就會比較高。」

丹尼爾也負責管理大英博物館的埃及木乃伊。他說，研究埃及木乃伊也得到類似的結果。「埃及木乃伊在防腐過程中，會將肺臟移除，有時會放入卡諾卜罈（製作木乃伊過程中，用來保存重要身體器官的器皿）……有人研究過（大英博物館收藏的）卡諾卜罈所保存的肺臟，發現有矽肺病

（二氧化矽或沙所引發的發炎，最有可能是沙塵暴所引起）、煤肺，還有碳接觸的痕跡，也發現肺部有碳粒與沙粒……有趣的是做成木乃伊的人，都是非常富有的人。他們顯然不會參與某些（勞動）工作，但從他們身上，卻還是能找到呼吸道疾病症狀。」他提到自己接下來要進行的研究，是安排木乃伊進行電腦斷層掃描，尋找動脈粥樣硬化症的跡象。動脈粥樣硬化症是脂肪在動脈累積，引發中風。紐比也發現，人類吸入的奈米粒子會在動脈的脂肪周圍堆積。

古希臘羅馬統治期間，木頭始終是主要燃料，直到煤出現。古代中國與羅馬都有使用表層煤的紀錄，一直到十一世紀中國宋朝首都開封（位於北京以南五百公里）全盛時期，才出現煤作為主要燃料的確切證據。開封擁有河道與運河運輸，能直接開採新興煤礦，因此可能是世上第一個將能源來源從木頭轉換為煤的城市。全盛時期的開封擁有近一百萬居民，是名符其實的百萬人口城市，可能也是當時世上最大城市，所有人民的烹飪、取暖，全都使用新黑金作為燃料。不過這種古代的都市煙霧並不長久。一一二七年，開封遭金朝軍隊洗劫，又在下一個世紀遭蒙古軍隊與瘟疫的雙重打擊，版圖縮小到跟村莊差不多。不過在宋朝的經驗之後，煤的工業潛力已眾所皆知：煤的能量密度（質量所蘊含的能量多寡）是木頭的兩倍。到了十三世紀，歐洲的採煤業已發展成熟，開採的煤也經由船隻運往倫敦中心。

文獻記載的第一起英國空氣汙染，來自英王亨利三世王后埃莉諾於一二五七年被迫縮短她在諾丁罕的訪問行程，因為當地的煤煙汙染太嚴重。她的兒子英王愛德華一世在一二八五年成立委員會，決定找出解決方案，並推動歷史上第一項環境法規。愛德華一世後來試圖禁用煤，但成效不彰，而且這項命令很快就過時。原因跟開封一樣，黑死病肆虐全國，奪走四分之一人口性命。農村一個接一個滅村，森林漸漸收復荒廢的農地，木頭又一次變得比煤更便宜、更充足。彼得．布蘭布利科比教授在一九八七年寫下《大煙霧》，探討倫敦的空氣汙染史。他說這種連鎖效應後來重現過很多次：人口快速成長、都市化、人口密度增加、燃料短缺，最後是使用新燃料，然而製造的汙染卻遠遠超越過去的燃料。

兩個世紀後，同樣模式再度上演：人口恢復、木頭與木炭變得稀少、煤再度興起，尤其是煤粉。煤粉是一種高煙量的劣質煤，多見於蘇格蘭沿岸一帶的海底。這次的君主是女王伊莉莎白一世，同樣埋怨煤煙「氣味令我至為苦惱不快」。莎士比亞筆下的「庶民」法斯塔夫，對燃煤的石灰窯所散發的「臭氣」非常感冒。布蘭布利科比教授估計一五八〇至一六八〇年間，倫敦的煤進口量成長達二十倍。現存的都鐸時期房屋，通常有著裝飾華麗、高度卻引人發噱的煙囪；這些煙囪一個比一個高，像在爭搶制高點，把臭煙吹送得愈遠愈好。

一九九五年一項研究中，檢視英國兩處埋葬地的四百多具中世紀骨骼是否有鼻竇炎症狀，研究方法和我在大英博物館見到的差不多。一處是約克郡沃拉姆珀西的廢棄中世紀農村，當年村民的生活絕對不會無煙，多半在家中燒木炭、煤，甚至糞便取暖；另一處在約克市的教區「牆上的聖海倫」，在此地居住的貧窮勞工不僅僅在家裡面臨相同的汙染，在鑄造廠、藥局、鞣製廠，以及釀酒廠工作，都會受到工業排放影響。因此自農村出土、保有鼻竇的骨骼當中，百分之三十九有鼻竇炎的痕跡；相較之下，約克市區出土的骨骼中，超過半數（百分之五十五）曾罹患鼻竇炎。布拉福大學研究人員認為，百分之十二的差距即是「工業空氣汙染」。[1]

在美洲，有毒的空汙隨著西班牙征服者一同降臨。祕魯奎爾卡亞冰冠的冰芯採樣，發現早在西元七九八年的古代，南美洲就有冶金與採礦活動，同時印加帝國版圖也正逐漸擴張。但那時汙染程度很低，主要來自金屬冶煉，這在當時是使用小爐進行、相對小型的家庭工業。但歐洲人在十六世紀到來之後，帶來了以液態汞提煉銀的技術，這種技術生成的有毒粉塵，擴散整個南美洲。在十六世紀的玻利維亞，波托西銀礦是當時全世界最大的銀礦。有人認為十六世紀的玻利維亞是人類世的起源。人類世意指人類活動開始對自然界形成重大影響的地質年代。往後的空氣再也不一樣了。

不到一百年之後，英國作家約翰．伊弗林選擇倫敦煙害嚴重的空氣，作為他新從事的職業，也就是科學研究主題。他是皇家科學會的創辦人，在一六六一年進行史上第一次的空氣汙染科學研究。他發表一本小冊子，獻給英王查理二世，書名為《煙害：倫敦的空氣與煙害問題，以及約翰．伊弗林提議方案，敬呈國王陛下與本屆國會》。這本小冊子試圖訴諸國王的自尊與智慧：「陛下唯一的妹妹，奧爾良公爵夫人……居住在陛下宮裡的日子，曾說煙害令她的胸部與肺部不適，微臣亦有耳聞。」伊弗林寫道：「微臣至為憂心，陛下（早已習慣外國清新空氣）或許亦深受其害，況且惡物擴散甚廣，恐危及陛下子民之性命，有損陛下之英名。」伊弗林預見數百年後才會由科學證實健康影響：「惡物侵入重要部位的速度之快……飛速入肺，直入心臟。」他也得到另一位爵士科學家肯納姆・迪格比的支持。迪格比發現有倫敦市民死於「肺部疾病，因肺部潰爛而吐血。」

伊弗林提出的方案之一，是在公共用地廣為種植灌木與花。「倫敦周圍所有的低地，尤其是東區與西南區……種植此類高雅的灌木，勤加維護，獲取至為芬芳之花朵。」種滿茉莉與薰衣草的倫敦，空氣品質會讓全球稱羨。查理二世還真的同意這項提議，可惜國會沒有通過。僅僅五年後，發生了倫敦大火，伊弗林的種植計畫在施政優先順序上頓時退居末位。於是他又提出了一項偉大的計畫來重建燒燬的倫敦，並試圖將排煙產業放逐到下游地帶。但這項計畫，就像克里斯多佛・雷恩的計畫一樣遭到否決，最後政府選擇直接原地重建。

然而即使在工業時代，伊弗林最異想天開的灌木計畫，也絕對不可能實現。英國占星家約翰・蓋伯里在一六六八至八九年的天氣日誌中，提到倫敦的霧量增加。彼得・布蘭布利科比將蓋伯里的日誌，與政府的死亡人數紀錄比對，發現「難聞的大霧」（蓋伯里用語）出現時，倫敦的死亡人數就會加倍。當時倫敦人口約五十萬人，其中很多人仍在羅馬城牆圍繞的原始「平方英里」（編注：指倫敦市。羅馬人自西元一世紀抵達英國後，在泰晤士河修築城牆，並將此區域命名為倫蒂尼恩，殖民直到中世紀。日後倫敦歷史核心區倫敦市仍維持這範圍，面積一・一二平方英里，又被稱作「Square Mile」〔平方英里〕）內工作、生活。根據現代冰芯採樣紀錄，兩位作者塞恩菲爾德與潘迪斯表示，大氣中的二氧化碳、甲烷和氧化亞氮開始直線上升的時間「差不多是一七八四年蒸汽引擎發明後」。[2]肯薩爾綠地公墓有塊墓碑，是紀念一位「LR，於一八一四年倫敦大霧期間窒息而死」，那場大霧從一八一三年十二月二十七日持續到一八一四年一月三日。《蘇格蘭人雜誌》形容大霧充滿「倫敦的煙霧，嚴重到眼睛會有很強烈的感受，煤焦油煙霧……的氣味也很濃烈。」

到了一八六〇年，倫敦居民人數已經超過三百萬，城市範圍也擴張到新的郊區。這些郊區大多數離泰晤士河很遠，例如克拉珀姆、新十字、托特納姆和沃爾瑟姆斯托，彼此間由燃煤的蒸汽火車連結。每個工業城市的中心，都有狂吐煤煙的工業，家家戶戶也都燃煤取暖。倫敦的黑傘變成著名特色，一定要用黑傘，才不會看見變黑的雨水。倫敦在一八三一至一九二五年，是世界最大的城市，天際線充滿巨大的煙囪及始終不散的黑雲，立下了現代世界的藍圖。北方的工業城市雪菲爾，在當時生產全球百分之九十的鋼鐵，威廉・克伯特於一八三〇年的《鄉間遊記》就是三個字：「黑色的」。「從里茲到雪菲爾一路下來，不是煤與鐵，就是鐵與煤。我們抵達雪菲爾前，天色已經變暗，我們看見煉鐵爐，看見永恆燃燒的火焰的恐怖光芒。」

直到一九〇五年，才有人想出比「難聞的大霧」更好聽的名字。一九〇五年十二月，煙塵防治會議在倫敦登場。會議的第一天，德輔博士建議將「煙」與「霧」合成「煙霧」一詞。這是隨口提出的建議，在場的代表，大概連德輔博士本人都沒放在心上，比較重要的是三天會議的議程（例如「皇家委員會關於煤供應量的最終報告」）。新聞界倒是注意到了，於是「煙霧」一詞很快就進入大西洋兩岸英美兩國常用的詞彙。

在美國，德芙拉．戴維斯博士是現代空氣汙染防治要角之一。她是首屈一指的學者，發表眾多論文探討健康與汙染的關係（很久以後才會有出資機構對此主題感興趣）。她在卡內基梅隆大學、哈佛大學，以及耶路撒冷、土耳其、倫敦等地的醫學院授課，也擔任國內與國際政府委員會的顧問。一九四〇年代，當時還是孩子的她正好在多諾拉，遇上全世界最惡名昭彰的空氣汙染事件之一。

二十世紀前半，多諾拉是美國賓州的工廠小鎮，對髒空氣一點都不陌生。多諾拉往往一連好幾天都不見放晴，因為鋼鐵廠、煉焦爐、煤爐和煉鋅爐排放了煙氣，煙氣被周圍的山困在山谷中，隔絕了陽光。戴維斯對我說，空氣中的化學物質會製造出「美到令人讚嘆的日落」。但一九四八年十月二十八日星期五那天一點也不美。局部氣壓引發逆溫，一層暖空氣將溫度較低的邊界層壓制得離地表很近，汙染物困在離地面僅數公尺高的一層停滯空氣裡頭。多諾拉的一位律師阿諾．賀希曾親眼目睹這個現象。他對戴維斯說，他看見煙霧形成的時候，有一輛蒸汽火車行駛在軌道上。「火車噴出了一大團黑煙，黑煙往上飛了六英尺左右（約一八三公分），就停下來，就停在那裡……停在動也不動的空氣裡。」空氣很快變成含硫酸、二氧化氮和氟化物氣體的黃色濃湯，這些原料多半來自鋅冶煉廠的排放。黃色濃湯停留了整整四天，經營多諾拉鋅工廠的公司終於要求工廠在星期日早上六點關閉。隔天煙霧散去。這起事件有二十人喪生、七千人（將近多諾拉一半人口）住院治療，不久後又有五十人喪生。遺體解剖發現，吸入鋅工廠冶煉氟石所排放的氟化物氣體，是死亡主因。

戴維斯說，接下來那些年，鎮上居民始終沒再提起那場災難。工廠持續營運，日子照樣過下去，就跟美國其他小鎮沒什麼不同，整齊的草坪、白色的樁柵、粉紅的窗簾；不同之處在於草幾乎無法存活、樁柵很快會變黑，戴維斯的母親寧願用百葉窗，也不用窗簾，因為「百葉窗較容易擦拭」。戴維斯說，美髮師會挨家挨戶「服務年紀較大的女客人。這些客人才五十幾歲，就已經臥床不起。她們都罹患心臟疾病，沒辦法上下樓……天空是棕色的，我們一連幾天看不到太陽，久而久之都習慣了。尤其在秋天。我們只要到戶外，身上就一定會變髒，我們稱之為『多諾拉痲疹』，因為那髒汙是一個一個黑點。」災難發生時她才兩歲，但她後來訪問多位倖存者，包括她的家人在內，並將相關內容寫成《濃煙似水》一書，於二〇〇二年出版。「我訪問過一位先生，他剛從歐洲的戰場回來，身體很好。他跟我說，他在那一陣子會喘不過氣來……事態嚴重的第一個徵兆，是殯儀館的棺材和花店的花都供不應求：藥局的藥也全數賣光。愈來愈多人發現情況不對勁。」一場高中的足球賽還是照常舉行，儘管球員都看不見球在哪裡。比賽進行到一半，球場廣播請一位來自多諾拉的球員立刻回家。等他回到家，他在鐵工廠當工人的父親已經過世。擁有工廠的美國鋼鐵公司從未承認過失，並指稱充滿化學物質的霧是「天災」。而工廠直到一九六二年才關閉。

從人類燃燒東西開始，空氣汙染就始終是致命殺手。隨著工業製程變得更進步，我們的遠祖在奇蹟洞與凱塞姆洞穴所製造的柴火煙，也轉變成完全不同的東西。人類仍然在日常生活中近距離接觸煙，但煙並非來自開放的爐床，而是從成千上萬的燃燒機與工業火爐湧出。現代經濟體發現並燃燒愈來愈多的化合物，製造出更致命的煙。辛辛那提大學的內科醫師克萊倫斯．米爾斯在一九五〇年的《科學》期刊寫道：「希望多諾拉的災難能讓世界各地人們意識到，為了生存，卻汙染了人們賴以生存的空氣，將導致什麼樣的危機。」他的希望並沒有實現。二十一世紀初的人類在不知不覺中，把空氣變成史上最大的環境健康風險。這也再次印證了彼得．布蘭布利科比教授提出的模式：人口快速成長、都市化、人口增加，以及比舊燃料製造更多汙染的新燃料。這一次的新燃料叫做柴油。

第五章　衝向柴油

在倫敦以北六十四公里的米爾布魯克排放測試場，安全警衛接過我的手機與筆電，用厚厚的紅膠帶將攝影鏡頭貼住。身為記者，我拜訪過許多安全管制的地方，從國會大廈到核能發電廠都有，但還是第一次遇到這種陣仗。我通過安檢，走過大門，這才明白原因。這裡的人防範程度很高，展示品的金錢數額也很高。測試場的全名叫米爾布魯克試驗場，是任何新車款想從原型樣品變成實際商品的生產線模型，必須經過的成年儀式。試驗場有一個小鎮那麼大，有排放測試實驗室、碰撞試驗中心、噪音實驗室、大氣實驗室，還有七十公里長的測試車道。沒有商標的汽車四處行駛，車身都塗上斑馬條紋，就算我偷偷撕去攝影鏡頭上的貼紙，光憑偷拍的畫面，也無法辨識車款。

米爾布魯克是獨立事業，所有活動都由汽車公司資助（業界將汽車公司稱為ＯＥＭ，意思是「原始設備製造商」）。汽車公司在這裡測試新車與新引擎，得花大錢才能享有這種權利。我在一條測試車道旁，看見一間閃閃發亮的奧斯頓馬丁陳列室，在樹木間若隱若現。身價不凡的客戶，可以在〇〇七系列電影拍攝用的同一個車道，試乘奧斯頓馬丁的汽車。

我受邀與倫敦議會一群負責監督及輔佐市長的民選議員，一同參觀米爾布魯克試驗場，認識排放測試流程，也看看正在這裡接受測試與認證的著名倫敦紅色巴士。我是唯一跟在屁股後面的新聞從業人員，沒人跟前跟後，自由到連我都覺得意外。

米爾布魯克的排放與燃料經濟性主管菲爾．史東斯安排我們入座聽簡報。兩件事情引人側目：第一是二氧化氮，倫敦經常違反歐盟的二氧化氮法定上限，但歐洲的汽車排放測試並不包括二氧化氮。各種氮氧化物倒是包括在內，但二氧化氮在氮氧化物的比例並不固定，而且菲爾後來告訴我，這個比例漸漸升高；第二，輪胎與煞車磨耗所形成的懸浮微粒，雖然已經證實在整體交通懸浮微粒量的占比很高，但歐洲仍未制訂相關標準，所以汽車製造商也不在意。菲爾說：「沒有法定標準，沒有法律規定。」他那天再三提到，製造商只會依據法律標準，不會額外多做。

說到城市與城鎮的 PM2.5 與二氧化氮，目前單一最大來源是現代的汽車。巴黎地區空氣品質監測組織發布的巴黎汙染年度報告中，也包括 PM2.5 與二氧化氮的「熱點」地圖，紅色代表高汙染，其次是黃色，最後是低汙染的綠色。在地圖上，巴黎道路在黃綠色的背景上，閃耀著鮮紅色。從這些標記可以看出，都市排放顯然來自道路。在範圍較大、能看見法蘭西島大區的地圖，巴黎是一片深綠色當中的一點紅，少數幾條黃色的高速公路貫穿其中。交通占巴黎市氮氧化物排放量的百分之六十五，以及 PM2.5 排放量一半以上。而且絕大多數的交通排放來自柴油。在巴黎，柴油車輛占交通量約百分之五十，卻占氮氧化物排放量的百分之九十四，也占交通排放的 PM10 的百分之九十六。

內燃機排放的廢氣含有兩種粒子：次級與初級。不過柴油引擎與汽油引擎排放的兩種粒子在比例與總數上不同。西蒙・哈克格布教授曾在普林斯頓大學與麻省理工學院任教，現於劍橋大學服務，她幾乎專門研究引擎排放。「假設百分之百的燃料只燃燒了百分之九十八，」她說，「也就是還有百分之二的排放來自原始的燃料，或是一些燃燒不完全的物質，亂七八糟混合在一起；甚至還有揮發性有機化合物或是懸浮微粒……這就是所謂的『不完全燃燒』。汽油引擎的不完全燃燒，主要來自引擎溫暖時，活塞附近的內壁與接近裂縫處的燃料；或是引擎還太冷時就發動，噴出的燃料會稍微多一些。柴油引擎的不完全燃燒，則是因為燃料注入會隔絕空氣。而且在某些操作條件上未能充分混合，或是缺乏足夠時間完全轉化成二氧化碳。」所以柴油引擎與汽油引擎的運作原理非常不同。「大部分類型的引擎，都有氮氧化物與懸浮微粒的平衡機制，尤其是柴油引擎。」哈克格布說。「一種減少，另一種就會增加……道理很簡單，柴油引擎的效率很高，因為在非常高壓的環境也能運作，但也會產生高溫，高溫就會製造氮氧化物。但為了運用這些高壓與高溫，不能太早注入燃料，否則會爆炸。因此柴油引擎要趁空氣熱的時候注入燃料，但燃料並沒有與空氣完全混合，所以不會完全燃燒，而不完全燃燒就會製造出懸浮微粒與煙粒……懸浮微粒濃度因此大幅增加。」

二〇一五年九月，福斯汽車柴油排放醜聞爆發當時，我正在英格蘭南部的多塞特鄉間參加婚禮。晚宴在蘋果園一處大帳篷舉行，我溜出去透透氣，跟新郎的一位男性親戚聊天，聊著聊著就馬上聊起工作。「你替《金融時報》寫稿？」他說，「那你對今天早上的頭版有什麼想法？我是說福斯汽車的事。從安隆公司之後，我看就屬這是最大的醜聞。」我那天早上沒看那篇報導，什麼報紙都還沒看。五個小時的火車車程，我都在忙著逗一歲半的女兒開心，使出的招數還不是個個管用。這位先生跟我細說從頭。原來是福斯汽車假造旗下柴油車款的排放數據，用假的測試結果，規避日漸嚴格的法令規範，討好注重環保的消費者。我一邊聽他說話，一邊凝視蘋果園閃爍的營火，想起我媽那臺福斯柴油 Polo，也想起她買車時口中的低碳優勢。

但其實早在福斯汽車的工程師說：「嘿，我們乾脆作弊算了！」更久之前，柴油稱霸街頭的故事就已開始。在那一顆邪惡燈泡亮起的二十年前，有欠考慮的政府政策，已經排放無數公噸的柴油煙氣到空氣中。

一九九二年的《京都議定書》，要求各國政府在一九九七至二〇一三年間，將二氧化碳排放量減少百分之八。這一步有其必要，畢竟人們都知道二氧化碳對全球暖化造成的影響。但《京都議定書》並沒有規定減少二氧化碳排放的方式，於是歐洲全面改用柴油車輛。柴油的燃油效率較高，二氧化碳排放量比汽油引擎少百分之十五。汽車業嗅到能大量生產新車的機會，隨即遊說歐盟執行委員會提倡柴油。遊說是多此一舉。一九九八年，歐盟執行委員會宣示，十年內賣出的所有新車的二氧化碳排放量，都必須減少百分之二十五。要達成這個目標，唯一可行的做法是改用柴油引擎。大多數歐盟國家開始實行減稅措施，獎勵消費者購買柴油車，而不是汽油車。二〇〇一至〇二年，英國開始依據二氧化碳排放量徵收車輛稅。二氧化碳排放量較低的汽車能享有較低的車輛消費稅（汽車稅）稅率，柴油車形同享有成本優勢，也掀起後來的「衝向柴油」熱潮。

有一項針對政府有效政策的個案研究。歐洲各國配合歐盟執行委員會的命令，紛紛推出類似的稅務與燃料獎勵措施，歐洲大陸的柴油車市占率也從一九九五年不到百分之十，提升到二〇一二年超過百分之五十。同一時期柴油在燃料總用量的占比，也達到百分之六十三。二〇〇一至一〇年，挪威所有的登記新車當中，柴油車比例從百分之十三．三上升到百分之七十三．九；愛爾蘭則從百分之十二增至百分之六十二．三。如此的成績讓歐洲汽車業士氣大振，將柴油車推向全球。在印度，柴油車在新售出汽車的占比，從二〇〇〇年僅僅百分之四，升至一六年的百分之五十。我拜訪位於德里的中央道路研究院（CRRI），尼拉．夏瑪博士對我說，柴油其實原先是在農業用途上獲得高額補助*。「本來百分之九十至九十二的車是汽油車，大約百分之八至九是柴油車。」他

*如果需要高扭轉力與低速度，例如曳引機，就適合用柴油。

說。「現在不一樣了……柴油車漸漸變成主流……本來要給農民的補助，現在多半給汽車製造商拿去。」他說，德里街上的柴油車會排放「比汽油車更危險的空氣汙染」。

二〇〇〇年，獎勵措施剛推出之際，即使是最有效率的柴油車，每公里的二氧化氮排放量也超過汽油車三倍多，懸浮微粒排放量則超過十倍；在路上行駛的大多數車齡老得多的車輛，排放的氮氧化物比汽油引擎至少多出四倍，懸浮微粒則比汽油引擎多出二十二至一百倍。所以制訂政策的人是刻意如此交易，為了達到二氧化碳減量目標，甘願讓城市節節上升的汙染來損害我們的健康。賽門・博克特原本是倫敦市的銀行家，後來辭去工作，在二〇〇七年成立「乾淨空氣在倫敦」活動團體。他在二〇一五年，對《衛報》的調查記者說：「歐盟執行委員會、各國政府和汽車業明知道柴油的危險，卻還是聯手獎勵使用柴油，刻意操作大規模棄用汽油、改用柴油的浪潮，完全未經公共辯論。」該篇報導又引述一位已退休「極高層」公務人員的話，憶起當時整個部門的討論重點是「健康議題」。「我們並不是糊里糊塗就開始……大家都是硬著頭皮。」[1]

「我們不知道柴油有多糟糕」的說法，是絕對站不住腳的。國際癌症研究機構（IARC）早在一九八〇年代，就將柴油廢氣列為可能致癌物。一九八六年，曾經成功抗爭含鉛汽油的肺部疾病專家羅賓・羅素瓊斯博士，向英國上議院的委員會提出證據，證明柴油汙染與氣喘、心血管疾病和肺癌有關。一九九三年，都市空氣品質檢視團體（QUARG）向英國環境部提出一份重要報告，表示柴油排放是「健康隱患」，內含「已知可致癌的化合物，可能導致呼吸功能受損……可能與死亡率及患病率上升有關。」一九九六年，國會科學與技術辦公室（POST）向英國下議院提出科學發展報告，警告「愈來愈多證據顯示，空氣中的微粒是呼吸道疾病與死亡的一大原因……柴油與其他來源所排放的微粒，可能會在全球各地引發嚴重的死亡率。」報告也指出：「道路運輸是微粒的單一最大來源，（而且）柴油排放是主要來源……證據顯示接觸柴油廢氣，罹患肺癌的機率更高。」國會科學與技術辦公室的報告中，也重提都市空氣品質檢視團體的報告結論，免得有人先前沒注意到。結論就是柴油的市占率在當時約為百分之二十，一旦增加就「絕對會讓情況惡化，因為以現今技術製造的柴油車，懸浮微粒的排放量遠遠超過現代的汽油車」，而且「目前並無跡象顯示，柴油車能改善到超越汽油車的地步」。[2]我看到這一段，身上真的起了雞皮疙瘩，因為資訊就在眼前，白紙黑字。無知不是藉口。但沒人把警告當回事。

彼得．布蘭布利科比當時是都市空氣品質檢視團體委員會主席，清楚記得「都市空氣品質檢視團體要表達的訊息，即微粒是一個很嚴重的問題，而且微粒指的是柴油微粒」。BBC兩年來不斷爭取資訊自由，才終於在二〇一七年十一月收到紀錄，證實政府的部長與公務人員很清楚，柴油汙染會影響空氣品質。英國財政部的稅務政策部門向各部會首長、也就是政府最高層提出建議，明確表示「相較於汽油，柴油的二氧化碳排放量較少，但會排放更多有損當地空氣品質的微粒與汙染物。」

不過，歐洲各國政府對此置若罔聞，繼續大力推廣「綠色」柴油。但還是有（極輕微的）對策，試圖對抗這股柴油狂熱。所有新車款都必須通過歐洲排放標準，才能在歐盟地區銷售。而歐洲排放標準向所有人保證，更乾淨的柴油就在眼前。一九九二年開始實施的歐洲一號排放標準，要求往後在歐洲共同體境內銷售的所有新車，都必須符合氮氧化物、懸浮微粒、一氧化碳和碳氫化合物的排放標準。一開始標準設置得很高，但按照慣例，往後的新排放標準會漸次調降：一九九六年實施歐洲二號，接下來是二〇〇〇年的歐洲三號，還有二〇〇五年的歐洲四號（我寫這本書的時候，實施標準是二〇一四年九月的歐洲六號）。引擎技術本來就存在一些差異，所以柴油的氮氧化物與懸浮微粒排放量標準比汽油更寬鬆，不過差異會逐漸縮小。所以汽車公司可以一直說：「對，現在的排放量很高，但我們下一個車款一定會讓您滿意。」

從二〇〇〇年代初期，開始參與政府顧問單位「空氣汙染物健康效應委員會」的法蘭克・凱利也承認：「有些報告說：『如果你是根據減少二氧化碳的效益做此決策，那就有可能造成都市地區的懸浮微粒與二氧化氮濃度上升。』但我想想他們的道理，他們其實也沒有太多理由，因為當時的思考不算周詳。我覺得他們的重點就是（要對抗）氣候變遷與二氧化碳。當時歐洲的標準，好像是歐洲三號吧，是要加強排放控制的重點計畫。」但是歐洲三號對於柴油車的標準，是氮氧化物排放量不得超過五百 mg/km（毫克／公里），而汽油車的標準是一百五十 mg/km；柴油車的懸浮微粒排放量不得超過五十 mg/km，而汽油車的標準僅為五 mg/km。如果要相信歐洲的標準最終會拯救我們，就等於接受人民要暴露在毒性愈來愈強的空氣之下。

柴油車合法排放比汽油車多出幾倍的氮氧化物與懸浮微粒，卻照樣取代汽油車。才過了十年出頭的時間，英國的柴油車數量就從不到兩百萬，躍升到超過一千兩百萬。非營利環境法組織ClientEarth的執行長詹姆斯・索頓，憶起在福斯汽車醜聞爆發那陣子，他參加電視談話節目，二〇〇〇至〇七年擔任英國政府首席科學顧問的大衛・金恩爵士也是節目來賓之一。索頓說：「他當時說，是的，我們確實認為（柴油）的二氧化碳排放量比較低……但我們是被汽車公司蒙蔽。我們並不知道排放量竟然這麼嚴重，因為汽車公司向我們承諾，安裝過濾器，把粒子集中起來，或者是用別的辦法降低危險排放都很容易。結果沒有一項做到。」索頓說，如果遵照歐洲的標準，「這些標準彷彿是一種合理的妥協，但其實不是，而是一種可怕的妥協。」

柴油車在真實世界測試的結果，始終不符合歐洲排放標準。倫敦國王學院的研究人員，二〇一一年在路邊地點自行測試八萬多臺車輛，發現二十多年來，儘管歐洲制訂了降低氮氧化物排放量的標準，柴油車、貨車、重型貨車或公車的氮氧化物的排放量卻改善甚微，或者可說沒有改善（倒是發現汽油車的排放量改善很多）。研究估計即使是當時最好的歐洲五號柴油車，每行駛一公里也會排放超過一・一公克的氮氧化物，是歐洲五號上限標準〇・一八 g/km（公克／公里）多達五倍以上，甚至超過一九九二年最早的歐洲一號「高標」上限〇・九七 g/km。其他研究也得出類似的結論。歐盟聯合研究中心發現，汽油車多半沒有超過歐洲排放上限，但柴油車的排放量卻超過上限四至七倍。根據巴黎地區空氣品質監測組織報告，二〇一〇年，法蘭西島大區約有三百六十萬居民暴露在濃度超過年度上限的二氧化氮當中。巴黎地區空氣品質監測組織也指出：「大多數新的柴油車安裝的過濾器確實能減少微粒排放，但二氧化氮排放量卻大為增加。如今已經證實，二氧化氮在氮氧化物排放量的占比穩定上升。」二〇一二年，倫敦半數私有汽車及幾乎所有的公車、重型貨車、輕型貨車和黑色計程車，都使用柴油引擎。就在同一年，倫敦奧運開幕不久前，國際癌症研究機構將柴油引擎廢氣從「可能會」致癌，調高為「絕對會」致癌。

雪上加霜的是，柴油號稱能減少二氧化碳排放的優勢，到頭來也沒有成真。研究發現，柴油導致黑碳排放量增加，對全球暖化造成的影響遠超過能減少的二氧化碳排放量，因為黑碳能吸熱，也能散熱。氮氧化物也包括氧化亞氮（N_2O），是一種比二氧化碳更強而有力的溫室氣體，柴油的氮氧化物排放量比汽油更多。而且許多依照歐洲六號標準生產的汽油車，現在的燃油效率幾乎與柴油車一樣，每公里的二氧化碳排放量也一樣。歐洲人犧牲了健康，也沒能改善氣候。事實上還有其他的選項。為了達到《京都議定書》的同一批目標，日本、南韓和美國等國家，開始撥款研究低排放量的混合動力車與電動車。哈克格布說，柴油在美國向來是「在社會層面與環境層面都無法接受」，「為什麼？因為歐洲柴油燃料乾淨多了，品質管理也嚴謹多了。美國的燃料並不是這樣。這一套在美國行不通，因為美國對於燃料的規範（相對）較少……貨運當然都是使用柴油，很恐怖的柴油，引擎也很恐怖。但歐洲有獎勵措施，有對於（比汽油）更高效率的需求，這與燃料價格和高昂的燃料稅有關，比美國高多了……（柴油在歐洲的市占率）達到車輛總數的百分之五十，因為歐洲人覺得柴油很環保。」

經過了這一切之後，才發生福斯汽車的醜聞。福斯的柴油車能大賣，幾乎完全來自環保賣點。福斯汽車在為期十年的歐洲「衝向柴油」熱潮大發利市後，想打進美國市場，在二〇一〇年的超級盃播放一支廣告，是奧迪柴油車在一長排喘氣噴煙的灰色汽車旁停下，「綠色警察」向奧迪揮手說：「你可以通過。」

二〇一六年三月的《財星》深入分析福斯汽車醜聞，點出福斯汽車想成為全球最大汽車公司的「大膽」目標。福斯汽車認為，打入美國市場是「達成目標的必經之路」。但加州的排放規定是個阻礙＊。德國總理梅克爾在二〇一〇年四月親身投入這個議題。她在一場私人會面，對上加州空氣資源委員會的主席瑪莉．尼可斯。但梅克爾這回惹錯了對象，況且在場的第三人是阿諾史瓦辛格，足以證明這場會面的分量。瑪莉．尼可斯曾在一九七九至八三年擔任加州空氣資源委員會主席，二〇〇三年應史瓦辛格州長之邀回任主席，至今仍然在任。她不負空氣品質界的「搖滾明星」盛名，也以強悍的談判風格聞名。我在紐約與她通電話，問她那次會面中，梅克爾是不是真的要求她為了德國的汽車業，放鬆氮氧化物的排放限制。「我為了這個，還得在德國聯邦議院宣誓作證，」她笑說，「她沒有**要求**我怎麼做，她是在我當時的老闆、史瓦辛格州長面前對我**說**：『你們的柴油排放

＊我們總認為歐洲的環境規範比美國嚴格，但加州的排放規範向來領先歐洲標準，我在第七章會詳細探討箇中原因。

標準太嚴格，傷害到我們德國的企業。』我覺得她這是在指控，不是提問。她還說：『你們這樣不對，應該要踩煞車！』」我問她，那妳怎麼回？「我說：『我覺得不是這樣。我們之所以限制，是因為要符合健康標準。』以我的個性，我就這樣回嗆！……我們早就知道，德國企業之所以反對我們的氮氧化物排放標準，是因為我們一直都符合這些標準。但我們沒想到（會聽見）總理這樣說。」

在歐洲也是一樣，歐洲的規範愈來愈嚴格。柴油客車的懸浮微粒排放標準，從歐洲三號的二十五 mg/km，降至歐洲四號的僅僅五 mg/km，又到歐洲五號的四．五 mg/km，與汽油的標準一樣。汽油車與柴油車的氮氧化物排放標準差距也逐漸縮小。歐洲五號的柴油車氮氧化物排放量上限是一百八十 mg/km，汽油車則是六十 mg/km。二〇一四年九月開始實施的歐洲六號標準，允許的柴油車氮氧化物排放量上限只剩下八十 mg/km，汽油車則維持在六十 mg/km。二〇一四年的歐盟報告預測了這些變化，也提出事後看來相當諷刺的結論：「問題在於現實世界的排放量，恐怕無法隨著規範減少。」

主管機關向來依靠米爾布魯克這樣的機構，進行嚴格控制的實驗室排放測試。汽車公司帶最新產品到這裡進行測試。「試乘」是在實驗室的滾筒上進行（叫做「測力計」），溫度與速度都嚴格控制，確認每一個車款的測試完全一樣，而且可以重複進行。把同類型拿來比較，抵銷其他所有的變數。我在米爾布魯克的控制室裡，隔著一個厚玻璃小窗戶觀看車子的實際測試過程。一臺閃閃發亮的新休旅車，似乎動也不動停在測力計上，車輪則在測力計上轉動，車裡專業的駕駛慢慢減速，從八十kmph（公里每小時）降至〇。隔壁房間有個袋子，就像超大的三明治拉鍊袋，緩緩充滿廢氣。我問能不能摸摸看，隔著慢慢膨脹的袋子，也能感受煙氣的溫度。袋子裡的廢氣接著會經過各種分析儀器，測量裡面所含的氮氧化物、一氧化碳和懸浮微粒的濃度。

可惜的是正如《財星》所言：「這種方法有作弊的空間。」有一種叫做「減效裝置」的軟體，安裝後會辨識車子處於實驗室環境，讓車子在測試期間只排放能排放的量，不超出一分鐘。而這種福斯汽車安裝的減效裝置，讓車子在脫離實驗室環境後，氮氧化物的排放量立刻上升至超過美國國家環境保護署（EPA）規定上限的十至四十倍。

二〇一三年，位於美國的非營利組織「國際節能運輸委員會」（ICCT）開始研究歐洲柴油車宣稱的排放表現，與實際排放表現之間的差異。結果發現氮氧化物排放量可達允許上限的三十五倍之多。二〇一四年五月，國際節能運輸委員會將該份報告送交美國國家環境保護署。加州空氣資源委員會與美國國家環境保護署懷疑有裝設減效裝置的可能性，就在隔年花了大半年時間，詳細檢查福斯汽車的柴油車。「這個案子其實是國際節能運輸委員會發起，再拿來給我們。」瑪莉・尼可斯說。「美國國家環境保護署跟我們一起執行。」福斯汽車發現弊端即將曝光，在二〇一五年九月三日暗中知會美國國家環境保護署，說他們的車子確實安裝了違法軟體，也許是希望私下輕微處罰了事。美國國家環境保護署沒有輕輕放下，而是在二〇一五年九月十八日公開發表「違法通知書」，揭露福斯汽車的弊端，並明確指出「福斯汽車製造減效裝置，並安裝於二〇〇九至一五年出產的輕型柴油車的某些車款。減效裝置會繞過車輛的排放控制系統，或致使系統失靈……」在長達六頁的公開通知書中，美國國家環境保護署也重申設置排放標準是為了「保護人類健康與環境」。幾天後，福斯汽車承認從二〇〇八年開始，一共在全球一千一百萬臺車子安裝減效裝置。

「我真不敢相信這種事已經這麼久了。」瑪莉說。「坦白說，身為政府任命的官員，我很擔心別人會覺得我們沒有早點發現弊端，是怠忽職守，也許我們真的是。我很不能接受這種舞弊行為，我們一定要出手阻止，要處罰違規的一方，但我也很憂心……這種行為在業界恐怕已是常態。」

我問米爾布魯克的菲爾．史東斯，福斯汽車是如何逃過他的法眼，又是如何蒙蔽其他測試機構，而且一騙騙了這麼久。「根據規定，如果在同樣條件下，車子在測力計上的表現跟在路上的表現必須是一樣的，差不多就是這個意思。所以在測力計上駕駛的話，我認為同樣條件的意思，是同樣的轉速負載、同樣的時間、同樣的操作視窗。」福斯汽車的軟體能判斷車子處於測試環境，因為車子在跑，車輪在轉動，但方向盤並沒有動。「在測力計上，軟體沒有感受到方向盤的轉動，就會進入『廢除』（排放）模式。」福斯汽車的車子能符合歐洲的排放量上限，但只能在測試時間內、方向盤沒有轉動的時候。在路上，方向盤一轉動，車子就會放鬆限制，再次吐出高濃度的汙染物。

我問菲爾，弊案在二〇一五年九月爆發隔天，米爾布魯克的氣氛怎麼樣。米爾布魯克的員工每天都跟各大汽車公司的工程師合作，他們就算不在米爾布魯克做規定的測試，也會出租米爾布魯克的設備去測試原型。菲爾無法證實，但他想必也曾經跟福斯汽車的工程師合作過。這些工程師明知公司的車款動了手腳，卻照樣看著菲爾率領團隊進行測試。「大家都很訝異，他們竟然故意直接使用減效裝置。」菲爾說。「這跟『最佳化』不同，最佳化是任何產業都會做的，無論在運動、一級方程式賽車，任何產業都會進行最佳化以及相關的商業決策，但作弊就是另一個層次。就像運動員，是要做高海拔訓練？還是服用類固醇？這在我的世界是有差異的。福斯吃了類固醇禁藥。」

英國低碳車輛聯合會（LowCVP）的常務董事安迪．伊斯雷克，曾經是米爾布魯克的高級排放工程師，也是菲爾．史東斯的前老闆，直到二〇一一年離職。「這麼多年來，我們專注在透過歐洲標準維護空氣品質。我們設置的那些（空氣品質）模型，也假設我們會達成目標。」他對我說。「我記得我在一九九七年和二〇〇〇年發表《實際環境測試》的論文，實際環境測試並不是新議題。然而現在不同地方的人為了規避法令，竟然公然造假，我真的很震驚。大家都知道這些規定其實不夠詳盡……只測試一小部分的運作，就假設其他運作沒有問題，這本身就是一種風險。而且這種風險已明顯升高，還有一家公司大刺刺鑽漏洞。」

福斯汽車的弊案絕對、絕對不是沒有受害者的犯罪。國家與城市運輸的決策是依據預測的排放數據，數據造假會導致成千上萬人喪生。根據一項分析，安裝減效裝置的一千一百萬臺福斯車子，每年排放的二氧化氮總量，比政策制訂者、主管機關和車主的預期量多出將近一百萬公噸。根據歐洲環境署（EEA）統計，二氧化氮汙染每年在歐洲引發七萬八千起過早死亡事件。保羅・貝特在二〇〇一至〇七年擔任德比市議會的高級運輸工程師。「我還記得有一張很理想的圖表，說的是『這是歐洲四號（的排放），這是歐洲五號，等到歐洲六號推出，就完全沒有（空氣品質）問題了』，然後排放量突然不再上升了……經過最佳化的車子能通過特定測試，在真實世界卻拿不出最佳的表現。這也導致全世界各城市當局負責規畫者拿到的資訊跟現實落差很大，他們又依據該資訊規畫或改善空氣品質。問題是這個資訊大錯特錯……那些標準、工具，還有模型，都是假設車子符合歐洲標準。這跟實際情況差異非常大。」

福斯汽車弊案爆發後的幾個禮拜，艾利・路易斯與法蘭克・凱利寫了一封聯名信給《自然》期刊，表示「柴油車製造的汙染長期遭到短報」。我遇到凱利，問他們先前是否懷疑有人造假。「從二〇〇〇年開始，我們就開始有各種預測，例如預測倫敦的二氧化氮走勢。預測都很樂觀，是一條往下走的線。但是我們從二〇〇〇年到〇六至〇七年的測量結果，卻是一條直（水平）線。我們預測的未來空氣品質，跟實際空氣品質差異愈來愈大。所以我們在二〇〇五年左右開始思索，想要了解其中原因……最後我們弄來美國的雷射儀器，安裝在道路一側，讓雷射照射到另一側。只要有車輛經過，儀器就能顯示車輛廢氣的氮氧化物含量。」在照射了幾萬臺車輛之後，凱利的團隊發現，車子**應該有**的表現，與**實際上**的表現天差地遠。「我們拿到丹佛大學的設備，還有英國環境、食品和農村事務部提供的資金，他們大概在二〇〇七年收到我們的報告，（英國環境、食品和農村事務部）就直接擱置。我們又進行了一些製造商發起的研究，發現有些車子表現好得多，有些車子表現差得多，它們（英國環境、食品和農村事務部）也收到這些資訊，但顯然不太想公開資訊，因為會讓某些汽車製造商沒面子。我們知道問題出在哪裡，我們有數據，英國環境、食品和農村事務部也有數據，（福斯汽車的醜聞）在美國爆發的很久以前，約兩年前就拿到數據……結果還得美國人出手處理。」

ClientEarth 的詹姆斯．索頓也認為，「大多數汽車業者串連起來，欺騙主管機關與社會大眾。主管機關明明知道內情，卻毫無作為。」他附和凱利的指控。「英國的主管機關知道內情，卻裝作沒事，還要等美國國家環境保護署出來吹哨……真正的問題在於德國的汽車公司花大錢開發柴油引擎，又等於掌控了德國經濟，因而連帶影響很多歐洲經濟體。福斯汽車的柴油車之所以曝光，是因為福斯汽車投資了……上億元開發新一代柴油引擎。既然花了這麼多錢，他們覺得應該要讓美國愛上柴油，所以就把柴油引擎帶到美國。但他們忘了，美國國家環境保護署跟他們可沒有那麼好的交情。人家真的拿去測試，結果發現安裝了減效裝置。*」

*後來大家才知道，福斯汽車原來是用向歐洲投資銀行借來的四億歐元貸款，開發減效裝置，說來還真是往傷口上灑鹽。貸款的本意，是要讓福斯汽車開發出能符合日益嚴格的排放標準的引擎。我覺得他們也算是做到了。

福斯汽車作弊的同時，很多汽車公司也一樣在作弊。菲爾．史東斯大方告訴我幾個例子。「飛雅特的車子安裝了二十二分鐘的計時器，測試是二十分鐘。他們（後來）提出的藉口是『車子在路上的表現，跟在測力計上的表現完全一樣』。測力計只會維持二十分鐘，所以他們覺得主管機關只要他們遵守標準二十分鐘，過了二十分鐘就能隨心所欲了。他們也就這樣做。按照義大利運輸部長的說法，他們是『調節』車子的排放量，用後端處理把排放量降低，等過了二十二分鐘後……還有一些車商是設定溫度界限，測試的溫度範圍是（攝氏）二十至三十度，所以在路上，如果溫度在二十到三十度之間，車子的表現就會跟測力計上的表現一模一樣；溫度要是掉到攝氏十七度，車子的表現就會不一樣。」既然所有人都在蒙蔽主管機關，那歐洲五號或歐洲六號的柴油車規範是否無法實現？「呃，不會，還是可以實現的。」菲爾說。「我認為在商業世界，你為了跟對手競爭，需要做的都會去做。*」

福斯汽車爆發醜聞後，出現了由包括倫敦國王學院與劍橋大學在內的學術機構，共同發起的獨立「真實世界排放量」排行榜，叫做ＥＱＵＡ空氣品質指數。他們安排所有新車款在路上行駛，觀

＊這種情況不只出現在汽車。英國在二〇一七年八至十一月，針對重型貨車做的抽樣檢查中，發現百分之七．八的卡車裝設排放舞弊裝置。抽樣檢查的四千七百〇九臺卡車當中，三百二十七臺的排放控制被關掉。如果全英國也是同樣比例，那英國各地目前約有三萬五千臺卡車，正在非法製造汙染。

察排氣管的真實排放量。在我寫這本書的時候，有八款柴油車理應符合最新的歐洲六號標準，結果不但不符合最新標準，從一九九三年至今的標準一概不符合。這八款包括兩款日產、一款飛雅特、一款速霸陸、一款寶獅、一款雷諾、一款Infiniti，以及一款雙龍汽車（沒有，我沒買這些車），全都得到「H」評等，意思是「無對應的歐洲標準：（汙染量）大致等於歐洲六號上限的十二倍以上」。如果將二〇一四年歐洲六號標準實施後，列入「G」評等，也就是「無對應的歐洲標準：大致等於歐洲六號上限的八至十二倍」，以及「F」評等，即「無對應的歐洲標準：大致等於歐洲六號上限的六至八倍」的車款算在內，又會多出二十九款，來自包括BMW、福特、賓士、富豪，以及佛賀汽車在內的汽車製造商。如果再把EQUA的道路測試發現應該要符合歐洲六號標準、卻只符合歐洲三號（二〇〇一至〇五年的標準）、歐洲四號（二〇〇六至一〇年）和歐洲五號（二〇一一至一五年）的車款算進去，總共就有一百三十四款柴油車，幾乎涵蓋你所知道的任何品牌、任何大小的車款。這些車款全都通過官方實驗室進行的歐洲六號排放測試，也全都在市場上販售；但各自在真實世界的環境測試後，全都無法通過。那麼在EQUA的道路測試中，究竟有幾款歐洲六號柴油車，確實符合歐洲六號標準？只有十款（而且要表揚一下，其中六款是福斯汽車出產）。

也許我們應該感謝福斯汽車，讓柴油排放一舉成為頗受矚目的政治議題，也讓社會大眾意識到這個問題。約克的艾利・路易斯甚至說，「柴油門」是他的研究領域隨後所有進展的推手。「看看福斯汽車事件爆發前的改革速度，再拿來跟爆發後的改革速度比較……會發現速度增加了足足十倍。」他說。「我覺得福斯汽車的歷史地位，會是歐洲空氣品質提升的單一最大功臣……若非如此（福斯汽車醜聞），英國也不會發布二〇四〇年（禁售汽油車與柴油車）的命令。」

福斯汽車無意間做了一件嘉惠全球的事，卻也付出慘痛代價。在美國，福斯汽車承認三項刑事重罪罪名，也同意支付總額高達二十八億美元的罰金，以及十五億美元的民事賠償；二〇一七年十二月，福斯汽車在美國的環境與工程辦公室主任奧利佛．史密特遭到美國法院判處七年有期徒刑；到了二〇一八年二月，福斯汽車據說要面臨全球兩百五十億美元的求償；二〇一八年五月，在柴油門時期擔任福斯汽車執行長的馬丁．溫特柯恩，遭到美國政府以「合謀詐騙」罪名起訴，並發出逮捕令；二〇一八年六月，福斯汽車奧迪部門的執行長魯伯特．史坦勒，在排放醜聞的調查過程中，在德國遭到逮捕。然而因為調查很快就擴及其他汽車製造商，所以福斯汽車的整體市占率幾乎不受影響。調查範圍也擴及其他運輸部門的空氣汙染。醜聞流傳下來的名稱是「柴油門」，而非「福斯門」，而且到了二〇一八年，重點已經不再是福斯汽車，而是燃料本身：柴油。

相較於汽車，火車絕對是較「綠色」的交通工具。火車的載運人數遠超過汽車，平均每位乘客消耗的燃料也一定較低。但柴油火車所排放的柴油煙氣，會讓乘客與貨運人員暴露在極嚴重的汙染之下。加拿大與美國的二十六個運輸機構當中，就有十八個的通勤列車使用柴油火車頭；歐洲目前的鐵路運輸，約有百分之二十使用柴油；英國、希臘、愛沙尼亞、拉脫維亞和立陶宛的比例更在百分之五十左右，甚至超過百分之五十；印度的兩萬多臺火車當中，超過一半使用柴油，一天大約使用七百四十萬公升＊。一項在西雅圖進行為時一個月的排放研究，發現對於住在鐵路附近的居民而言，PM2.5 的平均濃度高出六．八 $\mu g/m^3$（微克／立方公尺）；二〇一〇年在波士頓進行的一項研究，發現火車車廂內部的 PM2.5 平均濃度，在前車廂是七十 $\mu g/m^3$，在後車廂則是五十六 $\mu g/m^3$（另一項在多倫多的研究，也發現前車廂的汙染程度，比後車廂高出三．七倍。所以要記住：搭乘柴油火車，一定要坐在後車廂）。

二〇一五年的調查發現，英國最繁忙的伯明罕新街車站，每小時的 PM2.5 濃度最高可達五十八 $\mu g/m^3$，黑碳濃度則最高可達二十九 $\mu g/m^3$。最高濃度與空轉的火車有關，濃度比行經的火車高出六倍。我經常前往伯明罕新街車站，車站的天花板高度明顯很低，感覺像地鐵車站，空氣能循環的空間很小。不過地鐵中的列車全是電動列車，這裡則多半是柴油列車。但相較於柴油車，我們似乎不太了解柴油火車的排放量。如果我們日常通勤是在超大地下隧道裡的大型計程車候客站，而且每一部計程車都開著引擎，那馬上就能感受到問題有多嚴重。新街車站顯然有衝流式風機系統，會依據車站內的二氧化碳濃度做出反應。二氧化碳濃度一旦超過一千 ppm，風扇會開始轉動，轉速還會

＊根據 24coaches.com，相當於德國一個月飲用的啤酒量。這有點不相干，但是拜託，我怎麼捨得不引用這種數據。

隨二氧化碳的濃度升高。然而風扇只對二氧化碳濃度做出反應，頂多只能避免我們窒息。二氧化氮與懸浮微粒濃度在理論上可以繼續升高，不會降低。

劍橋大學在二〇一五年測試倫敦帕丁頓車站的排放量，當時帕丁頓車站大約百分之七十的列車使用柴油引擎。車站是單向的終點站，意思是列車必須在同一側進站出站，所以許多列車在轉向時會開著引擎「空轉」，而不是關閉引擎。每年約有三千七百萬名乘客使用帕丁頓車站，其中很多人每一個工作天會搭乘兩次。由亞當・波伊斯博士率領的劍橋團隊，發現帕丁頓車站的每小時 PM2.5 平均濃度，最高可達六十八 μg/m³，二氧化氮平均濃度則最高可達一百二十 ppb（十億分點，如果車站沒有屋頂，那就違反了歐盟所規定的每小時二氧化氮濃度上限，也就是一百〇五 ppb，不過車站有屋頂，所以並不是用戶外規定）。二氧化硫的濃度在車站外幾乎為零，在車站內的平均濃度卻達到二十五 ppb。濃度最高時是早上七點至十點之間，正好也是列車空轉的最高峰。

幾個月來我屢次邀訪英國鐵路網公司，它是經營英國的火車，以及包括帕丁頓車站在內多家車站的負責機構，但它拒絕與我討論空氣汙染與柴油議題；我主動接觸幾家民營鐵路公司，它們也拒絕受訪。它們非常樂於宣傳自己是綠色交通工具*，但一談到柴油就敏感到不行。對於帕丁頓車站

* 這一點我並不反對。一臺載運兩百人的柴油火車，無論從哪一面向來看，都勝過兩百人各自駕駛柴油車。不過兩百人搭乘電動火車，對所有人都會是更好的選擇。

的研究，一位英國鐵路網公司的新聞官被我騷擾到受不了，終於以電子郵件回應：「我正在等待公司環境團隊的報告，這份報告會分析帕丁頓車站的汙染程度。等我收到報告後會轉交給你，不過先跟你預告，我得到的消息是空氣汙染程度比預期低，因為通風良好，而最大的汙染源是漢堡王的抽風機。」幾天後我收到他寄來的報告，標題是「柴油排放對空氣與健康之影響」，看起來內容應該很扎實。報告是由鐵路安全與標準委員會（RSSB）於二〇一六年一月發表。鐵路安全與標準委員會是英國的「獨立」組織，成員幾乎全是英國的鐵路公司。但可惜的是這份報告顯然是業界在粉飾太平。開篇就端出藉口，吹捧柴油「在可預見的未來」會在英國鐵路扮演的角色，刻意淡化對健康的危害，只提到兩項研究，宣稱「柴油廢氣排放的致癌性似乎僅限於老鼠……與人類無關」，以及「沒有證據顯示少量接觸長期累積下來，會導致風險上升」。我們在這本書先前的章節已經知道，在第六章也看見更多證據，足以證明報告內容全是胡扯。對於劍橋大學的帕丁頓車站研究，鐵路安全與標準委員會的報告可謂避重就輕的經典之作：「從觀測設備的架設位置，可以發現觀測結果可能受到鐵路以外的其他微粒排放源影響。其中一個排放源位於漢堡王門市旁邊……是烹飪的排放，正好對應門市最忙碌時段。最高的微粒濃度，出現在普拉德街斜坡，與月臺有一段距離，是吸菸者經常聚集之處。因此顯然這些較接近當地的汙染源，並嚴重影響整體空氣品質。」

我將鐵路安全與標準委員會的報告，寄給劍橋大學的亞當．波伊斯博士。報告一年多前就已發表，但這是他第一次看見，顯然鐵路安全與標準委員會從未聯繫相關學者，了解他們的研究結果。

可想而知波伊斯博士對報告並不滿意。「我們本來想直接測量火車的排放量，可是沒有一家鐵路公司願意配合。」他對我說。「如果能測量，我們就能回答（鐵路安全與標準委員會）提出的問題：帕丁頓車站的高濃度汙染物是烹飪造成的，還是來自火車排放？當時我們『粗略』估算帕丁頓車站的火車，還有漢堡王的可能排放率，將兩者拿來比較，發現漢堡王的排放量不太可能超越火車……我們把蒐集到的煙粒樣本拿去做化學分析，試圖判斷車站中心附近粒子的膽固醇濃度（烹飪排放指標）是否較高。分析結果發現，車站中心附近採集到的煙粒樣本，並未含有可測量的膽固醇，所以也不能斷定這些粒子來自烹飪。事實是我們若能測量英國柴油火車的柴油排放量，就能拿出具體數據回答問題。問題是我們沒辦法測量。」

倫敦國王學院的法蘭克．凱利也認為：「柴油引擎會大量排放二氧化氮與 PM2.5……已經證實柴油火車必須淘汰……目前沒人討論柴油火車對空氣品質的影響，還有人類接觸程度。我們如果開始討論，也許會有一些突破……我們應該以電動火車取代柴油火車。」然而二〇一七年七月，英國運輸大臣克里斯．葛瑞林取消了英國三條主要鐵路線的電氣化計畫。

另一個社會大眾沒注意到的柴油大量排放源，是柴油發電機。柴油發電機包括市場攤位使用的小型發電機組，以及建築工地使用的大型發電機，是用於製造下網電力。最小的柴油發電機（十九千瓦〔kW〕以下），涵蓋二〇〇四年美國百分之十八的越野機械，卻排放出全美國行動來源的柴油懸浮微粒排放量的百分之四十四，以及全美國行動來源的氮氧化物排放量的百分之十二。根據二〇一〇年的倫敦大氣排放盤查，包括發電機在內的非道路行動機械，所排放的氮氧化物占大倫敦地區氮氧化物總排放量的百分之十，所排放的 PM10 也占大倫敦地區 PM10 總排放量的百分之十一。二〇一七年四月《環境科學家》雜誌的一篇文章標題是：「備用發電機會不會是英國的下一個『柴油門』？」當中提出一個問題：英國各地總計使用數千臺柴油發電機，為何官方公開紀錄與資料庫中卻完全不見柴油發電機的記載？同時指出「柴油發電機對空氣品質影響經常遭到忽視」。[3] 文章作者認為，一臺相對較小的八百萬瓦（MW）「發電機組」會以每秒二十六．七至四十二．二公克的速度排放氮氧化物。

不過柴油發電機在供電不穩的開發中國家，以及中等收入國家較為普遍。尼泊爾的供電不足以應付城市需求，當地報社一名記者形容停電期間經常出現的聲音：「成千上萬臺柴油發電機隆隆啟動，噴出有毒的懸浮微粒。」在德里，一名經營工廠、管理約兩百名縫紉機械工的女企業家對我說：「柴油發電機當然到處都有……為什麼？因為政府無法全天候供應電力。（市政府）提供的電力是不夠的，所以大家就……都有全天候的備用柴油發電機。大家都有那種很大臺的發電機。建築工程全都用柴油發電機……因為供電不能中斷。總不能花錢請工人來，一下叫他們坐下、一下叫他們起來，再坐下、再起來……總歸就是基本的。把基本的弄好，一切都會好轉。」

不過最離不開低級燃料的部門，還是船運業。擁有汙染最嚴重歷史的，當然是運輸部門。船運排放占全球氮氧化物排放量將近百分之十五，以及全球二氧化硫排放量百分之十三，而且占比還逐漸上升。由於人口成長與消費者支出增加，每年愈來愈多超級油輪啟航。從一九八五年開始，全球貨櫃船運每年成長大約百分之十，只有在每一次經濟衰退期間短暫減少。國際海事組織（ＩＭＯ）的第三次溫室氣體研究預測，到了二〇五〇年，國際船運的二氧化碳排放量可能成長百分之五十至百分之兩百五十，確切成長幅度取決於未來的經濟與能源成長。原油約占海運貨物的四分之一。所以船運排放量有四分之一來自運送製造這些排放量所需的燃料，說來真讓人頭大。

在歐洲，波羅的海、北海和英吉利海峽的船運，每年製造超過八十萬公噸的氮氧化物（大約是比利時每年總排放量的四倍）。船運燃料的含硫量，可達道路運輸使用的柴油含硫量的三千五百倍。南岸空氣品質管理局的山姆．阿特伍說，在南加州，洛杉磯與長灘兩個港口加起來是北美地區最大的綜合港區。「船隻本來一直在燃燒世界上最髒的船用燃料油，直到最近才改變。」他說。「船用燃料油的含硫量極高。等到船隻抵達港口，卸下貨櫃，貨品放上柴油卡車，然後大概是送到複合運輸中心，再裝載到柴油火車頭。」

有了先前跟鐵路高層打交道的不愉快經驗，我沒預料到國際海運會的政策主任賽門．班奈特竟然願意受訪，真是意外的驚喜。訪談一開始，他就對我說：「這個問題很複雜，船運界是受國際海事組織管轄，那是聯合國的機關。幾乎所有規定都是依循全球規範架構……船運本來就是國際的，你把貨物從一個國家帶到另一個國家，（所以）簡單說來，如果航行起點與終點的規則不同，就會陷入混亂……過去一百年來的大多數時間，我們都有一套全球規範架構。」船運依循的環境法規是《防止船舶汙染國際公約》（MARPOL），原本是處理漏油之類災難事件的國際公約，最近也擴及氮氧化物與二氧化硫等議題。班奈特說：「《防止船舶汙染國際公約》是在一九九〇年代中期，才第一次設置海運燃料的含硫量上限。」他強調「上限設得很高」。接下來他告訴我的事情，著實讓我驚訝。他說：「過去三十年左右，大多數船隻都在燃燒殘餘燃油，也就是煉油過程產生的沉澱物，例如鋪地用瀝青……我們之所以用這個，是因為石油業很希望航運業使用殘餘燃油，說穿了就是石油業不知道該拿殘餘燃油怎麼辦，所以推銷給我們。」我問他，「殘餘燃油」是不是又稱重燃油，也就是HFO？「對，HFO……大家各取所需，世界經濟有便宜的貨運，而且就像我說的，石油業很積極推銷，一開始幾乎是免費贈送……直到一九六〇年代末左右，那時的船隻應該是使用柴油，後來不用柴油，改用殘餘燃油，因為殘餘燃油便宜多了，而船隻也變得比以前大很多。」從此數百萬公噸的重燃油，就在人口密集的港口城市，以及世界上最原始的海洋荒野燃燒。根據清潔北極聯盟統計，目前有超過八百五十艘在北極航行的船隻使用重燃油，約占北極船隻總燃料使用量的四分之三。

形象完全建立在健康、乾淨生活、戶外體驗上的休閒遊輪業，表現卻也好不到哪去。德國環境團體「自然與生物多樣性保護聯盟」（NABU），針對歐洲最大的遊輪進行年度調查，發現一艘中等大小遊輪每天可燃燒一百五十公噸低級柴油，懸浮微粒排放量等於一百萬臺汽車，氮氧化物排放量等於四十二萬一千臺汽車，硫排放量等於三億七千六百萬臺汽車（是的，你沒看錯，**三億七千六百萬**臺汽車）。報告的作者指責遊輪業「蔑視」顧客健康。我訪問自然與生物多樣性保護聯盟的運輸政策主管索克．迪森納。他說：「國際水域的船運好像沒人管，誰都不在乎。大多數港口離市中心很遠……即便愈來愈多人注意到這個議題，（但）船運這一行改變的速度還是很慢。國際海事組織是由一群支持船運的國家主導，巴哈馬和賴比瑞亞這些權宜船旗（flag-of-convenience）小國（船主懸掛這些國家的國旗可節省稅金與勞動成本）也有權設定議程。」自然與生物多樣性保護聯盟指出，港口一艘大型遊輪排放的空氣汙染物，大概比大多數港口城市全部的汽車加總的排放量還要多。

如同鐵路高層，我所邀訪的港口高層，多半也拒絕受訪。絕大多數高層面對這個議題，都是將頭埋進（有一層浮油的）沙子裡面，覺得無知是較好的選擇。二〇一七年的ＢＢＣ調查發現，英國最大的遊輪港口城市，也就是世上最大的船隻停靠地南安普敦，竟然完全沒有監測空氣品質。南安普敦市議會估計，南安普敦的空氣汙染有百分之二十三來自港口，但港口的官員不知道是不能、還是不願證實這個消息。

威尼斯港的環境主管瑪塔．西準倒是願意受訪。威尼斯每年夏天都會登上新聞媒體標題，因為當地抗議人士反對大型遊輪駛進威尼斯港，把小小的城市塞滿人與汙染物。瑪塔為人親切寬厚，一心認為遊輪對威尼斯整體而言是有益的。「威尼斯是地中海第二熱鬧的港口，第一熱鬧的是巴塞隆納。」她對我說。「二〇一六年，威尼斯接待了超過一百六十萬名遊輪乘客，還有大約五百四十艘遊輪……遊輪公司自願簽訂協議，決定在威尼斯只會使用噸位小於九萬六千的遊輪，從二〇一四年開始……二〇〇七年，遊輪宣示要從潟湖入口開始，使用含硫量百分之二．五的燃料，當時《防止船舶汙染國際公約》（規定的含硫量上限）是百分之四．五。所有簽訂協議的遊輪公司往後（在威尼斯）都會使用含硫量百分之〇．一的燃料，不過在航行期間（還是可以）使用含硫量百分之一．五的燃料……我們計算過，這等於減少百分之九十的硫。」我問起幾個月前的抗議行動，將近兩萬名威尼斯市民參與非正式的公民投票，百分之九十九支持將遊輪趕出威尼斯的提案。「呃，我們不喜歡談這個。」她笑得很緊張。「我覺得與其說是環境問題，不如說是溝通問題。我們是技術人員……空氣品質不是威尼斯的問題，是地區的問題。整個威尼斯地區都有懸浮微粒問題，這是一直存在的問題，與地理環境和氣象有關。」她對我說，遊輪在冬季不會來，但冬季的懸浮微粒濃度卻較高，「所以顯然不可能跟遊輪有關。」

我向自然與生物多樣性保護聯盟的索克．迪森納提出這一點，他斷然否定：「威尼斯的空氣汙染幾乎百分百來自船運。威尼斯沒有汽車，幾乎沒有工業……最主要的運輸就是船運。不過當然還是要弄清楚是哪一種船運、哪一種空氣汙染。我想他們給你的答案只（依據）國際船運，也許跟PM10有關，其他的空氣汙染物比例就高多了……我們測量過威尼斯的超微粒，發現一般濃度大約是每立方公分五千至一萬個超微粒。一艘遊輪到來以後，濃度最高達到三十六萬，平均值也超過六萬……漢堡也是港口城市，剛剛才發布最新的空氣品質報告。漢堡有將近兩百萬居民，還有很多汽車，也有工業。船隻占氮氧化物排放量的百分之三十九。這個比例在威尼斯這樣的城市，一定會高出許多。」至於冬季濃度較高，歐洲大部分地區冬季的 PM10 濃度本來就會比較高，因為有家戶柴火，況且大氣邊界層高度較低。冬季的義大利北部是歐洲 PM10 熱點之一，不過奈米粒子與粒子數量向來是愈靠近排放源就愈高，在港口城市，所謂的排放源就是船運。

在許多運輸部門，柴油也飛快改頭換面。從二〇一七年九月開始，所有符合歐洲六號標準的新車，也必須通過公共道路實際測試，排放量上限會比實驗室測試的上限更高，不過往後會更接近實驗室標準。在船運方面，國際海事組織將從二〇二〇年開始禁用重燃油。燃料含硫量上限，也會從百分之三・五，下修到百分之〇・五。儘管還是遠遠不如道路上車輛所燃燒的柴油，含硫量通常低於百分之〇・〇〇五。但從本地空氣品質，以及奈米粒子排放的角度來看，天底下根本沒有所謂的「乾淨柴油」。柴油是礦物與碳含量極高的一種化石燃料。按照定義，一旦燃燒就必然會汙染空氣，影響呼吸空氣人們的健康。我們暫時不想硫的問題，要不是船隻引擎真的在燃燒鋪地用瀝青，這個問題應該只會出現在史書。即使是符合最新的歐洲六號標準（等同美國ＥＰＡ ＬＥＶ三號標準，或印度 Bharat 六號標準）的超低含硫量柴油燃料，製造的空氣汙染也會嚴重傷害人體健康。加州洛杉磯大學的寶森教授就說：「住得愈靠近道路，接觸的超微粒就愈多……也會接觸到更多那些小引擎燃燒燃料直接排放的氣體……而超微粒能進入其他粒子無法進入的人體部位。」一研究發現，直徑小於 PM0.3 的奈米粒子，占所有粒子總數超過百分之九十。記不記得高爾夫球與足球的比喻？如果有選擇，寧願吸入幾顆表面積較小的 PM10 足球，也不要吸入成千上萬顆奈米粒子高爾夫球，因為那麼大的表面積會毒害你的肺部。奈米粒子還具有其他粒子沒有的本事：會鑽入你的動脈。想避免接觸奈米粒子，就要避開廢氣、煙氣。一項名為 DAPPLE（空氣汙染擴散及其對本地環境影響）的實驗中，發現倫敦中區的路旁與建築物旁的奈米粒子濃度差異甚大，從每平方公分三萬三千一百六十二個粒子，到十六萬三千一百一十個粒子。倫敦中區的建築物其實很少離道路很遠，也就是說短短幾公尺的距離，濃度差距就如此之大。薩里大學的普拉山特．庫瑪教授發現，德里路旁的粒子數量（三十二萬七千平方公分），是整個城市背景濃度（三萬三千平方公分）的十倍。[4] 其他針對大城市的研究，發現在路旁不到十公尺的距離外，粒子總數減少的幅度可達路旁總數的百分之四十。這些粒子隨後會結合成足球，或是蒸發。

坐在柴油車輛裡面的駕駛，接觸到的汙染濃度最高。在位於愛丁堡的英國心臟基金會卓越研究中心，大衛．紐比回憶：「《星期日泰晤士報》在（我的一項研究）之後，刊登一篇很淘氣的報導，勸人不要在城市裡騎單車。就事實而言，如果測量車子裡的粒子濃度，會發現濃度往往是車外的三倍。車子裡的空氣循環多半沒有經過過濾器過濾。而車子前方的進氣口，通常吸入的是你前面那臺車的廢氣。」他說，你離道路愈近，「吸入的汙染就愈多。」車子的駕駛顯然是離道路最近的人。至於單車騎士與行人，「差異非常大。只要間隔一、兩公尺遠，差異就很大。因此自行車道只要離道路一公尺遠，適度分隔就夠了。」吉姆·米爾斯依據他在AURN（自動城市與鄉村網路）的經驗，也認同這個說法：「大家都知道，你開車經過（主要道路），接觸到的汙染物通常會比單車騎士或行人更多。開車就像坐在一個泡泡裡面，周遭的空氣沒有移動，不會稀釋你身邊的汙染。你呼吸的空氣，等於是前面那臺車的廢氣。我們在（英國）第四頻道的Dispatches節目做研究，測量車子裡，還有單車、行人和公車裡的濃度，每一次都發現車子駕駛接觸的濃度最高。所以製造汙染的人，也是接觸最多汙染的人……大多數人都認為，只要進入車子裡，關上車門，就能把汙染隔絕在外，也就安全了，其實大錯特錯。」美國成年人平均每天花五十五分鐘駕駛，或是搭乘這樣的汙染泡泡。

大家急著降低柴油車引擎的PM2.5與氮氧化物排放量，奈米粒子總數與二氧化氮的比例卻逆勢發展。在米爾布魯克，菲爾·史東斯對我說，車子排放的後處理愈來愈進步。「你開始製造更多初級二氧化氮，所以在車齡較大的車子，大多數氮氧化物原本應該是一氧化氮，現在卻多半是二氧化氮。實際來說，氮氧化物是減少了……但是（二氧化氮的）比重原本可能是百分之五，現在卻變成百分之五十……氮氧化物總量絕對減少了，但二氧化氮總量絕對沒減少。」有一種最常見的後處理是注入尿素，尿素會將氮氧化物變成氨。理論上氨會變成水及（有惰性的）氮氣。「後燃（處理）非常昂貴，尤其對重型（車輛）來說。需要很多資訊，有很多感應器不斷監測回報，不是只憑感覺注入尿素。要是注入太多，或是廢氣不夠熱，就會製造出氨。這叫做『氨洩漏』，而氨洩漏的量有法定上限。你當然會消耗很多，這對使用者來說並不利，因為注入要花錢，又不方便……如果後處理出了差錯，就會排放出很多氮氧化物。」相較之下，汽油引擎的「後處理出了問題，會製造出碳氫化合物與一氧化碳。所以從氮氧化物的角度來看，汽油引擎的後燃出錯，後果並不如柴油引擎嚴重。」

現代柴油車安裝的粒子過濾器，也是一把雙刃劍。歐洲的柴油懸浮微粒排放標準從歐洲一號的一百四十 mg/km，下降到歐洲五號與歐洲六號的四．五 mg/km。要符合標準，唯一辦法就是安裝能捕捉粒子的過濾器。過濾器控制包括黑碳在內的固體初級粒子效果很好，過濾效率超過百分之九十；但是過濾器無法捕捉排放之後、會在空氣中形成次級氣溶膠粒子，不僅對超微粒束手無策，甚至會製造更多超微粒。

在米爾布魯克，菲爾與他的團隊為了測量粒子的數量，製作了一個樣本，他對我說，「把每一個粒子塗上丁醇，再用雷射計算數量」，「直徑在二十三奈米以上的都包括在內……相較於非缸內直噴汽油，汽油缸內直噴（ＧＤＩ）開始製造更多數量的微粒。基本上，因為壓縮更強、噴射壓力更高……柴油與汽油的汽油缸內直噴的微粒數量，有法律上的限制；從歐洲五ｂ號的柴油標準，以及歐洲六號的汽油缸內直噴標準開始就有，上限是直徑二十三奈米。柴油的微粒數量很高，因為有柴油顆粒過濾器，會把大的粒子吸收進來燒掉，但這樣一來可能會製造出很多小粒子。汽油缸內直噴製造的微粒數量，可能會超過一臺安裝了柴油顆粒過濾器的車輛，因為燃燒的壓力會製造許多小粒子。人們希望汽油顆粒過濾器能減少微粒。自從有了柴油顆粒過濾器，微粒數量卻一直上升，因為粒子體積變小，數量就變多。」他說，到目前為止，「法律規定的車輛排放微粒數量上限並沒有下修，不過如果要打賭的話，我覺得歐洲七號標準可能會下修，不然就是他們把範圍擴大到直徑十奈米的粒子，讓過濾器捕捉到更多。」

在寒冷的國家，粒子數量到了冬季也會變多，因為更多的奈米粒子會在低溫形成，而且比較不容易蒸發。二〇一六年，美國過敏氣喘與免疫學會發表一份研究超微粒的工作團體報告，指出「引擎與燃料技術的進步，已經大幅減少微粒煙粒的排放量，（但奈米粒子）還是可以透過氣相凝聚形成，體積甚至比排放粒子更小。」此外，「觸媒轉化器的引進……無意間造成大多數廢氣懸浮微粒的體積變得更小，直徑約二十至三十奈米。觸媒轉化會減少粒子的質量，但（奈米粒子）所屬範圍的粒子數量卻增加了。」[5]

這等於是踢進超級烏龍球。花了那麼多成本、那麼多努力發展現代燃燒機，結果只是製造更多奈米粒子讓我們吸進去。而且現代燃燒機就在我們居住、工作的道路上，在從地面以至我們頭部的高度製造奈米粒子。卡車製造的汙染更嚴重。一項針對道路隧道的研究發現，卡車與重型貨車每燃燒一單位燃料，微粒排放量是輕型車輛的二十四倍，粒子排放量是輕型車輛的十五至二十倍。二十世紀末多項研究中也證實無論何時，只要靠近車流，空氣中絕大多數都是奈米粒子。你離道路每隔一公尺遠，接觸到的粒子數量就會變少。

說到這裡，我又想起彼得・布蘭布利科比教授的那句話。他說，環境災難往往一再重複，由人口快速成長、都市化，以及燃料短缺引起；接下來則是使用新的燃料，比原先的燃料製造更多汙染。現代引擎技術正在解決 PM2.5 問題，正如二十年前解決 PM10 的問題。但現代引擎技術反而讓超細奈米粒子和粒子總數的問題更趨惡化。而且我們現在知道奈米粒子能進入血流，對健康造成最大的傷害。在米爾布魯克，菲爾對我說，有些車款高達一半的製造成本，都用於裝設能符合排放標準的後處理系統。但是後端處理系統的設計目的，是要提升我們的健康，卻沒能達成使命，甚至在危害我們的健康（這並不是說舊車款就比較理想，要是回到一、二十年前，你呼吸的奈米粒子也許比較少，但多了二氧化硫、更高濃度的氮氧化物、更高濃度的一氧化碳，還有比現在多很多的黑碳）。一切總歸是一句結論：我們為了運輸，在自己居住的街道燃燒化石燃料，這整套做法是不是應該廢除？

第六章　無法呼吸

安基特．帕拉克醫師在他的諮詢室對我說：「每個來找我的爸媽都在講（空氣汙染）。」他是BLK超級專科醫院的小兒胸腔科醫師，身在德里的煙霧瘟疫的前線。BLK是印度在一九九一年經濟自由化之後，湧現的幾家大型私營醫院之一。這家醫院就像德里的一切，貧富差距十分明顯。乞丐、商人與三輪車擠在醫院門口附近，蔓延到馬路上。在醫院裡面，小兒科部門擠滿了穿著閃亮耐吉球鞋的孩子，焦心的爸媽敲著智慧型手機，一副不耐煩的樣子。牆上掛著加了框的快樂（而且全是白人）兒童模特兒照片。到這裡就醫的小朋友，多半是因為呼吸疾病。德里因為空氣品質不佳，每三位成人就有一位、每三位兒童就有兩位出現呼吸道症狀。

帕拉克醫師說：「在印度，最大的問題約在九至十月開始，十一月達到高峰，十二月至二月是低谷，到了三、四、五月又攀上高峰。」我們說話時，正值十一月的高峰期。「這幾個季節不管什麼時候，氣喘與哮喘病患都會暴增。」哮喘是醫學名詞。氣喘通常要到五歲才能診斷出來，因為孩子的氣喘病症狀，與許多呼吸疾病症狀相似。因此類似氣喘的症狀通常又稱為「學齡前哮喘」，有時會演變成氣喘，有時不會。「兒童接觸到空氣汙染，甚至是在媽媽懷孕期間就接觸到……絕對有哮喘或氣喘的可能。」帕拉克醫師說。「這跟孩子剛出生時的體重也有關係……體重不足的孩子比較容易哮喘，而且一發作就較嚴重，也較難控制。現在已經證實（空氣汙染）不但會讓固有的氣喘更嚴重，還會導致氣喘病……而且不只是呼吸疾病而已，有些人還出現高血壓。」他停頓一下，看著外面等待的隊伍，又說了一次：「做爸媽的都很擔心。」

我知道帕拉克醫師的諮詢時間不長，所以也沒耽擱太久。我準備離去，他倒是堅持要送我到地鐵車站。我以為他會在醫院大門口告訴我方向，但他一路陪我走到路上，走入擁擠的人群與車流，跟他那間無菌的諮詢室簡直是兩個世界。我們過馬路，他身上的聽診器與耀眼的白袍，像一道保護層包圍著他。沒人敢招惹他。一個約莫八、九歲的女孩在附近乞討，一身都是灰，頭髮纏結成一團，有門口地墊那麼厚。她的生活與工作的每一分鐘，都發生在德里的馬路上，吸入全世界最骯髒的空氣。帕拉克醫師握握我的手，護著我走向車站的剪票口。我很快就步入乾淨的地鐵車廂。

帕拉克醫師的話聽起來像老生常談，但現代空氣汙染對健康的影響，是最近才得到證實。儘管早就有人懷疑兩者相關。在一九五〇年代，包括約翰．葛史密斯在內的加州流行病學家，證明空氣汙染與心臟病發作有關，但兩者之間的因果關係並不明確，且無法排除高吸菸率之類的因素。國際癌症研究機構在一九八八年提出，PM2.5可能是人體致癌物，但直到二〇一三年才斷然確定。歐洲呼吸學會空氣汙染工作小組主席伯特．布涅克里夫教授於二〇一六年指出：「我大約在三十五年前展開環境衛生的職業生涯，當時西歐地區並未把空氣汙染視為公共衛生問題。」

然而到了二〇〇〇與二〇一〇年代，重量級研究來得又快又猛，證實常見的空氣汙染物，確實會影響我們人生各階段的健康：從胚胎時期開始，一路經過童年、青春期、成年期，最後到老年期。布涅克里夫教授說，這是空氣汙染對人體健康影響的「生命歷程」。我在這一章要帶你走過這趟「生命歷程」，從胚胎一路到你可能面臨的過早死亡。抱歉，這一章的內容也許不甚歡樂，但絕對可以狠狠反駁「空氣汙染才不會傷害到我」的觀點。

其實空氣汙染在我們還沒成為受精卵前，就已經開始影響我們。工業國家的不孕率緩緩上升，從一九六〇年的百分之七至八，到二〇一〇年代中期的百分之二十至三十五。在這五十年間，精子濃度（每毫升精液的精子數量）幾乎下降一半。美國男性的精子數量每年下降百分之一．五。就算不是數學家，也算得出再繼續下去可不得了。最近研究也發現，周圍空氣汙染與生育能力下降強烈相關。很久以前就證實，鉛、鎘和汞的化合物會損害男性生殖系統；而如今煙害製造的PM2.5和多環芳香烴，也已經證實會損害或擾亂精子生成，甚至導致精子的DNA碎裂。一項從二〇〇一至二〇一四年在臺灣進行的長期研究，發現PM2.5濃度每上升五μg/m³（微克／立方公尺），年輕成年男性的正常精子型態（每個樣本裡的精子大小與形狀）就會減少百分之一・二九；二〇〇三年在義大利進行的一項研究，發現收費站員工，也就是社會上接觸極多交通汙染的一群人，精子品質遠不如同地區的其他男性。

就算成功懷孕，空氣汙染也會損害胎兒的健康，導致胎兒異常。倫敦瑪麗王后大學在二〇一八年的研究中發現，懷孕女性吸入的黑碳粒子會通過肺部，最後導致胎盤出現小小的黑點；一項二〇一七年在美國俄亥俄州的研究發現，女性若是在懷孕前一個月接觸高濃度的 PM2.5，生下具先天缺陷嬰兒的機率，比未接觸的懷孕女性更高。最常見的先天缺陷是唇裂、顎裂和腹壁缺陷。在中國汙染最嚴重的城市武漢，研究人員檢視二〇一一至一三年在武漢境內出生的十萬五千九百八十八名嬰兒，並將出生時間與一氧化碳、二氧化氮、二氧化硫，以及臭氧濃度比對，發現更常接觸這些汙染物的女性，也更容易生下具有先天心臟缺陷的嬰兒。先前在加州與澳洲的研究中也證實，女性在孕期第二個月接觸過高的臭氧濃度，更有可能生下具動脈與心瓣膜缺陷的嬰兒。

暴露在嚴重的空氣汙染之下，也會增加早產機率。二〇一七年，來自斯德哥爾摩、倫敦和科羅拉多州的研究團隊在發現一百八十三個國家高達三百四十萬起早產案例，與 PM2.5 有關，受影響最深的地區包括撒哈拉沙漠以南的非洲地區、北非，以及南亞與東亞。光是印度就出現大約一百萬起原可避免的早產案例；二〇一五年的一項美國研究發現，全美每年的早產案例中，超過百分之三（一萬五千八百〇八起）是由 PM2.5 所引起。

很久以前就已證實吸菸與嬰兒體重不足有關，所以交通煙氣會導致同樣的結果也就不足為奇。二〇一七年的一項倫敦研究發現，高濃度的 PM2.5 會導致五十萬新生兒體重過輕的風險上升百分之二至六*。即使在擁有相對乾淨的北極空氣的瑞典，胎兒若暴露在濃度較高的交通產生的氮氧化物之下，在母親懷孕晚期，胎兒成長程度也會較慢。氮氧化物濃度每增加十 μg/m^3，新生兒出生體重就會減少九公克。最令人憂心的是二〇一七年的一項美國研究，其中分析六年間近二十五萬筆分娩資料，發現臭氧會大幅提高死產機率；無論是長期接觸少量臭氧或短期接觸大量臭氧，都會提升死產機率。因此研究人員估計，美國每年大約有八千起死產案例，可能是由接觸臭氧所引起。

即使順利生產，空氣汙染也會提高五歲以下兒童罹患肺炎，以及氣喘等終身肺部疾病的機率。根據世界衛生組織統計，全球各地每年有五十七萬名五歲以下兒童死於肺炎等呼吸感染；五歲以上兒童則最高有百分之十四出現氣喘症狀，將近半數與空氣汙染有關**。

哥倫比亞兒童環境衛生中心甚至主張，空氣汙染是當今大多數童年時期疾病的根本原因。以體重比例計算，幼兒吸入的空氣量比成人更多，意思是說相較於成人，幼兒受到空氣汙染物的影響大到不成比例。一歲以下的嬰兒，通常每日吸入的空氣量是每公斤體重六百公升；到了四歲會下降到

*原因包括胎盤發炎、胎盤氧氣輸送受損、血壓不穩，甚至是胎兒肺部發炎。

**世界衛生組織也認為，不斷上升的溫度與二氧化碳濃度可能導致花粉濃度增加，進一步提高罹患氣喘病的機率。

每公斤體重四百五十公升；十二歲是三百公升；二十四歲則是每日每公斤體重兩百公升，整個成年時期都不會再改變。因此兒童接觸到受汙染的環境，受到的影響要比成人嚴重三倍。而嬰兒的免疫系統尚未發展完成，因此相較之下更容易感染，且幾乎完全無法防禦有毒物質入侵。鉛汙染的危害，兒童也是首當其衝，而且受創最嚴重，因為兒童尚未發育成熟，神經最容易受傷，而神經受傷可能導致智力下降、閱讀與學習障礙、聽力受損，以及注意力缺陷過動症等行為問題。

然而，許多空氣汙染對健康影響的研究結果，都有因果關係的問題。這些研究本身以流行病學為基礎，也就是研究一個族群的健康趨勢。你不能把一百個孩子送進實驗室，讓他們接觸汙染物，再把他們剖開，看看發生了什麼事。所以流行病學的研究結果，總會受到某些言論的攻擊，例如「只因為百分之三十的族群得癌症，又有百分之三十的族群早餐吃玉米片，並不代表玉米片會引發癌症」。不過流行病學研究要是在不同地區重複進行，卻一再得到相同結果，那就很難讓人忽視。我認為最強而有力的例子，是流行病學研究證明空氣汙染會導致兒童肺部縮小。

加州兒童健康研究是現有對於空氣汙染長期影響最詳盡的研究之一。從一九九三年開始，研究人員選出十六個社區中超過一萬一千名學童，每年觀察他們的肺功能，同時持續監測空氣汙染程度。學童在用力呼氣量（ＦＥＶ）測試（一個人在一秒鐘內能用力呼出多少空氣）的表現，會隨著二氧化氮與 PM2.5 的接觸量而降低。在 PM2.5 濃度最高的社區，十八歲受試者在ＦＥＶ表現較差的比例，是 PM2.5 濃度最低的社區的四倍。這是因為受試者的肺部成長受阻；居住在距離高速公路半公里內的距離，用力肺活量（肺部的空氣總量）會下降百分之二。後來陸續有國際研究得到相同的結論，包括墨西哥、奧地利、挪威、瑞典、英國，以及歐洲空氣汙染世代研究計畫。一項在中國進行的為期三年的研究發現，PM2.5 濃度增加十 $\mu g/m^3$，用力呼氣量會降低三．五毫升。在二〇一二年的德里，每三名兒童就有一名肺功能下降。

在聖巴托羅繆醫院初級照護與公共衛生中心服務，同時身兼家庭科醫師的克里斯．葛利菲斯教授，參與倫敦一項為期六年的兒童肺容量研究，這項研究在二〇一〇年代結束。研究結果發現生活環境的微粒與二氧化氮濃度較高的兒童，肺容量最高會減少百分之十。我問他的研究是否有「因果關係問題」。他說：「你不可能去做空氣品質介入的隨機臨床試驗，那是不可能的。到了某種程度，你就會問：『證據的力量有多大？品質如何？因果關係的推論是什麼？』」對於他自己的肺部研究，他說：「研究結果背後的機制並不明確，但不能因為我們不了解空氣品質阻礙肺部成長的機制，就斷定兩者沒有因果關係，或是因果關係不重要。不過無論在哪裡進行研究，包括歐洲、北歐、波士頓、加州，還有最近的倫敦，得到的結果都很一致。這些研究在不同的環境、用不同的汙染物進行，但最後發現肺部成長所受的影響程度都是一樣的。」包括英國皇家內科醫師學會在內，許多研究結論都幾乎可斷定「空氣汙染會阻礙童年時期的肺功能正常發展，影響會持續到二十歲左右。」

南加州大學凱克醫學院的預防醫學教授威廉．「吉姆」．高德曼，主持目前正在進行的加州兒童健康研究，也持續得到相同的結論。洛杉磯在一九九三年出現世界上最嚴重的大氣汙染，到了二〇一〇年代，汙染程度仍高，但已經改善很多。高德曼教授最近發表的幾份論文中，迎頭痛擊那些反對流行病學的言論。玉米片不會引發癌症，但如果你減少玉米片的攝取量*，罹癌率又正好以同樣的速度下降，那你可能**確實**該想想每天早上吃的是什麼。高德曼教授與團隊將一九九四至二〇一〇年的三項加州兒童健康世代研究加以比較，發現二氧化氮濃度每下降十四 ppb，四年平均的FEV成長就會增加九十一毫升。PM2.5 的濃度也類似。[1]換句話說，二氧化氮與 PM2.5 濃度下降，兒童的肺功能就會明顯改善。

我們的空氣汙染生命歷程從童年時期進入青春期，FEV低也會導致心血管疾病風險上升。假如你的肺容量少了百分之二十，你在運動就比較無法出力。氣喘病是由嚴重汙染引起，也會因為嚴重汙染發作。臭氧、二氧化氮和 PM2.5 都會造成氣道發炎，氣道過敏是氣喘病的典型特色。根據英國首席醫療官報告，英國每十二位成人就有一位、每十一位兒童就有一位罹患氣喘病。如此高的氣喘病罹患率與柴油粒子有關，不過呼吸疾病只是年輕成人受到最明顯的影響。我們成年之後，大腦容量可能也會下降。歐洲研究發現，小學生的認知發展降低，以及青少年長期注意力不足，都與交通汙染有關。墨西哥市的研究也發現，接觸嚴重空氣汙染的兒童，大腦發炎較嚴重，會導致認知缺陷。

*也可以拿其他早餐麥片當成比喻。

如果你是在空氣乾淨的鄉間綠洲成長，至今都避開了健康問題，然後你在成年時期移居城市（或是你居住的村莊**變成**城市，亞洲最近數十年就有幾個例子），那還是有許多健康問題等著你。讓我們暫時回頭來繼續研究大腦，坦白說吧，我們最怕的就是大腦受損。一項中國的研究中，安排實驗室老鼠吸入二氧化氮，發現老鼠的空間學習與記憶會退化。令人難忘的是，這項研究的幾位作者將空氣汙染形容為「各種有毒化學物質的混合，會損害中樞神經系統」。撇開老鼠不談，許多流行病學研究也發現，二氧化氮汙染會提高人類神經疾病風險，還會導致認知與注意力下降。一項精準無比的研究運用磁振造影（MRI）掃描，探討年長女性的白質流失，發現 PM2.5 濃度每上升三 $\mu g/m^3$，白質流失就會增加百分之一。甚至有不只一項研究證實，在 PM2.5 與二氧化氮濃度高峰的一至三天之後，自殺憂鬱症的案例增加。

有些人信任膽量多於大腦，那就應該看看加州洛杉磯大學團隊的研究。這項研究發現，接觸空氣汙染會改變腸道細菌組成，進而引發各種健康問題，包括膽固醇在血流中的循環與累積；他研究也發現空氣汙染與腸道疾病、闌尾炎，甚至消化道癌症有關。粒子較大的 PM10 也與這些疾病直接相關。PM10 的體積夠大，我們能透過黏膜纖毛的清除作用（我們呼吸系統的第一道防線，一層液體與黏液不斷往上推，讓我們吐掉），將它排出喉嚨與肺部。但附著在 PM10 表面的任何東西，都能經由唾液分解，進入我們的腸道。這些粗糙粒子的表面附著的某些有害化學物質，會擾亂腸道細菌平衡，或引發慢性發炎，最終造成闌尾炎或癌症。

許多經由空氣傳播的汙染物，都是已知的致癌物，例如多環芳香烴就具有毒性，會損害細胞，進而引起突變與腫瘤。長期職業研究發現，接觸多環芳香烴的工作者罹患皮膚癌、肺癌、膀胱癌，以及消化道癌症的機率較高。燃燒殘株會大量排放一種叫做苯並[a]芘的多環芳香烴。苯並[a]芘早在一九八〇年代，就由國際癌症研究機構和美國國家環境保護署列為人類致癌物；後來美國國家環境保護署又將其他幾種多環芳香烴化合物列為致癌物，包括名稱複雜到容易混淆的苯並[a]蒽、苯並[b]熒蒽，以及茚並[1,2,3-cd]芘。

總而言之，隨便哪一個重要器官或身體部位，都有一種疾病或缺陷與空氣汙染有關。那麼乳癌呢？在香港，研究發現每年 PM2.5 接觸量增加十 $\mu g/m^3$，罹患乳癌的機率就會暴增百分之八十。有人問腎臟是否有關？美國密蘇里州聖路易的一項研究中，分析將近兩百五十萬名退役軍人超過八年的資料，發現退役軍人的腎功能會因長期接觸高濃度汙染而下降。高濃度的懸浮微粒會增加末期腎病的風險，病患必須洗腎才能存活。

空氣汙染甚至會改變我們ＤＮＡ的行為。基因是ＤＮＡ的一部分，負責告訴身體細胞什麼時候該做什麼。基因是由一種叫做甲基的化學開關控制，甲基能將一個基因打開或關掉。英屬哥倫比亞大學在二〇一四年進行一項研究，安排十六名受試者在封閉的小隔間內停留兩小時，其中八人呼吸乾淨的空氣，另外八人則呼吸等同車流量大的公路的柴油煙氣。結果發現吸入柴油煙氣的受試者，DNA約有兩千八百處的甲基出現變化，影響達四百個基因；呼吸乾淨空氣的受試者並未出現類似的變化。在這項實驗之前，科學家多半認為DNA主要是對長期接觸有所反應。二〇一七年，中國進行的一項類似研究中，將交通警察與文職警察互相比較，發現相較於在市政府做文書工作的警察，交通警察的DNA損害大幅增加。

但對於成年人來說，最致命的還是心血管系統。是的，甚至比癌症或肺部疾病更致命。空氣汙染會導致動脈窄化、血栓、心臟病發作，以及中風。細微的奈米粒子透過肺壁進入血流，導致發炎惡化，引起心率、心律和血壓變化。不只是慢性長期接觸而已，短期接觸也會引發這些效應。二〇一三年，北京的研究人員蒐集一整年，也就是如今已知惡名昭彰的空氣末日那年，十家大型醫院每日心血管急診的資料，發現 PM2.5 濃度上升十 μg/m³，每日心血管急診量就會增加百分之〇．一四。聽起來也許不多，但北京每月 PM2.5 濃度的高點與低點，差異可達三百 μg/m³ 之多，心血管急診量可能增加百分之四，對醫療服務造成極大的負擔。

在大衛．紐比進行黃金奈米粒子研究（見第三章）的數年前，他就進行過第一次的暴露室研究，安排一群志願者接觸街上濃度的空氣汙染，發現他們的血管比接觸乾淨空氣時更容易產生血栓。「我喜歡把這稱為血管壓力測試，」他說，「我們把一根小針扎入手臂動脈，打入一些能刺激血管、讓血管放鬆擴大的藥劑。我們得到的結果是，如果你暴露在稀釋過的（車輛）廢氣之下，你的血管放鬆程度就有限……也就是說血流速度會比較慢。我們也測試過某些細胞會釋放的一種蛋白質，叫做組織纖溶酶原致活劑（TPA），能阻止血栓在血管內部形成，血液就能繼續流動……這是人體一種聰明的機制，血液能繼續流動，又不會讓你失血過多而死。我們發現人體如果接觸空氣汙染，細胞釋放的組織纖溶酶原致活劑，會比不接觸空氣汙染更少，也就是說空氣汙染會妨礙人體的防禦機制。」

紐比的團隊再進一步研究，採集志願者的血液，讓血液流經人造的冠狀動脈。「動脈」裡是來自屠宰場的豬的主動脈，即心臟主要的幫浦之一，位於左心室上方。研究人員把豬的主動脈一部分表面切掉，就能模擬心臟病發作，動脈一部分破裂，露出動脈的深層情況*。「我們發現接觸稀釋過的柴油廢氣，豬的主動脈上形成的血栓會增加。我們再把過濾器放進去，把粒子取出，再做一次測試，血栓又降低到正常值，因此接觸柴油廢氣，似乎確實會讓血液變濃。我們發現有三種影響：第一，血管放鬆的程度會受到限制；第二，血管釋放能溶解血栓的組織纖溶酶原致活劑蛋白質的量

* 我認為在我為了寫這本書、所訪問及閱讀的科學家當中，大衛．紐比研究空氣汙染的因果關係比多數科學家都更深入。因此當二〇一八年初，一樁醜聞在德國爆發，是福斯汽車參與一項讓二十五位人類志願者接觸二氧化氮的研究，我得知後覺得很意外。醜聞不只登上德國新聞版面，也攻占國際媒體。德國總理梅克爾稱之為「錯誤且絕對不道德」。問題是紐比幾年來都在做類似的研究。也許德國《日報》的見解最為中肯：「人類志願者只需吸入數小時的廢氣，而（城市裡的）人們……已經吸入多年的二氧化氮，而且濃度遠超過歐盟上限。」誠哉斯言。

會減少。動脈受損會形成更多血栓。這些在心臟病發作與中風之間的運作上，是很強大的機制。」我問他可曾使用氣體汙染物，在沒有懸浮微粒的情況下做這個測試。「有的，我們做過二氧化氮，也做過臭氧。純粹只有這些氣體，沒有燃燒產生的粒子，結果沒有發現任何效應。有人跟我們爭論，覺得二氧化氮一定會有影響，問題是我們並沒有發現。有人說問題出在二氧化氮與粒子的組合，這也有可能。」然而德國的耶拿大學醫院團隊後來發現，二氧化氮也會帶來直接影響。二〇一八年，他們研究六百九十三位心臟病發作的病患，發現二氧化氮濃度在二十四小時內上升超過二十 μg/m³，心臟病發作的機率最高可上升百分之一百二十一；二氧化氮濃度只要在一小時快速上升八 μg/m³，心臟病發作的機率就會提高百分之七十三。

即使活到老年，空氣品質也會嚴重影響生活品質。一項針對美國老年人的研究發現，PM2.5 與二氧化氮的接觸程度，與第二型糖尿病高度相關。研究也證實空氣汙染與判斷糖尿病嚴重程度的血清葡萄糖確實有關，即使只是短期接觸二氧化氮與 PM2.5，血清葡萄糖也會升高，會影響成長中年輕大腦的機制，也會降低老年時期的大腦功能。實驗研究發現，空氣汙染物會引發神經發炎、神經損害和血腦障壁等問題。南韓研究二〇〇二至一三年帕金森氏症的醫院收治個案，發現短期接觸空氣汙染（臭氧除外），與帕金森氏症病患就醫率提高「持續高度相關」。美國女性健康促進記憶研究（WHIMS）在一九九六至九八年，研究超過一千名先前沒有失智跡象的年長女性，在六至七年間定期進行腦部磁振造影掃描。結果發現生活環境 PM2.5 濃度長期較高的女性，腦容量較小，這與人口特性、社經地位、生活方式及其他健康特質無關。法蘭克．凱利的倫敦國王學院研究團隊，甚至研究了家庭科醫師八年間收治超過十萬名五十至七十九歲倫敦市民的紀錄，發現生活環境中二氧化氮與 PM2.5 濃度較高的倫敦市民，罹患失智症的機率，比生活環境汙染程度低的倫敦市民高出百分之四十。英格蘭蘭卡斯特（以英國的標準而言，空氣較乾淨的城市）的一項研究揭露了其中的機制，研究發現當地交通汙染涵蓋每立方公尺兩億個金屬奈米粒子，會導致大腦發炎。這項研究發表後不久，我跟 Air Monitors 醫學博士吉姆．米爾斯對談。「如果這個結論得到證實，你能想像政治圈會出現什麼意見嗎？」他問，「我覺得我們目前面臨最可怕的問題，是這個國家的失智症病患愈來愈多，如果後來證實問題之所以出現，完全是因為我們使用、或者應該說過度使用會製造微粒的內燃機，那會有什麼後果？」

這項失智症研究，以及空氣汙染生命週期當中幾乎所有健康問題的根源，是氧化壓力。在我們的體內，還有整個自然界，氧化一直在發生。活性極高的化合物想偷取其他化合物的電子，引發了連鎖反應，化合物不是失去電子，就是在尋找電子。最容易想像的例子是鐵鏽。鐵遇到氧會形成氧化鐵，又稱鐵鏽，是氧偷走鐵的電子，形成一種較脆弱的新化合物。這種電子流動是生命存在的必備條件，將水（H_2O）氧化，推動光合作用，釋放出來的電子將二氧化碳（CO_2）轉化為碳水化合物與氧（O_2）。這就是我們呼吸的原因：氧進入我們體內，與糖之類的大型碳氫化合物分子反應，將其分解，帶給我們能量。幾乎所有東西最終都會氧化成二氧化碳與水，再由我們呼出與尿出，整個過程永遠持續下去。所以氧化是好事，對不對？不盡然。氧化是羥基（OH）之類的自由基所引起，也會形成自由基。自由基是大氣中的鞭炮，哪怕只能存在幾毫秒，也要拚命奮鬥。自由基也是自然且必要的，還是我們免疫系統的一部分。但我們不希望遇到過量的自由基，過量的自由基會引發太多氧化，我們的身體無法承受，這種情形叫做氧化壓力。

空氣汙染物健康效應委員會主席法蘭克．凱利教授，在一九八〇年代末第一次出任講師，探討羥基自由基對早產嬰兒的影響。「早產嬰兒的肺部還沒有長成，所以需要在保溫箱補充額外的氧才能活下來，大腦也才能運作。我們正常呼吸的氧濃度是百分之二十一，早產嬰兒吸收的濃度如果高於這個水準——有些早產嬰兒甚至需要濃度百分之九十至一百的氧——這麼高的濃度會導致組織受損，眼睛、大腦與肺部也會出現各種問題。會發生這種事，是因為自由基的關係。」凱利探索在當時還是全新的研究領域，發現人體自然的抗氧化劑，能保護肺部組織不受自由基攻擊，但進入人體的羥基如果濃度夠高，停留在體內時間夠久，就會攻破人體的自然防禦機制。可以說大氣中的看門狗掙脫了牽繩，猛咬人體的軟組織，造成發炎*。

＊很多動物也受到同樣的影響。研究發現生活在車輛汙染較嚴重地區的歐洲家麻雀、青山雀和白頰山雀，受到的氧化壓力超越汙染程度較低地區的鳥類。在墨西哥市採樣的流浪狗，其肺部與大腦發炎情形遠比鄉村狗嚴重。

即使沒有汙染物，我們的身體也經常受到氧化壓力，細胞、蛋白質，DNA因而受損，氧化壓力甚至可能是我們老化的全部原因。「有點像你把奶油放在外面太久，會出現油耗味，會氧化。」大衛．紐比說。「有一種（理論）是說動脈粥樣硬化，就是脂肪在動脈堆積，是心臟病發作與中風的根本原因……（經由汙染物）氧化，就是這個氧化引發（心臟疾病）。」壞消息是汽車引擎與鍋爐在世上各城市與城鎮排放的二氧化氮，正好也是活性很高的自由基。臭氧並不是自由基，但活性很高，而且有很多氧原子，所以一遇到自由基就容易打架。懸浮微粒與黑碳外表裹著一層充滿潛在自由基刺激物的有毒物質。因此我們身體的防禦機制受到來自四面八方的攻擊。「你觀察（空氣汙染）粒子的氧化潛力，就一清二楚，」紐比說，「我以前跟你說過的，就是（血管）放鬆程度有限的那個研究，我們覺得血管之所以不會完全放鬆，也是因為能讓動脈放鬆的介質，被氧化壓力吃掉……來不及影響血管。」

二〇一七年，愛丁堡納皮爾大學的另一個團隊研究人體一遇到問題就會釋放的防禦蛋白質與肽。有一種存在於唾液、淚液，以及肺部液體的肽，叫做LL-37，具有多種免疫系統功能，能將炎性細胞導引至傷處或感染處。愛丁堡納皮爾大學的研究團隊，探討直徑十四奈米的黑碳粒子（能進入人體血流的粒子大小）對LL-37的影響，發現即使奈米粒子的濃度較低，LL-37似乎也會減少；而在奈米粒子濃度高的環境，則找不到LL-37的蹤影。深入研究發現，黑碳粒子的體積變大。黑碳粒子就像滾下山坡的雪球，表面黏著肽，導致肽無法發揮作用。在測試中，碳粒子與LL-37的組合，再也無法對細菌產生任何影響。2

法蘭克．凱利表示更糟的是，活化的炎性細胞本身也會製造並釋放大量的自由基作為防禦。當這些自由基發現沒有入侵的有機體可摧毀，就會轉而攻擊宿主，並開始攻擊局部的細胞組織成分。這些反應首先會發生在肺部內層液體，也就是我們吸入的汙染物所遭遇的第一道防線。接著爆發一場化學混戰，四面楚歌的免疫系統訴諸人體的最後一道防線：炎性細胞戰車大隊。接下來登場的連鎖反應會引發各種情形，從氣喘病發作到腫瘤初步形成都有可能。那麼服用抗氧化劑，應該可以對抗這種效應？「你看看那些給受試者服用抗氧化劑維他命的試驗就知道，一點用處也沒有。」大衛．紐比滿懷遺憾說道。「無論有多少抗氧化劑在你的血液中流動……都很難避免局部的爆發。」

心臟尤其容易受到氧化壓力的影響，因為心臟是非常活躍的器官，代謝率很高，能量需求也很高。心臟不會暴露在空氣之下，所以不會像置於室內的一塊奶油那樣氧化腐敗，但進入血流的奈米粒子，表面可能附著氧化分子。根據紐比的黃金研究，一旦吸入直徑三十奈米的奈米粒子（體積比PM2.5 小八十三．三倍，多半來自汽車引擎），這些奈米粒子會隨著血流到處跑，等同跑遍我們全身。這些奈米粒子的表面積很大，具有活性與毒性（還記得高爾夫球與足球的差距？）會引發氧化壓力與發炎。歐洲的「周遭空氣中微粒與超細微粒之接觸與風險評估」研究中，探討奈米粒子對於冠狀動脈心臟病患健康的影響。研究發現在戶外接觸濃度較高的奈米粒子，兩天後局部缺血的風險大增。局部缺血的意思是流向心臟的血液減少，導致心臟無法獲得足夠的氧。美國的一項奈米粒子研究也得到類似的結論，認為「相較於PM10與PM2.5，奈米粒子氧化的可能性更高，損傷細胞的能力也高出許多」。

最近退休的愛丁堡大學MRC發炎研究中心粒子毒物學家肯・唐諾森，職業生涯的後半段都在研究奈米粒子的毒物學影響。我問他一般而言，燃燒產生的奈米粒子，毒性是否比非燃燒產生的奈米粒子更強？簡單的答案是「是的」。「燃燒產生的奈米粒子是很大的風險，（因為）不只是表面積更大，還有金屬與有機體。金屬與有機體都會經歷氧化還原循環*，製造氧化壓力。」

把這些健康影響全部加起來，會得到什麼？世界衛生組織說，答案是每年四百二十萬人因戶外空氣汙染過早死亡（占所有死亡人數的百分之七・四）。世界衛生組織甚至列出各國的確切數據。例如二〇一二年的菲律賓就有兩萬八千六百九十六起死亡案例，是世界衛生組織認定由周遭空氣汙染造成。但不同於倫敦與多諾拉的大煙霧，這些人並不是突然死於空氣汙染，那怎麼會有如此精確的數據？

*氧化還原是一個混成詞，結合了「還原」（reduction）與「氧化」（oxidation）。分子失去一個電子（因為與自由基打架）就會氧化，得到一個電子叫做還原。我知道，感覺好像應該倒過來才對，真是謝謝科學家，搞得這麼複雜。也可以想成分子的氧化狀態如果不是增加（氧化），就是減少（還原），周而復始，不斷循環下去。

空氣汙染物健康效應委員會主席法蘭克．凱利對我說，這些數據是依據損失壽命的總年數計算出來的。在英國，空氣汙染平均縮短了三至七個月的平均壽命，等於英國總人口損失了三十四萬年的壽命。將三十四萬年除以平均壽命，就會得到大約四萬的「死亡人數」。凱利甚至說這是「猜測估計」。幾乎每一篇探討空氣汙染的文章，都是一開頭就提到這些每年死亡人數，那不就表示有問題嗎？凱利說，社會大眾很容易理解死亡人數，但「不了解也不在意失去三個月的壽命。但即使是三個月，也是一種概括說法，有些人失去一天的壽命，有些人則失去十年的壽命……我的回應是，我們說（英國）每年有八萬九千人因為吸菸而過早死亡。這是衛生部的官方數據，也是用同樣的術語、同樣的算法。只是讓大家更了解我們社會面臨的風險。在城市呼吸骯髒的空氣，致死率比飲酒高、比肥胖高、比交通意外高很多。不過不必（把死亡數據）當成百分百正確，因為我們並沒有那麼精確。」

空氣汙染物健康效應委員會經常強調，空氣汙染絕對不只每年縮短四萬名英國人的壽命，影響的遠比四萬人多出很多。我們終將會死。但空氣汙染讓你我提早離開人世。而且空氣汙染與許多讓我們身體虛弱的慢性疾病有關，讓我們在世時飽受不必要的折磨。英國首席醫療官在年度報告中呼籲：「不要只在意死亡率，應該採用的數據要能代表汙染對發病率、心理健康，以及生活品質的所有影響……存活年數（或生活品質調整後存活年數）比死亡人數更適合用於政策分析，因為重點是什麼時候死，而不是死了沒有。」

聖巴托羅繆醫院的克里斯．葛利菲斯教授認為每年死亡人數不見得有用：「還有其他重要數據能凸顯對健康的負面影響……我覺得肺部成長的數據對大家來說稍微容易理解，就是『（因為空氣汙染）這些孩子的肺沒能成長到正常的大小。』」我問他是不是應該把重點轉移到生活品質。「對、對，現在更多人得氣喘病，更多氣喘病患發病，更多人得肺炎，更多人入院治療，更多人中風、心臟病發作、早產、嬰兒出生體重不足，都是統計學上顯著的負面健康影響。你說得對，這些說到底就是降低生活品質。我覺得大家都太在意死亡率與空氣品質的問題……其實如果肺都毀了，死前的日子就已經很難熬。空氣品質真的很重要。」

因此，PM2.5 汙染導致歐洲人平均壽命平均減少八．六個月至一年；印度人的平均壽命平均減少一．一至三．四年（德里人甚至高達六．三年）。但只要消滅懸浮微粒的來源，健康狀況就會大幅改善。法蘭克．凱利指出：「持續有證據顯示，長期干預（主要是主管機關的作為）導致微粒汙染降低，與公共衛生的提升有關。」世界衛生組織主張「一旦空氣汙染減少，健康幾乎立時能獲得改善」。雖然我們永遠不會有確切的數據，但每年大量的死亡人數無疑是空氣汙染所造成。我們每一個人的壽命，都因空氣汙染而縮短或劣化。要扭轉劣勢，我們必須反擊。

第二部分

反擊

第七章
最好的煙霧解決方案？

倫敦：二〇一五至二〇二〇年

倫敦慢慢從煙霧引發的沉睡中甦醒過來，開始反擊。英國工黨候選人薩迪克．汗在二〇一六年五月的市長選舉，贏得令人矚目的勝利。隔天他宣布實施倫敦超低排放區（ULEZ）計畫，要向在市中心之外製造嚴重汙染的車輛徵稅。他選在倫敦東區的一所學校宣布這項計畫，站在操場，對著現場聚集的媒體說：「我背負著選民明確的期待，希望我能改善倫敦的空氣品質，這也是我們面臨的最大的環境問題……我希望能在緊急事件（發生）之前採取行動。」僅僅兩天後，新市長就在前任市長強森的檔案中找到一份塵封已久的舊報告。這份並未公布的報告標題是「分析倫敦的空氣汙染暴露」，內容指出倫敦的一千七百七十七所小學中，有四百三十三所位於氮氧化物汙染超過歐盟上限的地點；這四百三十三所中，百分之八十三屬於弱勢學校，超過百分之四十的學童是由學校提供免費餐點。窮人受到空氣汙染的衝擊最大。消息立刻登上報紙頭版與網站首頁。

接下來幾個月，薩迪克・汗引進了新的空氣汙染警報系統，在公車站、地鐵站和路旁的電子布告欄發送汙染警報，也透過社群媒體與簡訊發送警報。二〇一七年一月二十三日，市長發出一則推特：「今天倫敦的空氣有毒，很糟，所以發出『極嚴重』空氣汙染警報。」由於有毒的空氣廣為擴散，政府呼籲家長盡量避免讓三個月至五歲大的嬰幼兒外出。市長也宣示從二〇二〇年開始，只採購電動或氫動力公車，車齡較久、汙染量較多的車輛進入倫敦中心必須繳交十英鎊的費用。市長也再度提起前任市長置之不理的空氣汙染學校研究。現在受影響的學校早已不只四百三十三間，而直直突破八百大關，全都暴露在濃度超過歐盟法定上限的二氧化氮中。消息登上當週末的報紙頭版，再度點燃「能怎麼辦？」的聲浪，市長本人給出了明確的答案：全國柴油車報廢計畫，以及新的《空氣淨化法》。

倫敦議會的萊昂尼・庫珀是薩迪克・汗的多年朋友與同事。她對我說，市長會在意空氣品質，也是跟個人經歷有關：「他參加過倫敦馬拉松，在路邊做過很多訓練。我覺得、我猜他應該是那時罹患了成年發病的氣喘病。這對他來說是個人的戰鬥，是為健康而戰……他還沒當選以前，參加競選活動，一整天跟倫敦國王學院的（空氣汙染）觀測器在一起。他跟我先到普尼高街，再到牛津街，又到北環環狀道路……空氣品質很不好……（二〇一七年）三月，他把最後一部零排放公車安排在普尼高街。」到了二〇一八年三月，普尼高街的二氧化氮濃度最多減少了百分之九十。現在超低排放區在整個倫敦中區實施，所以到了二〇二〇年，氮氧化物排放量可能會減少百分之五十一，懸浮微粒排放量可能減少百分之六十四，二氧化碳排放量可能減少百分之十五；到了二〇二〇年，倫敦中區所有的單層公車，都必須是電動或氫動力公車。二〇一八年，市長宣示要在二〇四一年之前，讓倫敦百分之八十的交通路線透過步行、單車或公共運輸進行。

二〇一七年七月，薩迪克・汗發現他有一位意想不到的戰友。英國政府的一位部長起身發言：「我們如果沒有好好管理地球，最終我們呼吸的空氣、飲用水、食物，還有企業所用的能源，都將面臨危機。」說這番話的是新任環境、食品和鄉村事務部長麥可・戈夫，他在推動英國脫歐公投後又回到政治圈。英國首相梅伊在大選慘敗之後，在國會勉強拿下相對多數席次，政治圈的朋友更是稀少，所以需要藉助戈夫的右派號召力，戈夫的政治生命也得以起死回生，躍居環境大臣一職。包括我自己在內的環保人士對此感到憂心。不過他在世界自然基金會的倫敦辦公室的第一場演說，倒是給了我意外的驚喜。他繼續說道：「我們看看歷史上社會與文明的命運，會發現每一次的危機與崩壞都與環境因素脫不了關係。」他彷彿是與批評他的人直接對話：「環境退化會嚴重威脅未來的繁榮與安全，所以我對於川普總統面對《巴黎氣候變遷協議》的態度，感到非常遺憾。」

兩星期後，戈夫宣布所有的新汽油車與柴油車，將於二〇四〇年起禁售。某些乾淨空氣運動人士當然會批評：「為什麼要等那麼久？」但不應低估這項宣布的重要意義。對於許多長期關注環境政策的人來說，這並不是新消息。畢竟英國要達成二〇四〇年的減碳目標，運輸總不可能到了那時還在使用化石燃料：但對於大多數的英國人民來說，這項宣布確實是新消息，而且「禁售」兩字也是前所未見。電動車突然間再也不是「會不會出現」的問題，而是「什麼時候出現」的問題。空氣品質與柴油的相關報導原本還在慢慢浮出新聞版面，如今成為備受矚目的主流政治目標。在這項宣布後，二〇一八年一月柴油車在英國的銷售量較二〇一七年一月減少百分之二十五；「另類燃料車輛」的成長，則增加了百分之二十三．九。

需要戈夫這樣的政壇領袖登高一呼，才能將乾淨空氣推向英國政治的焦點。但其實英國環境、食品和鄉村事務部，甚至整個英國政府，早已被眾多難堪的司法案件弄得焦頭爛額。英國政府多年來放任國內大城市違反歐盟的二氧化氮濃度法定上限，直到魅力十足的紐約律師兼佛教僧人詹姆斯．索頓，領導當時還沒沒無聞的環境團體 ClientEarth，一狀將英國政府告上法院。

我第一次訪問詹姆斯．索頓，是在二〇一六年代表《金融時報》。他的職業生涯從一九八〇年代初的美國自然資源保護委員會（NRDC）開始，他們控告了短暫停止執行《淨水法》的雷根政府。他在洛杉磯設立美國自然資源保護委員會的辦事處，也在當地學習禪宗，結交了幾位具環保理念的好萊塢A咖，包括「李奧」（李奧納多．狄卡皮歐）。他本來移居英國，是想暫時拋開法律行動主義，傳授冥想（「達賴喇嘛叫我這樣做」），還要跟他的英格蘭丈夫結婚——這在當時的美國是不允許的。但他的法律癮很快就發作。於是他再度研究歐洲法律，在英國成立了等同自然資源保護委員會的 ClientEarth（好萊塢明星好友艾瑪．湯普遜將位於西漢普斯特德的公寓房間借給他，當作第一間辦公室）。「布魯塞爾大概有一萬五千名企業說客，其中很多都請了很昂貴的律師。」他的語氣溫和，卻很直接，想必無論是身為佛教徒抑或在法庭上都適用。「雙方實力差距很懸殊，我們就是想拉近差距……我第一次提出空氣品質訴訟的想法，報紙完全沒有刊登，連各大環境組織也沒有興趣。」歐盟的空氣品質指令（一九九六年）要求會員國在二〇一〇年之前，將二氧化氮的濃度降低至法定的八小時與每月標準。眼看二〇一〇年的期限即將到來，英國政府卻幾乎毫無作為。ClientEarth 第一次要求英國政府提供資訊，英國政府的回應是承認並不打算達成歐盟的目標。於是索頓提告。

他在二〇一一年首次提告，結果是高等法院認定英國政府確實違反歐盟指令。但高等法院並沒有明確指示英國政府該怎麼做，所以英國政府再一次毫無作為；第二件訴訟在二〇一三年登場，上訴法院也支持 ClientEarth，但這一次將責任推給歐洲法院（ＥＣＪ）。「歐盟法律將人類健康放在第一位，重視程度高於包括經濟成本在內的所有其他考量。」索頓在空氣品質訴訟的左右手亞倫・安德魯斯接著說下去：「歐洲法院做出的重大判決，現在是歐洲各地空氣品質法律最重要的判例。呼吸乾淨空氣的權利，如今已獲得歐盟法律保障……會員國都有義務要維護這個權利。而且不是努力遵循就可以了，是一定要遵循。」「最終」勝利在二〇一六年十月降臨，判決指出「部長確有過失」，必須加速推動所有計畫，以遵守歐盟法律。判決也認定二〇一五年的計畫「違法」。那天英國首相梅伊在下議院宣布英國政府不會上訴，並會在最短時間內達成歐盟法律的要求。一個煽動民眾的紐約佛教徒能爭取到這樣的結果，算是很不錯了。索頓在二〇一七年中表示，戈夫領導的環境、食品和鄉村事務部不再「爭論空氣是否需要淨化，之前的政府就爭論過*」。

英國的史上第一個全國乾淨空氣日（NCAD）於二〇一七年六月十五日登場。這個日子並沒有王室週年紀念日等級的街頭派對，但我搭火車前往倫敦的路上，一開始在推特看到的跡象確實很樂觀。包括我在內的很多人同心協力，把 #CleanAirDay 藉由推特傳遍全英國。我看到里茲傳來的圖片，是一輛停放的車子引擎上長出花朵；也看到曼徹斯特的圖片，市長安迪．柏南參觀市區廣場新架設的「肺部資訊圓頂」。

我搭乘火車與地鐵抵達倫敦，走出拱門地鐵站，感覺有點暈頭轉向。我在這一帶住了幾年。汽車與卡車吃力爬上A1公路的畫面，等於是「歡迎光臨拱門」的標語。首都的單車騎士都很熟悉最上方那惡名昭彰的超大圓環，大到簡直就是一個「迴旋」。二〇一三年，此地每月都會發生不只一起嚴重單車意外車禍。不過我這次發現，迴旋已經消失，取而代之的是一個超大的永久行人徒步區，還設有單車道。圓環島原本有一家末世風格、毫無吸引力可言的「黃昏到黎明」酒吧，現在與陸地

*儘管如此，為保險起見，ClientEarth 在二〇一八年二月再次提起訴訟，最後的判決是高等法院必須「有效監督」英國政府往後的空氣汙染計畫。法官表示：「從這起訴訟的歷程可以發現，誠意、努力，以及誠摯的承諾是不夠的……法院似乎應該持續督促，確保政府達成要求。」

重新連結（酒吧也改成稍微多一點點吸引力的「熱帶酒吧」）。零星幾位單車騎士滿懷感恩地使用單車道，彷彿倖存的戰士從戰壕返家，不過只是短暫休息，很快又要投入沒有單車道的海格特山的另一場戰役。

走上一段短短的山路來到惠廷頓醫院，我與伊斯林頓議會約好，要擔任「無空轉」團隊的志工。任務是找到停靠原地、引擎卻未熄火（「空轉」）的汽車與貨車，請車子裡的人把引擎關掉。一群志工集合，準備出發。我拿到一件藍色的反光背心，上面寫著「關掉引擎，空氣乾淨」，我的搭檔是議會乾淨空氣團隊的喬。起初，我有做好遭到駕駛惡言相向的心理準備，但沒想到遇到的對象都很客氣。我們問他們介不介意把引擎關掉，想不想拿一份傳單，得到的回應多半是「喔，好的，抱歉，我會關掉，沒問題。」要不要拿一個宣導遊戲給你們家小朋友玩？「好啊，好的，好喔。」大多數人並不會主動惡意汙染環境，我們只是忘了汙染是怎麼製造出來的。

我做完「無空轉」工作，與維多利亞．豪斯見面。她的職稱很響亮「ZEN經理」，ZEN不是詹姆斯．索頓的那種禪宗，而是「零排放網路」（Zero Emissions Network），是伊斯林頓、哈克尼和哈姆雷特塔三個倫敦自治市的空氣品質合作計畫。她掌管拱門地鐵站的另一側攤位，提供免費單車修理與免費咖啡（免費咖啡的排隊隊伍比較長）。維多利亞告訴我，「零排放網路」有一部分資金來自市長的空氣品質基金，目前正在「協助企業改用排放量較低的永續運輸工具」。「我們希望迴旋拆除、新的單車道落成以後，空氣品質會改善很多。」我跟她道別，前往肖迪奇，看見一個新搭建木板外牆的綠色空間，裡面有長椅、樹木與植物，還有單車道，歡迎行人與單車騎士坐下休息。這個空間其實是路上的占兩個停車位，它收復了被汽車占用的柏油路，還給民眾一片公共空間。蘿拉·派瑞是另一位「零排放網路人員」，和我約在「小公園」見面。「這一帶很快會變成『電動街』，只有零排放車輛才能通行……自治市空氣品質最糟的兩個數據都在這裡。」我問她，對面的小餐廳介不介意失去停車位。「對他們來說，這樣真的很好，因為客人反而能有額外的戶外空間。這附近有很多停車位，並不會影響貨運。反正有了超低排放區和電動街，當地企業也沒辦法再用會製造汙染的車輛了。所以我們要幫助企業改用載貨單車、電動單車或是電動車（EV）。」

我在全國乾淨空氣日的一開始，從倫敦的一頭出發。到了這天的結尾，我來到倫敦另一頭，也就是東南區的格林威治。格林威治中心有一個共享的區域供熱計畫：私人公寓、圖書館、休閒中心和游泳池的供熱，全都來自一個大型天然氣鍋爐，因此二氧化碳與二氧化氮排放量降低很多。下午五點半，丹·托普走進格林威治中心。他白天是當地的小學老師，其餘時間是民選市民代表。看著他進到中心後跟幾位認識的人打招呼，我知道這一天他跟我誰比較累。

格林威治有幾個很明顯的空氣汙染熱點，尤其是位於泰晤士河底、整座城車流量最大的隧道，也就是黑牆隧道；以及位在伍爾維奇跨越泰晤士河的倫敦唯一大型車輛渡船。丹協助擬定格林威治的空氣品質行動計畫，也爭取到經費打造「低排放社區」，往後會帶來兩百萬英鎊的投資基金，用於無車日、電動車補助等計畫。「我二〇〇四年當上市民代表時，其實不是很在意環境議題。」他坦承。「二〇一四年我加入內閣，人們愈來愈意識到空氣品質的問題……我們自治市死於空氣汙染的人數約（每年）六百人；一個人死亡都嫌多！大家開始重視這個議題。」在薩迪克・汗市長的新倫敦，反擊已經開始。

北京的奧運壯舉

二〇一四年春季，中國國家主席習近平走到屋外，在煙霧中拍照。中國人類學者徐莊驊後來形容這重大的一刻：「中國最高領導人願意與北京百姓合影，展現同舟共濟的決心……團結的理由不是市民身分，而是共同暴露在有毒的天氣之下。」北京居民戴著口罩、手拿「#我不要做人肉吸尘（塵）器」標語自拍的照片，大舉登上社群媒體，也逐漸得到回應。習近平的副手李克強後來發表演說，指稱空氣汙染是「大自然對效率低下和盲目發展模式亮起的紅燈」。李克強在中國國營電視臺的現場直播中向「汙染宣戰」，這項宣示澈底翻轉了局面。李克強立刻指示應採取的措施：減少懸浮微粒，同時淘汰舊式發電站與工業工廠。中國將鋼鐵產能減少超過兩千七百萬公噸（相當於義大利的總產量），大砍四千兩百萬公噸的水泥產量，並關閉五萬個小型燃煤爐。李克強承諾要改變「能源使用與生產方式」，並提倡綠色與低碳技術。北京向來依賴燃煤發電，直到最近才有所改變，在二〇一七年關閉僅剩的一家燃煤發電站。

從地鐵建國門站走到北京的公眾環境研究中心，路程不長，卻讓人暈頭轉向。我抵達高樓大廈，沒看見公司或組織的招牌，只有幾個沒標示的門和一部電梯。我打電話確認地點是否正確，按照指示上幾層樓，看見一位會說流利中文的年輕美國人。凱特．羅根是公眾環境研究中心主任，也是北京能源網路董事，她遞給我一杯當地人習慣飲用的、冒著熱氣的熱水。公眾環境研究中心是中國環保人士馬軍在二〇〇六年成立，目的在於提升環境報告的資訊透明度與公共參與，也是中國第一家真正獨立的非營利環境組織。公眾環境研究中心一開始是蒐集公開（但往往含糊不清）的環境資訊，整理成容易查閱的資料庫，也就是中國水汙染地圖；後來擴大成環境違規資料庫，包括空氣品質資訊「藍天地圖」。公眾環境研究中心在中國政府尚未承認空氣汙染時，就公開批評政府，發表類似「大城市愈來愈受到快速擴大且嚴重的空氣汙染影響」的言論，而且早在二〇一一年就批評「中國政府鬆散的環境監督，違規付出的代價卻很輕微」。我很想知道，他們是如何順利經營到現在？

「一開始很多地方都很敏感，」羅根坦言，「公眾環境研究中心一開始做資料庫，刻意只蒐集政府提供、或是政府確認過的資訊，就是為了避免敏感……如果有人懷疑資料的正確性，也可以向資料來源確認，（畢竟）來源就是政府。所以我們有了可信度……你看看中國的環境法規與環境政策的發展過程，會發現有很多觸發事件，深深影響政府的政策回應。」

羅根指出三大觸發事件：二〇〇八年奧運、美國大使館空氣品質數據，以及二〇一三年的「空氣末日」煙霧。三大事件累積下來，習近平不得不在二〇一四年的那天走上陽臺，空氣品質也終於成為中國政治的頭號議題。

二〇〇八年北京奧運開幕前的日子，籠罩在各國擔憂運動員受到煙霧荼毒的陰影之下。北京已經與煙霧齊名。距離奧運開幕只剩下一年，國際奧委會主席札克・羅格只好向參賽各國保證，在煙霧最嚴重的日子，某些項目會移至新場館或擇日舉行。路透社形容為「奧運史上受到最嚴格檢視的準備作業」。中國會竭盡所能，避免在國際舞臺上出醜。中國政府採取的行動，無意間創造了北京未來的藍圖。北京奧運開幕式（日期訂在很吉利的二〇〇八年八月八日）的一個月前，北京東方石油化工、燕山石化、北京首鋼紅冶鋼廠和北京平板玻璃集團公司不是降低產量，就是完全停產。四個大型燃煤發電站開始只使用含硫量低的煤，只運用百分之三十的產能。所有的水泥公司暫時停止生產。以北京為中心，包括天津、河北、山西、山東，以及遠至兩百公里外的內蒙古，工業生產盡皆放緩或停擺。五月至九月，整個中國北部禁止露天田野燃燒；七月一日至九月二十日，所有不符合歐洲四號排放標準的車輛，一律不准進入北京。依據單雙數車牌號碼分流制度，每天只有半數符合標準的車輛能進入北京＊；八月一日至二十日，二氧化硫、PM10、一氧化碳、二氧化氮濃度與

＊第一個使用單雙數分流制度的大城市，是一九八九年的墨西哥市。依據該制度，一天只有車牌號碼尾數是雙數的車輛能進入城市，隔天則輪到車牌號碼尾數是單數的車輛進入城市。這種制度短期成效很好，長期效果就有限，因為墨西哥市發現，中產階級乾脆買兩部車，整體汽車密度，也就是每人擁有的汽車數量反而因此上升。

去年同期相比，分別下降百分之二十七、百分之四十、百分之五十，以及百分之六十一。二〇〇八年八月，是北京十年來最乾淨的一個月（十年前的一九九八年，北京的人口也比二〇〇八年少了約七百萬）。

奧運經驗讓中國當局發現，只要有正確的意志與規範，就能達到怎樣的成就；也一舉證明空氣汙染的排放來源，再無疑慮。

接著，北京的美國大使館開始自行公布 PM2.5 數據。羅根說：「那是一個轉折，後來政策制訂的速度確實比較快。」我在北京期間，不只一次聽見類似的話。瑪麗（她的英語化名字）是一位高學歷的天津商人，曾經是大學講師。她對我說，以前誰也不知道空氣汙染是什麼，她也不知道。「我以為那就是霧，只是顏色不一樣、味道也不一樣。後來美國大使館公布了那個叫 PM2.5 的數據，突然間這東西就有名字了，大家開始上網搜尋『PM2.5』是什麼。轉變真的很大，」她說，「而如今沒有人不知道 PM2.5。」

二〇一二年一月一日，北京在中國環境監測中心的網站上，首度發表官方的試驗性 PM2.5 數據。數據來自中心觀測實驗室的一個觀測站。北京就此成為第一個公布官方 PM2.5 數據的中國城市。中國的觀測站突然如雨後春筍般出現。三月八日，廣東省公布了九個城市六十二個觀測站的觀測數據；到了十月，北京已經將市區範圍內的官方觀測站增加至三十五個。凱特說，看著來中國的空氣品質數據愈來愈透明化，感覺就像看見地圖上率先亮起一個小紅燈，「漸漸開始出現很多很多小燈……首先是北京，接著是四個城市，後來竄升到一百七十、三百八十……現在全中國到處都是。」

羅根表示，二〇一四年，中國政府發表即時工業排放數據，這是來自「中國各地約一萬三千家工廠，首度應政府要求公開揭露的資訊」。「我覺得中國政府漸漸發現，公眾環境研究中心做的事其實是在協助政府監督……政府的心態也有所轉變。汙染問題太嚴重，政府知道必須要有所行動，展現積極回應的誠意。」

北京的汙染有了大規模準確觀測，史上最嚴重的汙染事件——二〇一三年的空氣末日（見第一章），也就根本瞞不住。隨後出現了前新聞記者柴靜的獨立紀錄片《穹頂之下》，凸顯出中國正面臨的嚴重汙染。紀錄片於二〇一五年三月三日發表，中國政府在四天後、也就是三月七日將影片下架前，瀏覽次數據說已高達三億。柴靜的《穹頂之下》形式與高爾的《不願面對的真相》非常類似，是涵納媒體演講及穿插她在中國各地調查的短片。這部紀錄片毫無保留，將汙染明白歸咎於中國倚賴煤、汽車、鋼鐵，又無法執行已然寬鬆的法令。「很多人知道空氣汙染確實存在，」羅根說，「也知道很嚴重，（開始）接觸數據……至於要怎麼保護自己，空氣汙染到底有多嚴重，成因又是什麼，我覺得正是《穹頂之下》率先回答了這些問題……你看看中國後來積極改善環境治理，是因為這不僅威脅到公共衛生，也同時威脅到社會穩定。」

中國政府不但沒有隱匿汙染數據，甚至可說是反向操作。中國的生態環境部設置了五位數號碼的熱線，開放民眾藉由簡訊或微信，檢舉環境違規事件。公眾環境研究中心自己開發的藍天地圖應用程式，如今也成為中國政府的公共通報機制。政府部門收到應用程式傳來通報，必須在七日內回應。「社會大眾得到授權，」羅根說，「中國在環境報告，尤其是即時排放數據的表現，大幅領先許多國家。政府認為應該跟人民有更好的溝通管道，加強互動，因此這些機制開始出籠⋯但如果政府一時應付不了那麼多人，緊張情緒就會如滾雪球擴散開來。所以《穹頂之下》遭到審查＊。緊急警報是中國系統最嚴重的警示等級，於二〇一五年十二月首度發布。眼看汙染嚴重至此，北京等於端出了二〇〇八年奧運的措施：關閉製造汙染的工業設施，車輛分流，汙染警示則是在應用程式與社群媒體（包括微博與微信）、電視頻道和廣播電臺廣為流傳。

詹姆斯・索頓現在與中國司法體系合作，加強環境控制法令，包括法官的培訓。「中國在很多方面領先英國，」他對我說，「中國人已經覺醒，知道應該要消滅汙染，也採取果斷的行動⋯⋯中國在二〇一四年通過法案，人民可以將製造汙染的企業告上中國法院。這可是非常民主的做法⋯⋯政府相當積極推動這套制度，已經關閉了中國各地超過一千個燃煤發電站⋯⋯甚至修正了憲法，宣示要打造他們所謂的『生態文明』。」

＊我從不只一個來源聽來的消息是，中國審查機關事先知道，也允許《穹頂之下》發行，但這項消息不可能證實。審查機關的想法是《穹頂之下》激起的義憤，正好足以推動更嚴格的排放控制與執法，且不會掀起大規模動亂。

我在北京期間，應邀與一位曾出使幾個西方大國的前任中國大使共進午餐。我不能透露他的真名，不過我在訪問前後，都確認過他的身分。他的共產黨高層身分讓我很緊張，緊張到連筷子都拿不好。但人家畢竟是大使，為人當然是謙和討喜。大使對我說，北京發生過嚴重的沙塵暴。過去北京周圍的樹木屢遭砍伐，當作木柴與建材。而樹木作為天然的防風設施（還能抓牢土壤，避免山崩），在歷經數十年砍伐後，河北省已然變成塵暴區。沙塵飄入北京，讓北京居民窒息。一個重新綠化的大型計畫就此展開。習近平每年必定會在三月十二日植樹節拍攝拿鏟子種植樹苗的照片。二〇一七年三月，他向中國國營媒體表示：「我們期望藍天白雲、潔淨的水、新鮮的空氣，這些都是生態建設。人們都應該生活在綠蔭中，這是我們努力的方向。」綠地恢復計畫順利成功，北京再也不受沙塵暴荼毒。二〇一八年，中國政府更進一步，動員超過六萬名軍人，要在年底前種植至少八萬四千平方公里的樹木（三萬兩千四百平方英里，相當於愛爾蘭的面積），其中大多數在北京周圍的河北省。

北京擺脫的另一個禍害是煤。大使想起過去煤是中國人唯一使用的燃料，他記得在一九八〇年代，經常可見單車後面載著煤球——這是用等級最低的重組煤塵做成的。煤球具有雙重用途，可用於烹飪與取暖，家家戶戶都是煤煙的排放源。到了一九九〇年代，又多了燃煤發電站這個排放源，其中很多都位於北京市區。但煤後來遭到淘汰，在家庭與發電站都由天然氣取而代之。大使對我說，現在鑽探煤礦通常只是為了礦囊裡的天然氣，煤則更傾向留在原處。

一位同樣要求匿名的中國科技企業家對我說：「有一件事只有中國做得到：就是在二〇一四年興建一堆新的（燃煤）發電廠，二〇一五年又決定廢棄。花了幾億資金，發電廠營運了三個月，他們說：『好，現在有新法律，燃煤發電廠不能再開了。』於是開始拆。這種事不可能發生在別的地方。你可以說這是可怕的決策，卻也是很好的決策，這是解決問題的唯一辦法……而他們決定要處理問題。這個問題再也不敏感，是我們能改變並感到自豪、可以展現給全世界看的行動。就這樣，北京再也沒有煤。」聽起來好像很誇張，不過他提到的兩座發電廠只是冰山一角。二〇一七年十月，報導指出中國要終止或暫緩一百五十一個尚未開始、或正在進行的燃煤發電廠興建計畫，影響的運轉容量共計九萬五千百萬瓦（相當於德國與日本運轉容量的總和）。在當時，天然氣使用量已經增加了百分之十七，大約取代了四千七百萬公噸的煤*。山西省僅僅在二〇一七年就關閉二十七處煤礦，省會太原也禁止個人或小型企業銷售、運輸或使用煤。這一切都是為了改善空氣品質。

到了二〇一七年一月，中國國營媒體新華社報導，北京代理市長蔡奇宣示取締「露天烤肉、垃圾焚燒、生物質燃燒、（以及）道路粉塵」。總理李克強在該年度全國人民代表大會會議上承諾，

*不過中國大使倒是提醒我，「對於中國的數據不必太激動。」中國每年使用將近四十億公噸的煤，四千七百萬公噸只是滄海一粟。煤依然占二〇一七年中國總能源使用量的百分之六十二。

要讓「藍天重現」。北京計畫在二〇二〇年前，將超過七萬部汽油與柴油計程車汰換成電動計程車，並設置四十三萬五千處充電站。中國政府要求從二〇一八年開始，國內生產每十輛車中，必須有一輛是電動車。政府希望在二〇二〇年前，達成每年生產兩百萬輛電動車目標；並在二〇二五年前，每年生產七百萬輛電動車。也就是說到了二〇二五年，電動車就會占中國車輛總產量的五分之一左右。就目前而言，根據中國汽車工業協會統計，在二〇一七年的第一至第三季，中國大約生產了四十二萬四千臺「新能源車輛」，和二〇一六年同期相比，成長了百分之四十。

中國在對抗汙染的戰爭中，幾乎是無所不用其極。北京（及中國大多數城市）幾乎每一棟建築物，從住宅大樓到總統府都採用區域供熱。超大鍋爐每年在同一天開始燃燒，每天在固定時間內向住家與辦公室供熱。這個系統很有效率，很多西方城市都想效法。北京的鍋爐過去是燃煤，現在則一律使用天然氣。但儘管如此，天然氣鍋爐還是會製造氮氧化物，而北京當局希望進一步降低氮氧化物的排放量。在北京，我應美國 ClearSign 公司邀請，參觀改裝區域鍋爐，以大幅降低氮氧化物排放量的試驗計畫。每個鍋爐都有一部公車那麼大，僅僅在北京，就有約三千五百個鍋爐。鍋爐就是一根管子，一端有很大的火焰，將圍繞管子的眾多水管予以加熱，製造出熱水或蒸汽。標準的鍋爐火焰很大，會一閃一閃的，在高溫會製造汙染物。ClearSign 的改裝計畫是在鍋爐管子一半高度的地方，貼上充滿小洞的磁磚；火焰燒到磁磚，磁磚擴散熱度的效果更佳，等於能將一個大火焰，化作幾百個小火焰。

ClearSign派駐在中國的員工曼尼・曼南德茲來到中心商業區的旅館接我。司機載我們前往住宅區的路上，曼尼跟我在後座聊了很久。我很快就發現，世上沒幾個像他這樣的人。大多數人都還不知道能在中國做生意的時候，他就已經在中國做起了生意，還結交當時中國的改革派領導人鄧小平。車子在灰色的北京市熱力集團大樓的金屬大門前停下，附近有幾棟大型住宅大樓，這一帶安靜得出奇。曼尼信心滿滿走向沒有標示的門，把門推開，室內仍可感受初冬的寒意，我們因此沒脫下外套與圍巾。一名警衛熱情歡迎曼尼與他的口譯。我們接著進入鍋爐室，看見四個大型管狀鍋爐並列，每一個都有小型巴士那麼大。其中三個周圍環繞著紅色的大型金屬煙道氣循環管，這是目前業界降低氮氧化物排放量的標準做法，將煙囪或「煙道」的部分氣體循環，回流到火焰，火焰溫度降低，含氧量也會降低，氮氧化物的排放量就會減少。第四個鍋爐內部加裝了ClearSign公司的磁磚，與其他三個相比較為裸露。我們站得離巨大的天然氣火焰如此近，整個空間卻毫無暖意，所有的熱氣都進入水管。

我們離開，到附近的工人餐館喝辣椒湯聊天。牆上架設的電視大聲播放著功夫電影。「那棟大樓只有四個（鍋爐），」曼尼說，「在北京市熱力集團內部，他們直接擁有、直接控制的有一千五百個。他們跟其他人合資經營或合夥經營的……有兩千個……所以我們剛才看到的是二十九MW（百萬瓦）的鍋爐。不過我在另一個地方看到的一百一十六MW的鍋爐，比我們剛才看到的大多了……他們的庫存也有很多（比較小的）十四MW鍋爐……我們已經看過那些了。他們有七十五臺可以銷售，我們會一臺一臺檢查。」他告訴我，中國的氮氧化物法定排放上限一年比一年低。「在幾年前，城市的排放上限大約在六十至七十 ppm 的範圍，現在已經調降到三十至三十五 ppm。現在的區域供熱上限是十五 ppm。他們從歐美的公司進口的新燃燒器，需要額外的設備、煙道氣循環（FGR），有些地方需要煙道氣循環再加上選擇性觸媒還原，還有效率與維護的問題……要使用尿素與氨之類的化合物。營運所需資金愈來愈多……我們不需要這些，就能達到五 ppm 或是更少。我們在美國做埃克森美孚的案子，他們的氮氧化物排放量是二．八 ppm，這是史無前例的。」我們回到車上，曼尼跟我說起他以前跟德國足球明星碧根鮑華一起踢足球的那段歲月。

德里的自欺欺人

在大多數城市尚未察覺到自身的空氣汙染之前，德里就幾乎戰勝空氣汙染。二〇〇三年，德里因「近來空氣品質有所改善」，榮獲美國能源部頒發「國際乾淨城市獎」。印度最高法院要求所有的商用客車，包括公車、計程車和三輪「人力車」，在二〇〇一至〇二年汰換汽油與柴油引擎，改用較乾淨的燃料，也就是壓縮天然氣（CNG）。到了二〇〇二年末，汰換的速度很快，幾近完成階段，估計約有一萬五千臺公車、五萬五千臺三輪車和兩萬臺計程車完成汰換。根據能源與資源研究所統計，柴油公車在二〇〇二年每公里排放的懸浮微粒公克數，是壓縮天然氣公車的五十四倍，二氧化氮排放量則是二．五倍（不過壓縮天然氣的一氧化碳排放量，是柴油車的兩倍）；改用壓縮天然氣之後，德里的微粒濃度比一九九六年降低了約百分之二十四。賈瓦哈拉爾尼赫魯大學的研究發現，多環芳香烴的排放量明顯減少。一九九八年開始興建的德里地鐵系統，第一條線也在二〇〇二年通車，到了二〇〇六年，三條地下電車線已經遍布大半個德里。德里曾經短暫擁有世界上最乾淨的公共運輸系統。德里解決空氣品質問題，贏得國際美譽，又怎麼會在僅僅十年後，就淪為全世界汙染最嚴重的大城市？

位於德里的中央道路研究院，是名符其實的官僚體系宮殿，一棟巨大的獨立紅白相間建築物延伸數百公尺，我在裡面與眾多王公的其中一位見面，是環境科學部門的高級首席科學家尼拉．夏瑪博士。他為人熱心親切，聲音很宏亮，臉上總是掛著微笑。我們聊了將近兩小時，期間不斷有下屬遞來文件請他簽字，他又吩咐一名下屬拿來咖啡與印度馬鈴薯咖哩角。時間還不到早上十點，我才吃過一大頓印度熱食早餐，但他堅持招待。我邊吃邊聽他說，有時喝口咖啡稍微停下拿咖哩角的手，他都會擔心到特地中斷發言，對我說聲「請繼續用」，並朝杯盤示意。

他笑著說：「其他亞洲國家多半缺乏民主，我們則是民主過剩。」他對我說，印度最高法院在二〇〇一年要求全面改用壓縮天然氣，當時「引發很多示威抗議」。「抗議民眾要是進入最高法院方圓一百公尺內，警方就能全權鎮壓」。根據他估計，「約十萬輛自動三輪車改用壓縮天然氣……從二〇〇二到〇六、〇七年，一切都很順利。後來我們開始引進歐洲一號、二號、三號、四號，什麼都引進，不過接下來的事你大概會很驚訝。你覺得德里有多少登記的車輛？有概念嗎？大約一千萬輛……比孟買、加爾各答、清奈和海得拉巴的車輛加起來還多。這四個城市的車輛加起來，還不及德里多。至於人口……太辣了嗎？」他停下來，一臉擔憂看著跟第一個巨無霸馬鈴薯咖哩角搏鬥的我。我搖搖頭，極力嚼得津津有味的樣子。他看見我在嚼，就放心了，繼續說道：「德里的車輛以每年約百分之十的速度增加，每天都會新增三百五十臺左右。我們已經大幅減少每一臺車的汙染量，但（車輛）數量愈來愈多，每一臺車的里程數也愈來愈多，等於抵銷了減少的汙染量。無論我們從壓縮天然氣、從車輛技術、從改善燃料品質得到多少效益……都抵不過車輛數量一再增加，每一臺車的里程數也一直增加。」我無法面對第二個馬鈴薯咖哩角，又唯恐冒犯他。我抵達下一場會面，筆電包裡裝著第二個咖哩角，夏瑪博士的一位屬下用A4印表紙仔細包好，給我當午餐。

德里就像先前的倫敦與北京，正處於再一次領悟空氣品質危機的關頭。但社會上很多人還是寧願繼續沉睡。喬緹．潘德．拉瓦克爾是經濟學家，也是空氣品質運動人士。她在美國生活過一陣子，在道瓊工業指數工作，二〇一〇年代中期回到故鄉，驚覺空氣汙染惡化的程度。「我（在德里）的朋友都說，妳完全變成美國人了，醒醒吧，妳很好，我們都很好。我開始問自己，我是不是反應過度，（空氣品質）是不是沒那麼差？我決定要多研究一點……結果竟然發現比我想像得還要差。我開始跟其他媽媽說起這件事。」於是他們一起組織運動團體，從 #MyRightToBreathe（我的呼吸權）的主題標籤出發，開始前往各地學校演講。「我們會說明空氣汙染，還會開放問答……我們發覺群眾有很多迷思：有人覺得身為印度人不必擔心這些；覺得『我的肺夠強，我是印度人，我無所謂』……這都是迷思，有愈來愈多研究顯示，印度人因為生活環境汙染較嚴重，肺容量低於平均值……我覺得我們彷彿才剛開始覺醒，感覺像是前進兩步，倒退一步。」

前進的步伐包括《德里時報》二〇一七年十一月十一日頭版上德里十二位最受敬重的資深醫師。他們站在煙霧籠罩的國會前，個個身穿白袍，戴著聽診器，拍攝一張令人印象深刻的照片。照片標題正是他們的宣言：「誰都不該生活在這個城市。」下方的說明文字是：「十二位醫師一致認為：這是緊急事件」。媽媽團體的另一位成員舒布哈妮．塔瓦告訴我照片的由來。「我們一而再、再而三打電話，（十二位醫師）說我們的熱情太有號召力了，他們決定加入，沒辦法拒絕。」不過她一直到拍攝當天，才知道誰會出現。「一位來了、另一位也來了……德里最好的醫師全都支持我們。我們不想跟政治沾上邊，這純粹是醫學問題。（你屬於）哪一個政黨不重要，大家一起來解決問題，因為媽媽跟醫師告訴你，你做的事情不可行。」

我在德里的旅館主人凡達娜對我說，二〇一七年似乎是空氣汙染真正進入政治論述的第一年（但她也承認，她大概從四年前就不再看新聞，因為「太令人沮喪了」）。她說，排燈節的鞭炮銷售是個轉折。兩、三年前，就有一場學校運動呼籲停止放鞭炮慶祝，減少煙害汙染。然而排燈節的慶祝活動在當天達到最高潮，接連兩、三個禮拜滿滿的鞭炮煙火，製造出難以忍受的嚴重汙染。有照顧流浪狗習慣的凡達娜，當時眼看街頭的流浪狗一隻隻死掉，且街道的能見度下降到趨近零。到了今年，她發現鞭炮少很多，政府終於開始禁售鞭炮。

但也有倒退的步伐。人們一致認為秋季焚燒農作物殘株，是九月至十二月的煙霧元凶。不過政治人物批評農民可是會失分的。二〇一七年十月，首席部長阿馬林達·辛格上尉宣布，旁遮普邦政府不會處罰違反殘株焚燒禁令的農民。那一季記錄在案的六千六百七十件殘株焚燒案當中，據說百分之八十發生在他的宣示之後。一位匿名的環境官員向《印度斯坦時報》吐苦水：「政治再一次推翻我們對抗殘株焚燒的努力……農民現在每晚都在焚燒稻草。」

德里的空氣除了殘株燃燒的臭味之外，還有一絲不肯面對現實的氣息。有部長或部會勇於邁開前進的步伐，例如道路部長宣示要讓印度在二〇三〇年前成為「百分百電動（車）國家」，就有部長跟部會扯後腿。印度地球科學部在二〇一四年二月一日發布新聞稿，宣稱「德里在過去四年來，PM2.5 濃度並未出現規律的增加或減少的趨勢」，然而大量證據呈現相反的事實。例如令人驚訝的，在同一個月，也就是二〇一四年二月，國家首都轄區的環境汙染（防治）局報告中指出：「二〇〇二至〇七年，（由於改用壓縮天然氣）年平均 PM10 濃度大約下降百分之十六。但隨後的快速機動化導致微粒濃度……急遽上升百分之七十五。二〇〇二至一二年，車輛總數增加幅度高達百分之九十七，占汙染負荷相當大的比例；此外，二〇〇二至一一年，氮氧化物濃度也上升百分之三十，代表德里正面臨多重汙染物夾擊的危機。」儘管有如此明確的細節，印度地球科學部仍將嚴重汙染事件歸咎於「整體天氣異常」，以及風向突然改變，絕口不提每逢排燈節、殘株燃燒季，甚至交通尖峰時刻，天氣似乎都會異常。

儘管有證據可排除「只是天氣異常」這類說法，很多人依然這麼想。我聽過太多次，所以稱之為「德里的自欺欺人」。我在印度理工學院訪問穆可希．凱爾教授，他給我看了柴油卡車與殘株燃燒的汙染事實與數據，也跟我說他認為「擁有第二部車的罰則應該要很重」，但他**還是**說：「那是氣象的煙霧，不是光化學煙霧，不是製造出來的煙霧……德里會有這種煙霧，是氣象的緣故。混合層高度較低、溫度較低、風速平緩，誰也沒辦法控制氣象。」中央道路研究院的尼拉．夏瑪博士觀測車輛排放長達二十五年，也忍不住說：「我真的認為空氣汙染主要是氣象造成，與風速、風向和降雨量有關，這些都會控制空氣汙染……在我看來，印度一定會有粉塵，因為風從巴基斯坦還有阿拉伯的方向吹過來，帶有很多微粒。微粒過來這裡，就會停留在大氣中……會進入德里。我覺得印度的粉塵是自然現象。」

數據呈現的事實很明確，德里的日間 PM2.5 濃度高峰（包括跨境的「自然粉塵」），正好出現在早晚的交通尖峰時間——車子可不是從巴基斯坦與阿拉伯的方向吹過來的。德里貧民區的發電站製造的煤煙，也不能怪罪在近鄰身上：二〇一四年，印度百分之七十五的電力來自燃煤；相較之下，擁有豐富水力發電資源的巴基斯坦，燃煤發電僅占百分之〇．一五。印度理工學院發表長達兩百八十九頁的德里空氣汙染源大型研究報告，發現從二〇一三年十一月至二〇一四年六月，

PM2.5 排放量平均有百分之二十五來自車輛廢氣排放；在某些地點則超過百分之三十五；其餘則是來自道路粉塵（百分之三十八）、家戶燃料燃燒（百分之十二），以及本地工業，包括發電（百分之十一）。印度理工學院的報告指出，氮氧化物排放源甚至更集中在當地，其中百分之五十二的排放量來自當地工業與發電、百分之三十六來自車輛排放。車輛排放「發生在地面，因此可能是最重要的排放」。德里的二氧化硫排放量幾乎完全來自德里的燃煤發電站，以及大約九千家使用燃煤的唐杜里的旅館與餐廳。唐杜里是一種傳統泥爐，使用木炭或煤作為燃料，類似西方的燒烤。至於最多人認為禍害德里的外部問題，也就是「農業土壤塵埃」，報告則指出其所排放的 PM2.5「微乎其微」。

我決定趁我待在印度的時間，拜訪墨西哥大使館，墨西哥駐印度大使梅爾芭・匹雅自從二〇一五年就任，始終積極為德里的乾淨空氣發聲。她一就任就造成轟動，拒絕大使配車，寧願使用壓縮天然氣三輪車。她屢次強調車輛汙染的問題，以致她擔任大使的光環，與身為乾淨空氣運動人士的名氣同樣引人注目。不過她再三強調，她並不想做一個在開發中國家作威作福的西方有錢人，而是想代表一個面積跟印度同樣廣大的開發中國家，分享解決嚴重空氣汙染問題的方法。大使館坐落在大多為住宅、設有柵門的富人社區，我的 Ola 司機（Uber 在印度的競爭對手）無法進入，於是我趁這機會步行幾條街。這裡的街道跟德里大多數街道不一樣，車流量較少，可以輕鬆散步。街上只有傭人跟勞工，他們負責興建、清理、守衛社區，到了晚上就回到通常是位於德里邊緣的家。富人的住宅隱藏在高高的電動柵門後方，興建中的住宅則從路邊一堆堆無遮蓋的水泥中，散發有毒粉塵的薄霧。

匹雅大使是個令人印象深刻的人物，穿著飄逸的亞麻布長袍，花白的長髮四散開來。「我之所以倡導乾淨空氣，是因為我有親身經歷。」她談起在墨西哥市成長的歲月。「我們國家也經歷過幾個時期的汙染，一九九二年……我們是全世界汙染最嚴重的城市，現在的德里可能也是……（對於汙染）我時常發聲，說了**非常多**。我的人氣很高，因為我使用自動三輪車。你覺得德里政府有任何一個人曾聯繫我嗎？（墨西哥）很多解決方案放在這裡會管用……但德里政府沒有一個人打過電話給我。」

我把我聽過的一些「德里自欺欺人」言論告訴匹雅大使，她懊惱得搖頭。「照理說我不應該批評這裡的人……可是曾經有人對我說『這是因果報應』，不是的、不是的，汙染不是因果報應，是我們製造出來的，是不好的政策、不好的做法累積出來的……德里的人均用電量是全印度最高……百分之八十的電力來自燃煤。德里的中心區就有燃煤發電站。」德里市區內的兩個燃煤發電廠分別是 Indraprastha 與 Badarpur，其中 Badarpur 由科學與環境中心（CSE）點名為全印度汙染最嚴重的發電廠；還有排燈節，「在排燈節，德里的每一個（官方空氣汙染）觀測站都顯示九百九十九（微克／立方公尺）。」匹雅大使說。「六十個觀測站全是這個數字，連續兩年都一樣。我們不知道確切的數字到底是一千兩百四十二還是一千三百九十五，因為已經達到九百九十九的（三位數）上限……如果是因為天氣，為什麼是出現在排燈節的後一天？前一天卻沒這樣？排燈節前一個禮拜怎麼也不會這樣？這一年倒是有天氣的因素，確實有來自東方的沙塵暴，冷空氣又把沙塵往下壓……但大家沒有意識到，我們必須改變生活方式。」

煙霧的另一個來源是柴油卡車，很多都是燃燒最劣質的低等級農業柴油。印度北部的主要公路會穿過德里，也就是說很多前往別處的卡車會經過德里。儘管這些卡車在早上五點至晚上十點的日光時間不得行經德里，但這項禁令達成的效果，就是每到夜間就有幾長排的卡車經過德里。凱爾教授研究這些卡車的影響，對我說這項禁令會導致 PM2.5 的濃度在夜間進一步惡化。他說：「卡車是德里夜間汙染的一大來源。」他也說有一個「政策缺口」，「對德里的空氣無益」（這也不是氣象問題）。

德里的印度裔英國傳記作者拉納．達斯葛塔在德里生活了十七年，我前往拜訪時，卻發現他正在打包，準備移居美國。他在二〇一四年出版的著作《首都：二十一世紀德里寫照》，直白描寫身陷危機的德里。他這本著作並沒有談到空氣汙染，但他坦言，要是現在寫書，空氣汙染一定是主題。「我覺得那是只有菁英才會擔憂的事，」他說，「菁英很憤怒，沒有人為他們控制空氣汙染。我覺得對於德里大多數較貧窮的人來說，他們已經習慣承受自己所無法控制的強大力量。」即使在菁英圈子，如果能把空氣汙染怪罪在別人頭上，最好能歸咎於其他國家，聊起這個話題會更輕鬆。

「在經濟繁榮的那些年，比方說一九九〇年代末，到二〇〇六至〇七年左右，」達斯葛塔說，「年輕人開始到企業工作，收入是他們父執輩在職業生涯末期的五到十倍。年輕人擁有好車，買車子給父母，還鼓勵父母把消費當成一種潮流……批評這一套的人會變成全民公敵……誰都不想聽見這個財富創造引擎有道德疑慮，會對所有人造成傷害。我覺得現在多少還是這樣。有些人生活在完全私有化的世界，開著完全密閉的車子，住在完全密閉的房屋……所以空氣（因而）變糟，人們也不想談論這個話題。」

二〇一七年三月，印度環境部長安尼爾・馬達哈夫・戴夫對印度國會說，「國內並沒有明確數據證實，疾病與空氣汙染有直接關聯」，而且健康問題之所以出現，多半是因為「個人的飲食習慣、職業習慣、社經地位、醫療史、免疫力、遺傳等因素。」這種昧於現實的心態，絕對不是印度的專利。這就像戒除一種癮，關鍵在於能否承認自己有問題。倫敦、洛杉磯、巴黎、墨西哥市，以及北京起初都不願承認空氣汙染問題，後來才終於面對，所以德里並不孤單。但不面對現實的階段如果維持太久，可是非常危險的。德里的空氣汙染，可能即將打破人類史上大城市汙染的紀錄。《刺胳針》委員會表示：「正在經歷工業化的國家中快速成長的城市，正受到汙染的嚴重影響」，因為這些城市「以史無前例的規模，將人群、能源消耗、建築活動、產業和交通集中起來。」也許德里最符合這種寫照，德里一開始推廣壓縮天然氣很成功，但還是擋不住市民熱愛私有車勝於一切的心。

「很多人直接走了，」達斯葛塔說，「我認識很多人，有能力在別的城市、別的國家生活，尤其是還有孩子要照顧的人，都認為除了出走，別無選擇。」如今他也加入出走潮。「你可以把很多東西隔絕在外，但隔絕不了空氣。」為了強調這點，他問他在旁邊玩的女兒，汙染對她的學校生活有哪些影響。「我們有紅色的日子、黃色的日子，還有綠色的日子，」她對我說，「紅色的日子不能到外面去；黃色的日子可以出去，像今天就是黃色的日子，但不能跑來跑去；綠色的日子可以跑來跑去。」我問她，紅色的日子多常出現？「冬天常常有。」我後來發現，學校可以自行決定是否實施類似的警示與限制，而大多數學校並沒有這樣做。

時間會證明德里究竟是往前一步，倒退兩步；還是相反。印度決心追求乾淨的能源供給。莫迪政府宣示要在二〇二二年前裝設一百七十五GW（十億瓦）的再生能源（其中一百GW來自太陽能），超過巴西的總發電量，並要在二〇三〇年前，讓百分之四十的累積電力來自再生能源。位於德里貧民區的燃煤發電站，就像從前倫敦的燃煤發電站，絕對是來日無多。印度能源部長在二〇一七年八月震驚全球，宣布要在二〇三〇年前完成印度車輛的全面電動化，並表示從二〇三〇年起，「再也不會有汽油車與柴油車在印度售出」，預定的實現日期整整比英國早了十年。印度運輸部長尼汀．加德卡里在一場汽車業會議上強硬表態：「無論你們喜不喜歡，我都要做。」

在BLK超級專科醫院，帕拉克醫師表示：「公共意識是有的，但只有這個季節，也就是十一月才有。在這個時候，每個新聞頻道都在談空氣汙染……等到情況稍微好轉，媒體就忘了這件事。」我說，人們真正需要意識到的是即使在德里的「乾淨空氣」季節，以國際標準來看仍然相當不佳？「是的，你說得對，但人們沒有這種意識。空氣品質進入紅色警戒，每個人都在問怎麼回事，但誰也不會有所作為。空氣汙染就算很嚴重，但還沒到全民警戒的地步，誰也不會在乎。」

加州的豁免權

洛杉磯在二戰期間首度遭遇煙霧，過了二十年之後，也就是一九六〇年代，煙霧已成尋常景象。一九六七年，加州空氣資源委員會（CARB）成立，是專門負責監控空氣品質、管理車輛排放，以及對抗車輛排放所製造空氣汙染的州政府機關。三年後，美國依據《空氣淨化法》（一九七〇年）設立隸屬聯邦政府的國家環境保護署，在全國執行類似的任務。那麼已經開始經營的加州空氣資源委員會該怎麼辦？美國其他州等於不能設立自己的排放標準，只能隨國家環境保護署的音樂起舞，但聯邦政府決定給予加州「豁免條款」。加州空氣資源委員會可以繼續做自己的工作，但排放規定必須與國家環境保護署的國家標準同樣嚴格，甚至更嚴格。這有兩大影響：第一，加州與洛杉磯因地理位置，必須迎戰最嚴重的空氣品質問題，因此加州的規定向來比國家環境保護署嚴格很多；第二，加州的GDP（國內生產毛額）是全美各州最高，所以美國其他州，甚至可說世上其他地方*，都隨著加州的音樂起舞。一九七七年的《空氣淨化法》修正案新增了「附加」條款，允許其他州採用加州標準，而非國家環境保護署的標準，結果很多州選擇加州標準。

一九九二年《紐約時報》的一篇報導標題是「加州的乾淨空氣彩衣吹笛人」，將加州空氣資源委員會形容為「全國影響力最大的主管機關」，權力超越國家環境保護署。「這個國家但凡有排氣管、煙囪或是排氣孔的東西，最後可能都必須遵守加州空氣資源委員會率先制訂的規則。」我們能有觸媒轉化器**、含硫量低的汽油、PM2.5標準，還有福斯汽車醜聞爆發、電動車的出現，全都要感謝加州的法令。加州幾乎是每走一步，就會推出嚴格的車輛排放標準，甚至更嚴格的時限目標。最大膽、也是影響最深遠的目標，為一九九〇年的零排放車輛（ＺＥＶ）計畫，世界各地要等到約二十年後，才聽說零排放車輛這回事。零排放車輛計畫的目標是在一九九八年之前，零排放車輛必須占加州待售車輛的百分之二；到了二〇〇一年，占比必須提高至百分之五；二〇〇三年之前則要

* 如果加州是一個國家，就會是世界第六大經濟體；法國則是第七大，等到這本書在英國脫歐後出版，加州大概已經超越英國，成為世界第五大經濟體。

** 觸媒轉化器的發展史，是主管機關強迫汽車製造商生產更乾淨的產品，而不是汽車製造商壓迫主管機關的另一個例子。觸媒轉化器最初用於煉油廠，汽車製造商要到數十年後，才考慮在車輛安裝觸媒轉化器。一九七〇年的《空氣淨化法》要求汽車製造商安裝觸媒轉化器，通用汽車、克萊斯勒和福特大肆遊說，反對這項要求。福特的執行副總裁在一九七〇年九月表示，這項要求會「妨礙汽車的持續生產」、「對美國經濟造成無法修復的影響」。一九七〇年提出的一氧化碳與氮氧化物標準，也在這些車商的遊說下整整推遲十一年，直到一九八一年才實施。

到達百分之十，而零排放技術在當時尚未於商業上普及。截至二〇一六年一月，大約十九萬兩千臺新的零排放車輛與過渡型零排放車輛（TZEV，又稱插電式混合動力車輛）已在加州售出，銷售量在當時領先全球市場。洛杉磯如今的車輛總數為一九七〇年代中期的兩倍，臭氧濃度卻僅僅是一九七〇年代中期的百分之四十。

詹姆斯．索頓創辦位於洛杉磯的美國自然資源保護委員會，他說：「英國及歐洲其他國家的空氣汙染規範，跟加州比起來是小兒科，說小兒科還算**好聽**了。」他表示，零排放車輛計畫造就了全球電動車產業。「（在那之前）完全沒有電動車。有了這計畫之後，大家開始思考如何製造電動車……我（一九九〇年代）在加州空氣資源委員會服務，那時委員會就鎖定乾洗業等產業。乾洗會排放大量的化學物質，這些化學物質會形成煙霧與臭氧。委員會要求這些產業改變作業方式……有些店家使用的汽車噴漆含有揮發性很強的化合物，委員會要求這些店家改進……產業從來不會自動自發，所以加州的空氣汙染規範是全世界最好的典範，告訴大家如何以聰明、完善的方式訂定標準，管理空氣汙染。」

人為揮發性有機化合物（VOC）是洛杉磯的一大問題，加州洛杉磯大學的寶森教授對我說：「我們沒有很多樹木，照理說揮發性有機化合物應該很少，但我們自己卻製造揮發性有機化合物，實在很諷刺。」她又說：「揮發性有機化合物會轉化成次級有機氣溶膠微粒，在洛杉磯造成很大問題……因為這裡的陽光很燦爛，有很多很多光化學，風量又少。這些全部加在一起，就創造出洛杉磯傳奇的次級煙霧。總而言之，我們在洛杉磯用盡所有辦法，改良很多消費產品。燒烤點火器用的液體燃料也經過改良，不會製造太多揮發性有機化合物。我們只允許使用非常少量的油性漆，油漆的揮發性有機化合物含量必須很低……我們也開發蒸汽回收加油槍，給大家（在加油站）加油使用。你們在英國有沒有這種加油槍？」我印象中沒有那種加油槍，所以我回她應該沒有。「我們把輸送汽油或柴油的管子接上這種加油槍，這個系統會在你加油的同時，吸光油箱裡所有的蒸汽，蒸汽就不會進入空氣。」她又補上一句總結：「排放很多氮氧化物與揮發性有機化合物的事物，很難在這裡生存。」

但加州的腳步仍未停下。加州宣示要在二〇二三年之前，達成八小時臭氧濃度不超過八十 ppb 的目標，也獲得聯邦政府核准。為了達成目標，氮氧化物必須比二〇一七年的水準減少百分之七十。既然加州百分之七十的氮氧化物來自車輛，要達成這目標顯然只有一個辦法：淘汰所有的汽油車與柴油車。

「目標是在二〇二三年，達成《空氣淨化法》的健康標準。」瑪莉．尼可斯說。「主要是要引進乾淨得多的車輛。」這是不是代表，加州要從乾淨燃料的時代，邁向零化石燃料與零排放的時代？「是的，正確，就是這樣。我們追求零排放、零化石燃料，不僅僅為了消滅煙霧，也是為了減少溫室氣體排放，這兩個目標都指向同一方向。」

在南加州，南岸空氣品質管理局的山姆．阿特伍說：「任何事物都會經歷變遷。我們南岸空氣品質管理局面臨的最大挑戰，大致是要在很短的時間內完成……我們要將（大約）一千七百萬人全部轉為零排放。從車輛到企業再到貨運，全部都要零排放。大家說：『好，那我們用五十年的時間去完成好不好，三十年怎麼樣？』不對，我們第一個臭氧目標要在二〇二三年達成。」山姆說，為了達到目標，「我們提供獎勵，只要購買電池電動車就能享有七千五百美元的折扣，在全加州實施……最划算的是減少柴油卡車和其他柴油設備的氮氧化物排放量。」另一個獎勵汰換越野機械的計畫，也就是一年六千九百萬至一億四千一百萬美元的「卡爾莫耶計畫」，已經淘汰了超過六萬一千臺高排放車輛，包括農業機械、建築卡車，甚至火車。計畫經費完全來自車輛的「煙霧檢查」費用。每一臺車子每隔兩年、或是轉售前，都必須完成「煙霧檢查」，類似英國的運輸部檢查（MOT）。

二〇一八年，加州州長傑瑞．布朗宣布要在八年間投資二十五億美元，在二〇二五年前新增二十五萬個電動車充電站，以及兩百個氫燃料補給站。截至二〇一五年一月，美國路上的零排放車輛當中，百分之四十由加州人駕駛；二〇一六年，超過兩百萬臺新客車在加州登記，數量超越法國與西班牙。大型車商承擔不起忽視加州市場的後果，而依據加州規範改良的車款也能銷往其他市場，創造更多獲利。到了二〇一七年，電動車的銷售線圖終於呈現上升走勢。電池電動車的銷量比去年成長了百分之三十．四；僅僅是雪佛蘭伏特，銷售量就成長了一萬三千四百八十七臺。

我問瑪莉．尼可斯，加州能否率先將規範的範圍擴大，從 PM2.5 擴大到奈米粒子與微粒數量，她的答案也沒讓我失望。「這段時間，我們把重點從懸浮微粒（的總質量）轉移到直徑小於二．五的，而且……我們在一九九七年轉換到 PM2.5 標準時，就已經研究過超細微粒……從那時候開始，陸續有研究顯示超細微粒造成的危害最嚴重。」那麼我們需不需要超細微粒的新規範與新限制標準？「我們應該不會拋棄 PM2.5，就好像我們沒有拋棄總質量。我們可能會增加 PM1.0 或更小微粒的監測。也許……可以直接實施（超細）微粒的排放控制策略，不必花費幾年時間，發展新的周遭空氣品質監測標準……我們逐漸從社會層面來看空氣汙染，著重在受影響的總人數……差別在於我們不是像現在這樣有一群大型監測站，監測個別的汙染物，而是著重在個別暴露量上，監管的重心也許會隨之改變，比以前接近源頭多了。」

加州的「個別暴露」方法的關鍵，是「環境正義」的概念。數十年來，各國與國際研究都發現，空氣汙染對貧窮社會的影響是不成比例的大。關聯很直接，車流量大的公路、機場，以及工業煙囪旁的住宅，通常比樹林與公園旁的住宅更便宜。近年來，在空氣汙染公共意識較高、空氣汙染資訊較充足的城市，甚至有人認為社區的空氣品質數據漸漸直接影響房價。在美國，空氣品質數據也引發種族差異。二〇〇六年的一項研究發現，將少數民族接觸的二氧化氮濃度，降低到白人接觸的程度，可降低缺血性心臟病死亡率；每年大約減少七千名死亡人數。研究指出，效益等同三百萬名成人戒菸。這也代表鎖定汙染濃度最高的區域，會比要求整個城市、甚至整個國家實施整體 PM2.5 或二氧化氮目標，達到更高的整體健康效益，還能幫助社會最弱勢的成員。「有些地區大致符合聯邦政府的標準，但還是有零星的地方汙染，甚至遠遠高於可接受的程度。」瑪莉說。「所以（環境正義的）目的不僅是要符合標準，還要提升公共衛生。專家們正著手研究如何為所有人達到最好的結果，而這也是目前人們心態上開始出現的變化。」舉例來說，現在新的校區必須與市區公路相隔至少一百五十公尺。

《環境研究通訊》期刊在二〇一七年刊登的一篇關於南加州的論文，指出針對社會的減排措施，例如低排放區（LEZ）及卡車路線重畫，「能減少環境不正義，同時達成許多空氣品質管理目標。」論文也提出，少數民族的柴油引擎 PM2.5 平均暴露量比白人高出百分之三十八；[1]這就是瑪莉不肯從 PM2.5 規範標準，轉換到奈米粒子標準的原因。因為依據環境正義與暴露程度（或微粒數量）採取的社會干預措施，可能也是降低整體 PM2.5 濃度的最佳方式。加州洛杉磯大學的蘇珊・寶森也說：「只要降低 PM2.5 濃度，一切就會好轉，這一點沒什麼爭議。PM2.5 作為一種標準其實沒有問題……車輛的排放控制是以 PM2.5、氮氧化物、一氧化碳為主，但控制這些汙染物，無意間也造成超細微粒排放量明顯下降。」

環境正義運動同時解決了另一個我所拜訪、或研究過的每一個城市中，都會有的問題：窮人為什麼要繳更多的稅，讓富人買又新又好的電動車？我問瑪莉這個問題。「一般來說，生活在空氣汙染最嚴重地區的人，最支持對抗空氣汙染的措施。」她說。「第一，如果我開著電動車或零排放車，經過一個貧窮社區；或者我是司機，開著卡車經過這些社區，我都在影響他們的健康。不只是購車族的健康受影響，周遭的人都會暴露在車子的汙染下……生活在汙染最嚴重社區的人說，這樣是不對的，你要解決汙染、解決我們的健康問題……解決方法的最明顯例子是溫室氣體減量措施。我們把總量管制與排放交易計畫的獲利設下法律規定，州政府拍賣額度所獲得的資金中，有三分之一必須交給空氣品質最差的社區。」

「總量管制與排放交易」計畫由加州議會通過，史瓦辛格州長於二〇〇六年簽署。加州的溫室氣體總排放量約有百分之八十五，來自僅僅四百五十家企業。從二〇一三年開始，這些企業必須遵守汙染物排放上限，從平均排放量的百分之九十開始，從二〇一五至二〇二〇年，逐年減少百分之三。排放量要是超出上限，企業就必須購買「額度」。這跟簡單的罰款制度不同，差別在於額度可以交易，長期而言價格會上漲，受規範的企業數量也會增加。每季的額度拍賣，能讓州政府賺進大筆財富，還能減少排放量。一年約九億美元的收入用於各種空氣潔淨行動，例如興建公園、植樹、協助低收入家庭提升能源效率、電動車補助，以及設置電動車充電站與高速鐵路。而且正如瑪莉所言，州政府的總量管制與排放交易計畫總收入的四分之一，會用於照顧低收入弱勢族群的環境正義計畫。

但加州政府並沒有權力管理境內所有的排放。州際與國際的運輸，包括道路運輸、火車、船運和空運並不隸屬州政府管轄。而且川普政府的美國國家環境保護署，正走在與加州完全相反的道路上。

二〇一六年二月，當時奧克拉荷馬州檢察長史考特．普魯特在全國政壇還是沒沒無名的角色。他只在做他最喜歡做的事：代表他石油與天然氣業的好友，在法庭上對抗美國國家環境保護署。他從二〇一〇年就任以來，已經控告國家環境保護署不下十四次，每一次都是要求放寬排放法令。他早期的訴訟案件是逼迫國家環境保護署放寬「汞暨有毒空氣汙染物標準」，提高發電廠的汞、砷及其他有毒汙染物的排放上限。國家環境保護署設置這項標準，能防止最多一萬一千起過早死亡及十三萬起氣喘病發作。根據《紐約時報》調查，在這些案件當中，十三起案件牽涉的公司與同業公會，全都是普魯特的政治獻金金主。二〇一六年十二月，新當選的川普政府任命史考特．普魯特出任國家環境保護署署長——黃鼠狼成了雞籠管理員。負責執行《空氣淨化法》的聯邦政府部門預算刪減了百分之三十一，組織編制也縮減百分之二十一。受影響的業務包括國家環境保護署的聯邦車輛與燃料標準暨認證計畫，以及全國與地方的空氣品質計畫補助。

史考特．普魯特的宣誓就職典禮已經過了一年，我問瑪莉，國家環境保護署的變化，是否也影響了加州空氣資源委員會？「這個嘛，」她嘆息著說，「所有的環境法令都在走回頭路，不然就是原地踏步，空氣法令當然也不例外。」我問加州的《空氣淨化法》豁免權，能不能保護她的管轄區加州的汽車排放規定？「豁免並不是全面的，不是說『你們加州高興怎樣就怎樣』，每一個個案、每一條法令都不一樣。」就以往來看，加州申請過幾百項豁免，國家環境保護署只否決過一次，是在布希政府執政期間，而且時效還很短暫。我寫這本書的時候，加州尚未向川普時代的國家環境保護署申請過豁免。「我們一定要努力，也要假設政府會守法。」瑪莉說。「只要我們能證明更嚴格的排放規定確實有必要，而且有（其他）的技術能達成更嚴格的要求，那我們就有資格得到豁免。」詹姆斯．索頓回憶，在雷根執政時代也發生過類似情況，當時雷根總統要求安妮．葛薩奇「讓國家環境保護署屈服」，最後並未成功。普魯特能否成功，「還是未知數。你不能廢除法律，即使有現在的國會助陣，也不可能廢除《空氣淨化法》或《淨水法》。」關於普魯特能否成功，答案在二〇一八年七月揭曉：他成為川普政府因醜聞下臺的高級官員人軍的新成員，不過他的繼任者，仍延續他的方向——安德魯．惠勒曾是煤礦公司 Murray Energy 的說客。

如今很多希望都寄託在加州身上。在川普執政之後，加州州長傑瑞．布朗更逐步加強環境工作。瑪莉．尼可斯也證實，布朗州長打算追隨英國的腳步，禁止汽油車與柴油車。他已經將加州的總量管制與排放交易計畫延長至二〇三〇年，而加州必須在二〇三〇年達到百分之五十的再生能源目標。布朗州長也宣布要在二〇四五年之前，達到百分百的再生能源目標，並呼籲全美在二〇五〇年前全面使用再生能源。根據《空氣淨化法》，每一個州仍可自行選擇依循加州的嚴格車輛排放標準。目前有十四個州依循加州標準，包括賓夕法尼亞州、康乃狄克州、北卡羅萊納州和紐約市，這些州又稱「加州空氣資源委員會州」。這表示一億三千五百萬人，也就是美國百分之四十以上的人口目前是依循加州的規則。如果國家環境保護署繼續委靡不振，也許會有更多支持民主黨的州加入加州陣營。加州的「乾淨空氣彩衣吹笛人」角色，可說是前所未有的重要。

巴黎：無車旅程

我站在巴士底廣場中央，再過九分鐘就是「無車日」。現在是早上十點五十一分，無車令將在早上十一點正式開始。這天是十月下著細雨的陰寒星期天，沒想到附近還有這麼多車子奔馳。它們大概來不及在無車令開始前離開中央區了吧？我看了看錶，只剩下八分鐘。我站在這裡，一是等著看巴黎平常最繁忙的大道，到了早上十一點會是怎樣的光景；二是跟巴黎地區空氣品質監測組織團隊的空氣汙染分析師夏綠蒂見面。她要跟一位同事騎單車過來，我相信應該很容易就看見他們。

巴黎在二〇一五年迎來第一個無車日，除了公共運輸與緊急車輛照常行駛之外，其餘車輛一律不准上路。巴黎的某些地區，二氧化氮濃度因此驟降百分之四十。無車日大成功，巴黎市長安娜．伊達戈在推特上寫道：「我們考慮更常舉辦無車日……甚至可以一個月舉辦一次。」包括香榭麗舍大道在內，巴黎中區的幾條街隨後也宣示，將每個月的第一個星期日訂為無車日。無車日也持續一年一度登場，但企圖更大。最初的兩年只在市中心實施，我親身體驗的二〇一七年無車日，則已經擴及整個巴黎市區。主管交通的副市長克里斯多夫．納多夫斯基對《巴黎人報》表示：「這個構想……是要告訴人們，即使沒有車，也能在巴黎生活……讓所有人看見一個更安靜、汙染更少的巴黎。」我可不能錯過這麼美好的事。

早上十一點十分，路上還有車子，我看見幾位身穿無車日黃色反光背心的官員，攔下兩部貨車勸導。我其實不必擔心看不見夏綠蒂，因為她也穿著反光衣，騎單車現身，後面還拉著一臺大型拖車。那拖車有一間行動咖啡館那麼大，蓋著藍色防水布，貼上巴黎地區空氣品質監測組織的標誌，以及超大的巴黎汙染地圖。夏綠蒂掀起防水布，讓我看裡面裝載的大量工具，是用來監測二氧化氮與PM2.5濃度，最上方還伸出一條管子，吸入空氣。她打算拉拖車繞行巴黎中區一整天，蒐集數據，分析無車日與平常非無車日的汙染差距。她告訴我，這個汙染行動車（這個詞是我說的，不是她說的）以前也用於研究單車專用道的效益，結果發現在單車專用道上騎單車所接觸的汙染量，比在有車流的道路上騎單車，減少達百分之三十。

夏綠蒂騎單車離開後，我打算租一臺Velib，那是巴黎的單車租借系統，在二〇〇七年推出時，是歐洲第一個單車租借系統。我打算租一臺單車，去見見那些歡天喜地收復街道的單車騎士與行人。在最後一些車子匆匆離去之前，我拿出鐳豆，發現讀數是個位數。不過像這種颳著大風、飄毛毛雨的日子，本來空氣就會比較好。我還以為這一天的Velib會很少，沒想到巴士底廣場的車架擺滿了空車。我從來沒租過，傻傻看著機器上的說明。Velib不如我在其他城市使用的單車租借系統好用。我拿到一張票，上面有很多數字，還有個人的四位數號碼，每一臺單車也有號碼。我完全不知道應該輸入哪個號碼，也不知道輸入的順序，試了兩次都失敗，才發現一群攝影記者聚集在我身邊拍照。想也知道這只是讓我更難堪。我感到慌亂，胡亂輸入號碼，努力模仿法國人生氣聳肩的模樣，一邊思考如何保留最後一絲尊嚴脫身。一位Velib騎士朝我騎過來，下了車。我抬起頭，想懇求她指點我對付這臺該死的機器，但還來不及求助，那群攝影記者就把我推開，圍繞著她。原來她就是安娜・伊達戈，巴黎市長，前來巴士底廣場拍攝照片，宣示無車日正式開始。她是個道道地地的巴黎人，騎單車、戴著單車安全帽也照樣優雅。我還沒說出比「怎麼用這臺該死的 Velib 機器」更好的問題（其實這個問題並不壞），媒體、保全和電視臺工作人員已經將她團團圍住。公關經理瞪著我看，匆匆把她拉走。

我回到 Velib 機器，依然一頭霧水。我請教旁邊的人，這次不是市長，而是一名普通人。他端出道地的法式聳肩，說了句「這樣就好啦！」，我滿懷感激拿了車架上的單車，開始騎乘，急著想看看一個沒有車子的大城市會是什麼模樣。

我很快就發現，與其說是「無車日」，不如說是「少車日」比較實在。公車、計程車和 Uber 等載客私家車，仍然在街上穿梭，數量可能比平常還多。畢竟是這天巴黎唯一的四輪交通工具，可以收取更高的費用。我還以為會看見興高采烈的單車騎士與行人收復街道，會看見很多人挽著手走在柏油路上*，結果行人多半還是走在人行道上。在巴黎騎單車雖不如平常危險，也還是得像平常

*我在哥倫比亞波哥大也有類似經歷。每逢星期日，會封閉約一百公里的道路，包括通往市中心的主要道路「第七大道」。每個星期天早上，路上充滿單車騎士、行人和溜冰的人，觸目所及沒有一臺車子。從開普敦到渥太華，很多城市也仿效此構想。但不是每條路都會實施，還是有些道路充滿了車子。巴黎的偉大構想，是所有道路全面實施，僅限一天。

那樣閃避卡車與汽車。我的 Velib 初體驗就跟開頭一樣「順利」。我租借的第一臺單車輪胎破了一個洞，只得趕緊歸還。不過漸漸地，我看見了我原本希望看見的歡慶收復街道的場面：一家人並肩騎著單車，行駛在平常不敢走的道路上；環保人士騎著改裝成「硬紙板汽車」的單車出現，凸顯汽車無謂占用的空間；最引人注目的是一群人，最多有一百人，騎著迴轉儀（gyroscope）。這是我第一次看見迴轉儀，外觀很像電動單輪腳踏車，只是沒有坐墊，似乎代表一種反文化，大人、小孩多半裝扮成玩家，很多人戴著特製的安全帽。其中一人快速前進，雙手捲著香菸，眼睛幾乎不看前方。他們展現出一種「去你的」態度。我完全認同，反汽車運動就是需要這種憤怒的「去你的」態度，而巴黎向來不缺這種態度。

我騎著 Velib，抵達史達林格勒戰役廣場，準備在這裡吃午餐，也希望能看見長長的隊伍。我聽說遊行會在這裡結束，然後眾人一起舉行「無廢料野餐」。我比隊伍早到，發現慶祝活動已經開始，大舞臺也架起了，先是饒舌歌手，再來是民歌手登場（我後來才知道他們是 HK 與 Mali Karma）。接下來是無車日的工作人員被硬拽上舞臺，跳了一堆尷尬的舞步，又唱了幾首環境抗議歌曲。隊伍抵達現場，裡面有尋常的單車騎士、幾部「硬紙板汽車」，還有約五公尺高的硬紙板燈塔，負責操作的男子裝扮成船長，抽著菸斗，隨著音樂的節奏敲打貝殼。我始終不明白燈塔代表的意義。我也參與無廢料午餐（是燉鷹嘴豆，味道跟盛裝餐點的硬紙板餐具差不多），發現我也感染了歡慶的氣氛，由此可見這天是多麼重要的一步：人們能收復被汽車占領的街道，就能收復被交通排放汙染的空氣。

我打電話給瑪瑞拉．艾瑞佩，巴黎無車日的市民團體工作人員之一。我跟她約好在這裡見面。現場的音樂太大聲，我們幾乎聽不見彼此說話。我不曉得她是不是穿綠色T恤、臉上塗紅色油彩、在舞臺上跳舞的那群工作人員，可惜她不是。我們聊著，她告訴我無車日的由來。巴黎無車日的構想並不是來自市政府，而是一群市民。「我常在巴黎騎單車，真的覺得很困擾，不只是空氣汙染，還有噪音汙染，汽車又占去了公共空間。」她對我說。「我們幾個人在我們主辦的節慶見面（混凝土烏托邦節），想像、或應該說夢想在巴黎辦一場真正的、全面的無車日。坦白說，一開始我根本不覺得會成真……市長過了一陣子才回覆，我們倒是跟副市長（克里斯多夫．納多夫斯基）聯繫上，他完全支持。市長本來要在二〇一五年一月七日宣布實施無車日，結果沒有，因為《查理週刊》遭受恐怖攻擊。我們又寫信給市長，表示就算發生恐怖攻擊，我們也不應該放棄這個構想，現在是我們最需要這種活動的時候……我們希望無車日能提供一個機會，人們換一種方式，看見這個城市，意識到汽車占用了多少公共空間，又製造多少汙染。」我問，那個硬紙板燈塔是怎麼回事？「我也不太清楚……反正就是邀請大家一起來遊行，高興開什麼引擎都可以，但是不能有馬達！」

我在這天的尾聲，走在塞納河右岸。這一帶原本是巴黎交通最繁忙、汙染最嚴重的道路，直到前一年才有所不同。安娜．伊達戈市長在前一年決定，無限期封閉這些道路，僅僅開放行人與單車騎士使用。慶祝在這裡繼續進行，這次永遠不會結束。兒童在攀岩牆和木頭障礙訓練場玩耍；本來是卡車狂吐煙氣的地方，如今立著一盆盆的樹木。毛毛雨終究演變成滂沱大雨，右岸的歡樂氣氛仍然濃厚。這裡沒有人需要「去你的」態度，因為車子永遠進不來，沒有一臺車例外。日日都是「無車日」。而且說真的，感覺真好。空氣感覺很乾淨。巴黎地區空氣品質監測組織研究過先前塞納河左岸局部設置的行人徒步區，發現那一段塞納河的二氧化氮濃度，降低了百分之二十五；其餘的二氧化氮，來自位於上方幾公尺、車輛仍可通行的道路。但即使是上方道路，二氧化氮濃度也比先前降低百分之一至五，因為再也沒有下方的二氧化氮流入，拉高這裡的二氧化氮濃度。

泰勒．諾頓是生活在巴黎的加拿大人，他在空氣監測新創公司 Plume 工作。他告訴我，沿著右岸完全封閉的那段路再往下走，兩個車道已縮小成一個車道，而且「那邊現在有兩條單車道。簡直就是『都給我閃開，只開放單車通行』，真是太神奇了。我每天早上上班，壓力下降了大概有百分之二十吧……到了週末，在左岸的第十五區，以前都要把單車用鐵鍊拴在街上的路標，現在有全新的單車停放區。道路也重新鋪過，還設置了單車專用道。整個巴黎都有新的單車基礎建設。」巴黎打算將單車道的數量增加一倍，從二〇一五年的七百公里，在二〇二〇年之前增加到一千四百公里，要在所有可行地點設置單車專用道。

Velib 問世後，單車騎乘的成長進入全盛時期，巴黎市希望電動車也能依循同樣的模式。巴黎市共享電動汽車 Autolib 於二〇一一年推出，設有類似 Velib 的停靠站，超過四千部電動汽車，以及六千個專屬充電站與停靠站，遍布全巴黎最醒目的地點。會員可以短期租用電動車，與 Velib 單車的模式完全相同。根據研究，每一臺 Autolib，平均可取代三臺私有汽車的需求。到了二〇一六年，每年的新會員突破十萬人大關。最大的賣點之一，是旅程的起點與終點都保證有停車位。在巴黎，停車就像一種接觸運動，所以許多灰色 Autolib 車滿是碰撞與擦傷的痕跡。Autolib 絕對不是重虛名而無實益的綠色計畫，而是長期有人使用的車子，帶有經常接觸後的疤痕。

二〇一八年七月，巴黎市政府與承包 Autolib 的私營企業 Bolloré Group 因預算不足起了衝突，最終導致 Autolib 業務全面終止。然而這個概念已經證實有效，都市人非常愛用共享電動車，於是 Autolib 很快有了競爭對手。二〇一六年六月，一千六百臺「Cityscoot」電動摩托車大軍出現在巴黎街道。Cityscoot 與 Autolib 不同，可以停放在中央區任何地方，只要用應用程式的地圖找到離自己最近的一臺，即可騎乘。不過不需要駕照就能租借，這點倒是有點可怕。使用過的摩托車也無需充電。「我去年測試過這個系統的軟硬體。」諾頓興匆匆說著。「車子放在哪裡都行，你只要上車就好。他們有一群人開著平板拖車四處巡視，把需要充電的車子載走。我從來不擔心借不到車子。*」

巴黎將於二〇二五年全面禁止柴油車。但在二〇一七年，巴黎將近半數車輛仍是柴油車，這個目標似乎無法實現。不過作為開路先鋒的 Autolib 計畫，還有後來的類似計畫，也讓我們得以一窺

*「無停靠站」單車廣受歡迎，也威脅到 Velib 的地位。藉由 Ofo、Mobike 等無停靠站單車租借服務，租借單車超簡單、超容易，問題是隨處棄置單車也變得超簡單、超容易。

未來的樣貌。市政府擬定了循序漸進的明確計畫，逐步淘汰柴油。到了二〇一七年一月，最老舊、汙染最嚴重的柴油車一律不得在日間行駛在巴黎的街道上。巴黎所有的汽車、摩托車和卡車，必須貼上一種以顏色與號碼分級的圓形標章，叫做Crit'Air。分級的依據是車齡與排放量，從Crit'Air一號（電動車與氫動力車）一直到Crit'Air六號（車齡較大，多半為柴油車）。從二〇一六年七月開始，一九九七年以前登記的車輛，也就是Crit'Air六號，不得在週一至週五的早上八點至晚上八點進入巴黎市區。鼓勵車主淘汰這類車輛的獎勵措施包括Autolib折扣、一年免費搭乘公共運輸、企業補助、免費Velib會員資格，甚至還有四百歐元的單車購買補助金。從二〇一七年七月一日開始，禁令擴大到Crit'Air五號的車輛，即二〇〇一年以前登記的柴油車。以此類推，每年七月都會推出更嚴格的禁令，直到二〇二〇年以前達到零柴油車輛的目標。Crit'Air計畫也可取代在嚴重煙霧事件高峰期、巴黎及許多城市實施的緊急單雙數車牌號碼分流制度。巴黎市政府無須不分汙染程度，一律強制規定半數車輛不准上路，而是實施類似「在煙霧散去前，僅限Crit'Air一號與二號標章的車輛進入巴黎市區」的規定。

無車日的隔天，巴黎回歸車流滿滿的日常。在巴黎地區空氣品質監測組織辦公室，我問艾蜜莉．弗利茲，他們可曾研究過Crit'Air的影響？她聽不懂我說的，就問：「什麼？」我又說了一次。她說：「喔，Crit'Air。」她糾正了我恐怖的法語口音。她拿著滑鼠點了點，尋找一些電腦檔案。她對我說，二〇一六年實施的第一批限制，影響了「車輛總數約百分之二」。而減少車輛總數的百分之二，同時也降低了空氣汙染：「減少百分之五的二氧化氮、百分之三的PM10和百分之四的PM2.5。二〇一七年七月的第二階段，Crit'Air五號只減少了百分之三的車輛總數……少了這百分之三的車輛，約可減少百分之十五的氮氧化物、百分之十一的PM2.5。這應該是，」她說得相當保守，「還不錯的措施。」

不過歐洲以前就有減少排放的計畫，也就是歐洲一號至六號的車輛規定。從福斯汽車醜聞的餘波即可看出，實務上從來沒有車輛符合這些標準。政治人物又來來去去。巴黎如同其他城市，為汽車遊說的勢力十分強大，屢屢呼籲撤銷單車道及封閉道路的規定。根據最新的巴黎地區空氣品質監測組織報告，超過一百四十萬名巴黎人，仍然暴露在高於法定上限的二氧化氮濃度之下，「影響最嚴重的……是生活在巴黎市中心及主要道路附近的巴黎市民的健康」。巴黎也許比世界上任何一個地方，更能讓我深深感受到人類兩種懸而未決的未來：得以一窺零排放的樣貌，卻依然深陷化石燃料排放的泥沼之中。

全球覺醒

我們全世界面對的是同一個敵人。歐盟已經立下目標，要在二〇五〇年將運輸部門的排放量減少百分之九十五。要達到目標，就代表歐洲城市街道上幾乎每一部汽車、貨車、公車和卡車，都必須在二〇五〇年前達到零排放。目前唯一的零排放車輛是電池電動車與氫動力車。考量到路上車輛的平均壽命是十五年，因此在二〇三五年之後，必須禁售汽油車與柴油車。幾個城市率先朝此方向努力，奧斯陸計畫在二〇二〇年前讓公共運輸全面使用再生能源；阿姆斯特丹也打算在二〇二五年前完成此目標。二〇一七年十月，倫敦、巴黎、洛杉磯、哥本哈根、巴塞隆納、基多、溫哥華、墨西哥市、米蘭、西雅圖、奧克蘭，以及開普敦的市長，宣示他們的城市將於二〇二五年開始，只採購零排放公車，大多數市區也會在二〇三〇年前達到零排放；印度也打算在二〇三〇年前禁用汽油車與柴油車。

ClientEarth 在德國非常活躍，詹姆斯．索頓對我說：「我最近算過，我們在德國打過十件空氣品質訴訟，全部勝訴……汽車業中心斯圖加特，還有慕尼黑的法院……都說會頒布禁用柴油的法院命令……司法體系的行為在改變，因為他們了解眼前是一場公共衛生緊急事件。」即使在波蘭，歐洲的煤首都，位於克拉科夫的 Smogathon 創辦人梅西亞．李斯也說：「波蘭政府採取了很認真的行動……從二〇一八年初，禁止販賣那些舊技術製造出來的家用煙囪與暖爐，不能販賣、也不能裝設……我覺得我們整個制度，尤其在煤的使用上，會出現很大的變革。連（煤礦）礦工都說，他們知道這行業會沒落，連他們都說煤沒有未來。」

我們不斷提升引擎技術與燃燒效率，發展已經到了極限。歐洲六號是一系列標準的極限，實際測試也發現車商根本做不到。二〇一七年十月，就在我第二個女兒在牛津郡的ＮＨＳ醫院出生前不久，牛津市議會宣布要在牛津市中心實施全球第一個「零排放區」，同時將逐步禁止汽油車與柴油車在市中心通行。首先會在二〇二〇年在少數街道實施，並在二〇三五年前逐步擴大至整個市中心。牛津市議員約翰·坦納說，現在需要的是「階段變化」：「所有在牛津駕駛或使用汽油車與柴油車的人，都在增加牛津的有毒空氣。」一切都指向同一個方向：為了能源與運輸而燃燒的時代結束，以及電動化的崛起。

第八章
電動的夢想

米爾頓凱恩斯這座新城市，以前算是英國的笑柄，或許現在也是。一九七〇年代，這座現代城市依據美式網格系統建成，看在英國人眼裡，始終不覺得有英國情調（英國的道路應該是狹窄的、無法通行的）。新城市的外觀和氛圍都像是大型商業園區，帶領英國人認識舉國上下一致厭惡、卻全國各地爭相興建的圓環。《每日電訊報》的克里斯多福・布克在一九七四年七月造訪此地，多半因為反感到極點，還大罵此地「是完全沒有個性的惡夢，連僅僅四十年前寫下《美麗新世界》的阿道斯・赫胥黎，看了都會嚇到。」以上種種都是我雖然在距離米爾頓凱恩斯不到五十公里的地方居住多年，卻始終未曾造訪的原因。單調的灰色混凝土建築沒能帶給布克足夠的感官刺激，事實上，他可能並沒有意識了到首席規畫師理查・萊維林戴維斯試圖傳達的嬉皮理念。萊維林戴維斯的構想在於，建築之間擁有足夠的間距。「未來充滿未知。」他在一九七〇年對《倫敦新聞畫報》說。「做這一類的規畫，光是猜測沒有用。設計一座城市，一定要選擇一個盡量自由、不帶束縛的結構。老兄，不要把大家綑綁起來。」好啦，「老兄」是我自己加的，其他倒是他的原話。

在萊維林戴維斯看來，城市的骨架，也就是基礎建設，比個別的建築物更重要。巴黎的龐畢度中心與米爾頓凱恩斯同一時期落成，為兩位傑出的年輕建築師倫佐．皮亞諾與理查．羅傑斯的作品，兩座建築盡可能對外展露內部架構，並讓美感賦予實用性。米爾頓凱恩斯與龐畢度中心類似，市鎮規畫也秉持相同的設計理念。由一群議會與當地企業領袖組成的CMK聯盟表示：「基礎建設的目的，是充當城市永遠的骨骼、肌肉、動脈和神經系統，賦予城市生命。」米爾頓凱恩斯也是有史以來第一個，嬰兒車與輪椅能暢行無阻的市中心，「提供『無障礙』環境，停車場與慢行道的人行道，以及地下道和路緣的高度相同……在這裡，公共領域是最大的成就，它提供一個架構，市中心建築物與活動可以在此架構中隨時增減。」綿延的地面步道，連結周圍的莊園。貨車擁有獨立隔間，與主要道路有一段距離。行人與單車騎士有兩百三十公里的專用道，叫 Redways，與車流分離（那時「專用道」一詞都還沒發明）。Redways 多半低於路面，串連一群淺淺的地下道，往下避開車流量大的十字路口。

主要計畫包含開闊的大道與大片植樹，也有益於接觸乾淨空氣。老城市的道路較窄，兩側佇立高聳的建築物。米爾頓凱恩斯的街道設計則不同，能避免「街谷效應」——建築物較低矮，間隔遠比老城市寬廣，因此不會讓汙染困住城市出不去。打從一開始，米爾頓凱恩斯的設計理念就是綠色城市，要種植超過兩千萬棵樹木與灌木，也要開闢十五處湖泊，以及十八公里長的運河與河濱；超過百分之四十的市區是綠地，也難怪當地居民非常喜歡這座城市。米爾頓凱恩斯是英國成長最快的城市之一，二〇〇四至一三年就成長了百分之十六，人口超過二十五萬；預計人口將於二〇五〇年之前翻倍成長。當地居民目前相當依賴汽車，開車上班的比例高於全國平均值（百分之六十一．八）；汽車持有率也高於平均值（百分之八十三）。但這個城市推廣電動車與電動運輸所做的努力，超過我為了寫這本書曾造訪的城市——包括擁有 Autolib 計畫的巴黎。米爾頓凱恩斯擁有許多英國第一，是英國第一個在公共大街試辦自主式自動駕駛車輛的城市、第一個在公共購物中心開設電動車展示場的城市、第一個裝設超過兩百個路邊電動車充電站的城市、第一個在市區設置超過五十個快速充電站的城市，也是第一個提供電動公車無線充電的城市。

我走在米爾頓凱恩斯，看見的電動車與電動車充電站（還有正在電動車充電站充電的電動車），比我在任何一個地方看見的更多。購物中心的電動車展示場位於藥妝店 Boots 及 F. Hinds Jewellers 珠寶店中間，展示著三款電動車與插電式混合動力車。我到這裡，是要與米爾頓凱恩斯電動化的推手，也就是本地議會運輸創新主管布萊恩．馬修斯見面。我們進入會議室，牆上的照片呈現著電動車的演進史。一九七〇年代的早期車款，看起來像帶有輪子的黃色三角形門擋；這是因應一九七〇年代燃料危機，一九七四年在佛羅里達州生產的 CitiCar，最高行程只有六十五公里——這在佛羅里達州可走不了多遠。米爾頓凱恩斯在電動車還沒上路前，就已經設置了兩百個電動車充電站，所以我的第一個問題是「為什麼？」，「因為有愈來愈多的證據，」布萊恩說道，「日產汽車推出了電動車（Nissan Leaf，英國第一款大量生產的電動車，於桑德蘭打造）……所以我們必須有所準備，要超前部署。不過我們也有兩萬五千個停車位，即使規畫兩百個電動車專用停車位，也是九牛一毛。」他說，現在「我們立下了（電動運輸）融入現代城市的典範。」

我們離開電動車展示場。布萊恩帶我遊覽米爾頓凱恩斯，先是步行，接著再搭乘他的插電式混合動力車。我們經過一處停車場，告示寫著「優惠費率一小時兩英鎊，電動車免費」。布萊恩的車子插上公共電動車停車場的充電器。他在充電站刷卡，機器辨識出他是車主，伸出充電電纜，準備充電，也顯示布萊恩車子電池的剩餘電量。布萊恩坐回前座，避開外頭的強風，對我說道：「我通勤的距離將近五十公里，在這裡充電一次就足夠跑完整趟路。上班時間再充一次電，等到回程時用。」我們開車離去，他指著我們路過的一個快速充電站說：「這個充電站能在二十分鐘充到百分之八十的電力。我用的那個，充我的電池需要兩小時。」他的充電會員卡是Chargemaster的，使用的是再生能源。

「我們去看看電動公車計畫。」我們離開中央商業區，朝著以商業區為中心、向四面八方擴散開來的大量住宅區死路前進。他對我說：「我們有全電動公車，路線長度達二十四公里，穿越市區，也是我們最長的路線之一。」這臺電動公車跟其他的電動車不一樣，一整天都不需要停下來充電。「我們等一下就會看到運作原理，在路線終點會抵達往返轉折點，並在充電裝置停留……喔，有一臺過來了，就是這種公車！」他在路邊停車，我們連忙下車，看著停下來的公車。那是一臺單層公車（「七號，經史坦頓站」），看起來就像任何一個英國城市的普通公車，不同之處在於駕駛座上方的電池組，像一頂小帽。我們看見一塊金屬板從公車下方往下降，落在鑲入柏油路的金屬板上方。「公車在利用機會充電，五至七分鐘後電池充滿，就能再次啟程。」布萊恩現場報導。「公車一個晚上會充滿電，會以滿滿的電量出發，沿途就像這樣，在起點與終點補充足夠的電量，就能行駛一整天，完全不需要離開路線，到別的地方充電。在一般路線，到了往返區間會更換駕駛，因此這條路線不會比一般的公車路線慢。」要怎麼充電？「就像電動牙刷充電那樣，用的技術都一樣，只是體積比較大而已。」他說。「不會有外部充電風險，你把手放在上面都沒關係。我們用心律調節器、用很多東西證明過，（安全）沒問題。」公車營運多久了？「已經三年多了。」

很多城市還在為了打造全電動公車而大傷腦筋，沒想到一臺尋常的現役電動公車已經營運了三年，而且竟然是在米爾頓凱恩斯！布萊恩告訴我，這條路線雖然毫無變化，乘客人數還是年年增加百分之三。駕駛也喜歡更平穩、更安靜的電動公車。計畫的下一個階段，是將米爾頓凱恩斯的所有公車電動化。布萊恩說：「小城市負擔不起鐵路或電車，而且現在也不需要。電動公車符合這裡的需求。」我問他，電動車往後能不能也使用相同的無線充電板技術？「我們正在研究……我們一開始從計程車的角度思考，如果能提升功率比，充電板也可以安排在公車道，就算在圓環等候時也能充電。電動車有一項優勢。我們回頭看看內燃機（汽油與柴油）車輛，不知道下一個加油站在哪裡的焦慮，才是真正的『最大行程焦慮』。因此若能廣設電動車充電站，電動車就不再有後顧之憂。」

這項計畫在全球各地衍生出不同的版本。中國濟南於二〇一七年聖誕節，啟用世界上第一條總長一公里的太陽能高速公路。以透明水泥鋪設在光電板上，提供街燈所需的電力，理論上也能讓行駛其上的車子充電；同一年，史丹福大學讓這個理論更貼近現實一步。史丹福大學團隊領先全球，發明以無線的方式，即可向移動的物體輸送電力*。這項技術再加上中國的太陽能路面，等同迎來無最大行程限制的道路運輸時代。不過回到現實，即使是快速充電站，仍然需要二十分鐘才能「充飽」電動車。我們靜靜開著車，布萊恩說道：「也許我們需要調整腳步，讓自己適應二十分鐘的充電時間。不過二十分鐘也不見得是壞事，說不定可以緩解長時間駕駛的疲憊。但技術發展的速度很快，二十分鐘（快速）充電，很快會變成十分鐘、五分鐘。」

與內燃機（ICE）車輛相比，電動車在空氣品質的優勢相當明顯：電動車不會排放廢氣。零排放；沒有氮氧化物，沒有黑碳，沒有燃燒產生的奈米粒子。確實有道路粒子再懸浮所形成的PM2.5，但只要內燃機車輛在路上絕跡，這些懸浮粒子很快就不再含有黑碳，或燃燒產生的粒子。一旦煞車的使用率大幅降低，連金屬排放量也會大幅減少。只要把踩住加速器的腳抬起，車子馬上

* 史丹福大學的團隊雖然有所突破，但坦白說只能無線傳輸一毫瓦的電力，要充飽一臺四十kWh（千瓦）的Nissan Leaf，理論上需要五千九百九十三年。感謝我的工程師親戚伊旺．瓊斯幫我計算！

就減速。電動車的標準煞車系統也有再生作用，能捕捉並再利用煞車所產生的能量。倫敦國王學院的比弗斯博士，以模型研究倫敦全面改用電動車的情況。他對我說，倫敦若是全面改用電動車，二氧化氮排放量會完全消失，交通排放的 PM2.5，也會減少百分之五十。目前尚未進行奈米粒子的模型研究，但我們知道奈米粒子的形成過程，也知道奈米粒子存在於排放源附近，所以我大膽斷言，奈米粒子也會消失；也就是說路邊的總粒子數量，會遠低於百分之五十。即使在最差的情況，電動車的電源百分百來自燃煤發電站，只要發電站遠離人類居住地，市區接觸到的燃燒粒子仍會大幅減少。不過就現實面而言，最差的情況不會發生，甚至可說已經不存在了。煤正在快速遭到淘汰。在歐盟地區，風能、太陽能，以及生質能的發電量，在二〇一七年首度超越燃煤發電。

關於電動車與內燃機車輛的總排放量差異，各項研究的結論不一，但所有研究都認為，電動車優於內燃機車輛。例如美國的科學研究機構「憂思科學家聯盟」（ＵＣＳ）長達兩年的研究，發現「即使考量製造過程中……較高的排放量，電動車的全球暖化排放量，仍比同等的汽油車少了百分之五十以上。」你的電動車經過六至十六個月的駕駛，愈來愈比內燃機車輛乾淨。內燃機車輛的能量效率是百分之三十，大多數消耗在加熱；相較之下，電動車電池的能量效率通常高達百分之八十。電動車的製造也比內燃機車輛簡單多了，所需的零件少很多，所以大量生產速度更快、更直接，使用期的維護需求也更少。就醫療成本而言，牛津大學與巴斯大學的聯合研究發現，柴油車排放所造成的健康危害，是汽油車廢氣的五倍，也是電動車揚起的粉塵的二十倍（換句話說，所有車輛都會引起道路粉塵再懸浮，但只有內燃機車輛會排放有毒的燃燒粒子與氮氧化物）。

以電動車取代汽油車與柴油車，是實現乾淨空氣城市藍圖的一部分。我造訪米爾頓凱恩斯，內心充滿了樂觀期待，卻也夾雜著些許失望。這些都是經過證實的現有技術，又擺明了足以提升乾淨空氣，那為什麼電動化尚未在全球各地普及？

九月的一個星期三早晨，我二度造訪米爾布魯克測試場。這次是參加一年一度的「低碳車（LCV）展」，是再也不喜歡汽油的車迷參加的車展。我開車前往，因為除了開車別無選擇，抵達後加入長長的車子隊伍，在測試車道上的「連續一英里」，等著分配停車位。我看見的每一部車子裡頭都只有一個人，也就是駕駛。大多數人因高速公路上塞車而晚到。開幕演說的講者是Cenex董事長布蘭登．康納（這家企業自稱是「獨立、非營利、低碳技術專家」），這是他卸任董座前的最後一場低碳車展。他記得十年前第一屆低碳車展場面很冷清，只維持幾小時，「然後我們所有人都放棄，回家去」。當時只展出十臺車。「我記得其中只有兩臺能用，而且正式名稱叫做『四輪車』。」十年過去了，這一年車展展出一百三十多臺低碳車、超過兩百三十家廠商參展。他要表達的很明顯：不到十年，低排放車輛已經從一種古怪的利基技術，發展成主流。各大車商盡數到場，各自展現最新款電動車。

福特汽車的主管葛拉姆．霍爾也在車展現場。他說：「電動化的夢想很快就會成真，速度會快到出乎所有人的預期。我們能看見車輛的使用與擁有的方式完全不同。誰也料想不到，這一切發展會如此之快。」我也見到日產汽車歐洲技術中心的高級副總裁德倉信介，他描繪一個充滿企圖、又振奮人心的未來願景。二〇〇九年，全球只有六款電動車；到了二〇一一年（Nissan Leaf 首度推出那年），提升到三十六款。德倉對我們說，截至二〇一七年三月，全球已經有超過一百三十九款電動車，累計賣出一百二十八萬臺；數字年年翻倍。僅僅是 Nissan Leaf，二〇一七年前就已在全球各地賣出二十八萬三千臺，在 Tesla Model 3 還沒問世的當時，是全球最暢銷的電動車。「我們當時推出 Nissan Leaf，所有人都在笑我們。」他興匆匆說道。「在當時推出那種產品，感覺太超前、太荒唐，但是……結果很成功。Nissan Leaf 創下不少成績。」他說，包括三十五億公里的無排放駕駛路程。他笑得好燦爛說著：「我對這個成績真的很得意。」第一款 Nissan Leaf 充電一次可行駛一百七十五公里；到了二〇一三年，最大行程拉長到一百九十公里；二〇一五年又增至二百五十公里；二〇一七年底，Nissan Leaf 二號問世，充電一次可行駛三百多公里。僅僅一款 Nissan Leaf 電動車，最大行程就在短短六年間幾乎翻倍。一般內燃機車輛，一次加滿汽油的最大行程通常是五百多至六百多公里，因此電動車應該很快就能趕上，甚至超越內燃機車輛*。電動車還有一項優勢：那就是家裡的插座就是你的「加油站」。

*早在二〇一八年，內燃機車輛就差點被取代。Tesla Model S 的最大行程將可延長至五百三十九公里。

德倉播放一部影片，是日產汽車的未來城市願景。日產汽車認為，未來的街道會充斥我在米爾頓凱恩斯看見的無線充電板。不過無線充電板的功能，並不僅限於電動車充電。影片旁白說道：「到了早上，你家還有電力網路，能直接從你的車子擷取電力，讓你家在一天的開始就有電可用。」這可以解決再生能源的能量儲存問題：在風大的日子，該如何儲存過剩的風能？在陽光普照的日子，又該如何儲存過剩的太陽能，以便在無風多雲的日子使用？日產汽車與許多電動車提倡者都說，答案是電動車電池。日產汽車說，在不遠的將來，「智慧街道」上，「車子、道路、房屋和電網全都同步，互相連結。回收再利用的（電動車）電池，能用於智慧家庭的電量儲存，乾淨的能源不會浪費……停車場與燃料站占用的（空間），將由綠地取代，帶給我們的孩子更乾淨、更友善的環境。」車子、住宅、街道和電池，都能成為燃料補充站。

我在低碳車展，也看見其他更快就會實現的「電動街」願景：兩家充電服務公司在車展尋求與當地政府合作，在現有的街燈安裝電動車充電裝置，連接電力網的同時，也不會減弱燈光。倫敦的某些街燈已經加裝了充電裝置，牛津的街燈也將跟進。突然間連興建基礎設施都不需要，每個街角就有了充電站。

福斯汽車開發電動車，主要是因為醜聞爆發的關係。福斯集團計畫在二〇二五年之前，推出五十款純電動車，以及三十款插電式混合動力車輛。二〇一七年，福斯汽車已經推出 e-Golf、體積更小的 e-up! *，以及油電混合動力車，例如 Golf GTE，還有 Passat GTE。福斯汽車也宣布在二〇三〇年前，「集團在所有市場經營的所有品牌總計約三百種車款，至少都要有一種電動車版本」。集團的旗艦產品，也就是衝浪客與節慶常客最愛的福斯露營車，已經有了電動車版本 VW Buzz。福斯汽車董事長馬蒂亞斯．繆勒明確宣示：「我們明白當今的趨勢，會順應潮流。這不是空泛的宣示……業界的變遷是無法抵擋的，而我們要引領變遷。」到了二〇一七年十二月，一位業界的部落客提出了疑問：「福斯在未來五到十年間，能不能成為全球第一電動車製造商？有可能。」

繆勒說得對，趨勢無法抵擋。二〇一七年八月，《經濟學人》的封面宣告內燃機死亡。標題是「路殺」，下方的插圖是一部死掉的引擎倒在路上，流出來的血是汽油。當期的社論指出：「第一批內燃機的死亡聲響已經響徹全世界，而且後續的影響會為世人所樂見。」BMW及捷豹路虎宣布在二〇二〇年之前，所有車款都會推出電動車版本；富豪汽車更領先一步，宣示要在二〇一九年前完成全車系電動化，並在二〇二五年前，達成只銷售電動車的目標。挪威、奧地利及荷蘭也計畫在二〇二五年前，達到車輛百分之百零排放。印度要在二〇三〇年前，實現國內只銷售電動車的目標。「彭博新能源財經」預測，電動車的持有成本，包括購買價格及運轉成本，最晚將在二〇二二年低於內燃機車輛。中國是全球最大的汽車市場，對全球汽車業有獨特的影響力，也宣示要全面電動化。擁有富豪汽車的浙江吉利控股集團，同時負責生產倫敦的新款插電式混合動力計程車。這種

＊大概是針對約克郡市場。

計程車在倫敦超低排放區行駛，只使用電池的電力跑長途路程；或是司機在一天的尾聲回到家，才會使用汽油引擎。二〇一八年一月一日，第一位拿到新款電動車車鑰匙的計程車司機，說電動車能讓他每月省下五百至六百英鎊的燃料成本。

還有特斯拉。零排放車輛的潮流之所以崛起，或多或少也要感謝福斯汽車舞弊曝光。但電動車能受歡迎，主要應該歸功於特斯拉。在特斯拉推出改良款之前，電動車儘管實用，外型卻既小又醜——就是布萊恩在米爾頓凱恩斯的牆上照片中那種黃色三角形門擋造型。直到思想靈活的年輕企業家伊隆．馬斯克出現，他的第一家公司 Paypal 讓他賺進數十億美元的財富。他打算製造一款平價量產的電動車。他在二〇〇八年對投資人說，電動車的價位設定在兩萬至三萬美元之間，但設計出的車款，不能像大量生產的家庭用車。他從高端跑車市場切入。整個策略要奏效，首先得先打造出外型性感的電動車。

二〇〇八年，他們推出了 Roadster，一款能在三．七秒從〇加速至六十 mph（每小時英里），一次充電能跑三百九十公里的跑車*。這款跑車由蓮花汽車生產，剛推出的價格超過十萬美元，不

*不過自從馬斯克在二〇一八年二月，把他的紅色 Roadster 連同他的 Space X 火箭發射到太空，最高速度與最大行程應該就已突飛猛進，最高速度達到每秒三十二．五九公里，圍繞太陽的橢圓形軌道（也就是最大行程）長達兩億五千萬公里。

太像是鎖定大眾市場。原型於二〇〇六年推出時，受到的吹捧。（例如《華盛頓郵報》就熱捧，「這個……像法拉利，不像 Prius，訴諸的是感官，而非實用。」）這也是這家公司及所有的電動車需要的廣告詞。儘管最後只生產了兩千臺 Roadster，但全世界都見識了特斯拉的決心，也造就了特斯拉的第一臺電動轎車 Model S。Model S 的價位稍微親民一些，是五萬美元。Model S 的外型比較不像跑車，性能卻優於 Roadster，能在二．五秒從〇加速至六十 mph，最大行程為五百三十六公里，還有能升級的軟體。二〇一四年十月起賣出的所有 Model S 車款，都有自動輔助駕駛功能，車身各處的感應器能偵測路面標誌與其他車輛，駕駛可在有限的範圍內，讓車子自動駕駛。擁有自動駕駛輔助功能的車子，軟體會不時更新，就像你的手機軟體也會不時更新。馬斯克在二〇一五年對分析師表示，Model S 並不想和傳統汽車競爭，「我們是要將 Model S，打造成一臺有車輪的超精密電腦。」這種理念深得科技迷、速度狂，以及環保人士的心。大概從來沒有一項產品，能同時討好這三種族群。到了二〇一七年底，Model S 在全球已經賣出超過二十萬臺，超越賓士，成為美國最暢銷的轎車。令人驚訝的是在二〇一七年四月，特斯拉超越通用汽車，成為美國最有價值的汽車公司。電動車，至少是特斯拉的電動車，已是不少人夢寐以求的產品。二〇一八年，馬斯克的最初夢想開始在生產線量產，就是平價量產的 Model 3，價格從三萬五千美元起跳。

特斯拉現在也打入重型貨車市場，開發出鉸鏈式卡車 Tesla Semi，最大行程為五百或八百公里，二〇一九年推出。在德里，Semi 原型推出之後不久，領導學校媽媽組成的運動團體的舒布哈妮對我說：「我們大家當然都愛伊隆．馬斯克……你看過他的超大卡車沒有？我是說，**我的老天啊！**」商業層面的反應也同樣熱烈。Tesla Semi 推出不到一個月，PepsiCo 就預購一百臺，食品公司 Sysco 也預購五十臺。

馬斯克也認為，所有電動車都會使用的鋰電池，可以解決世界上的能源問題。從二〇一四年開始，他的公司在美國內華達州沙漠的中心，建造世上最大的工廠（二〇一七年完成百分之三十）。特斯拉的「十億級工廠」生產鋰離子電池，而且根據特斯拉網站，工廠的「使命在於生產愈來愈平價的電動車與能源產品，推動世界改用永續能源。為了要在二〇一八年以前，達成每年生產五十萬部車的目標，僅僅特斯拉一家公司，就需要目前全世界生產的所有鋰離子電池。特斯拉十億級工廠是因應需求設立，將生產足夠的電池，滿足特斯拉預期的製車需求。」鋰離子電池很難運送，貨櫃裡擠滿了鋰離子電池，可不是鬧著玩的，畢竟有爆炸的可能。任何國家想認真發展電動車電池，最好自己製造。對於不知道如何開始的國家，特斯拉也樂意代勞。在南澳洲接連發生停電事件之後，特斯拉在二〇一七年初，向南澳洲的官員傳送一則推特，內容是打賭。特斯拉宣稱能替南澳洲打造世界上最大的鋰離子電池，連接當地的九十九渦輪風電場，永遠解決當地的能量儲存問題。而且如果特斯拉無法在一百天內完成，就不收取任何費用。在這個時代，許多政治政策似乎是以一百四十個字，甚至更少的字數草草制定，所以南澳洲接受打賭，也就不足為奇。雙方於九月二十九日簽約，世界上最大的電池，現在叫做霍恩斯代爾電力儲備，於十二月一日完工，距離期限幾乎還有四十天（其實特斯拉在七月就已動工，但我們還是不要鑽牛角尖了）。一百ＭＷ（百萬瓦）／一百二十九ＭＷｈ（百萬瓦時）*的電池組，占地約一萬平方公尺，可儲存足夠三萬個家庭使用的電力。電池組連結三百二十五ＭＷ（的霍恩斯代爾風電場，等於能將風能儲存起來，以供無風的時候使用，南澳洲再也不必擔心停電**）。

但馬斯克最宏大的目標，是每一個家庭都裝設太陽能板，都擁有各自的迷你電池組。這些再加上電動車，形成一個自給自足的電網。住宅與車子獲得太陽能屋頂的電力，等於既是發電站，又是儲電設備，而特斯拉也擁有太陽能屋頂公司 SolarCity。再也不需要大型燃煤發電站或核能發電廠提供電力。南澳洲在這方面也領先全球，當地政府從二〇一九年開始，陸續在至少五萬個家庭安裝太陽能板，以及特斯拉的十三．五ｋＷｈ（千瓦時）Powerwall 2 家用電池***，打造「全球最大虛擬

---

*差別在於電力與能量，也就是說這一組電池在任何時候都能提供一百ＭＷ（的電力），可儲存一百二十九ＭＷｈ（的能量）。

**馬斯克甚至說過，只需要一百平方英里的太陽能板，「內華達州或德州的一個小小角落」，再加上「一英里乘以一英里，一平方英里，這樣就夠了」的電池組，就能提供全美所需的電力。不過他這話比較像是理論上說說，不像是認真的。

***想了解到底有多少能量，一個標準的可充電ＡＡ電池，擁有的能量是二．四Ｗｈ（瓦時）。所以一個十三．五ｋＷｈ的 Powerwall 2，相當於五千六百二十五個可充電ＡＡ電池。同時要知道，霍恩斯代爾電力儲備並不是一個超大電池，而是真的有幾百個 Powerwall 2 串連起來。

發電廠」。預計四年完成安裝，五萬個家庭串聯起來，等於一間虛擬的兩百五十MW發電廠。太陽能板的電量，會儲存在特斯拉電池裡，過剩的電量則會回流到電網。而且根據南澳洲政府網站，萬一當地的極端天氣引發停電，「Powerwall 也能在不到一秒的時間，偵測到停電，切斷與電網的連結，自動恢復你家的供電」。

如果再結合電動車，那這幾乎就是乾淨空氣未來的完美實現。往後唯一的煙排放源，就是澳洲BBQ。但澳洲有兩大明顯的優勢：陽光充足，鋰也很充足。牛津發明的鋰離子電池，也許會是我們的救星，但地球是否擁有足夠的貴金屬，足以提供全世界發電所需，那可就不一定了。英國先進推進中心的執行長伊恩．康斯坦斯說，電池組仍然會抑制成長。「電池會是一個重大的區隔……電動車市場的快速成長，代表電池在未來將面臨前所未有的高需求，因此生產設備將如雨後春筍般出現，組裝車子的地點尤其有大量需求。報導指出在二〇四〇年前，僅僅在歐洲，就有可能興建多達十二座十億級工廠。」他說。電池的成本，已經高達一臺電動車約一半的成本。

全球已經展開鋰的爭奪戰。目前澳洲生產全球大多數的鋰，智利與中國緊跟在後。碳酸鋰的價格，從二〇一一年的每公噸四千美元，上漲至二〇一七年的每公噸超過一萬四千美元，想必會引發一些問題。例如約克的艾利．路易斯就說：「電動車大軍的數量會大增，但無意間造成的後果是誰在製造電池、在哪裡製造、在怎樣的環境製造，又如何處理那些廢料？……看看資源的數量，再看看需要多大的製造規模，才能生產那麼多材料，真的很驚人，不是不可能做到，但需要消耗驚人的資源。而以往從地裡挖掘資源，到頭來都沒什麼好下場。」更令人擔憂的是，全世界的鈷存量，幾乎完全來自一個國家：剛果。鈷是鋰離子電池的另一個重要原料。不過，高價值製造發射中心（政府與企業聯合贊助的研究機構）的執行長，也是捷豹路虎前任產品主管迪克·艾爾西表示，業界比較不擔心：「鋰的存量目前還很充足，也不是很難取得。電池業認為鋰、銅等資源並沒有短缺危機，因為製造電池所需的原料，其實用量少得出奇。」艾爾西也認為，隨著效率提升，未來的電池會愈來愈小、愈來愈輕。他說，華威大學能源創新中心已經製造出一款電池，能量密度比特斯拉十億級工廠的電池高出百分之七十至八十。況且還有一大優點：液體燃料注入之後就燃燒殆盡；電池則不同，電池裡大多數的鋰與貴金屬，會不斷回收再利用。回收再利用的方式與效益，將是關鍵。二〇一八年二月，中國工業部發布新規定，要求汽車製造商回收車用電池，並設置回收設備與服務；在印度，電動車企業家馬諾·庫瑪·烏帕赫亞主張與其設置電池充電站，不如設置電池交換站。他認為人們可以在電池電量低的時候，把車子開進電池交換站，就像現在開進加油站一樣，以電量低的電池，換取充飽電的電池。「目標是廣設交換站，交換的速度要快，每次交換不超過兩分鐘。」馬諾對我說。「我覺得這樣會讓電動車在印度的普及速度更快。」

電池含的鋰也許可以換成鈉。鈉是世界上存量最多的礦物之一*。一九六八年，首度有人提議

* 鈉在地殼的分布量是百分之二·六，鋰僅占百分之〇·〇〇七。

使用液體鈉電極電池，但分隔電極所需的隔膜太昂貴。二〇一〇年代，包括麻省理工學院在內的全球幾個大學團隊，宣布相關技術的突破。雖然目前還沒有一項技術進入生產階段，但理論似乎已是可行的現實。一款鈉電池原型的能量密度高達每公斤六百五十瓦時，換算成電動車的最大行程，就是一千〇四十公里，為目前最佳的鋰離子電池的兩倍。

電動公車也會深深影響城市的空氣品質，造成的影響可能遠超過私有車。亞洲國家正在引領這一波革命，僅僅在中國，二〇一六至一八年，就賣出將近二十萬臺電動公車。深圳市的一萬七千臺公車，全是電動公車。（英國）約克市議會的一批單層電動公車，已經加入市區的停車轉乘系統。雙層電動公車也已在市區的公車路線試營運。這是倫敦之外第一個實行電動公車的英國市議會。柴油公車會排放大量的氮氧化物，因此市議會想降低氮氧化物排放量，最好的辦法就是全部汰換成電動公車。

在商業界，電動輕型貨車慢慢取代了柴油與汽油輕型貨車。全球最大的貨運公司UPS，在二〇一八年之前，已經擁有超過九千臺另類燃料車或電動車，而且幾乎是在Tesla Semi卡車一推出，就預購一百二十五臺。UPS的工程總裁卡爾頓・羅斯表示，電動貨車如今的價格與柴油貨車相同，使用成本卻低廉許多。很多城市與國家也迅速將鐵路運輸網全面電動化。其中以印度最積極，要在二〇二一年以前，將全長六萬六千公里的鐵路運輸網全面電動化。在二〇一七年底，進度已完成了一半。

對於未來的乾淨空氣城市而言，兩輪電動車可能比四輪電動車更重要，因為道路能容納的兩輪電動車，遠比四輪電動車多。在倫敦，伊斯林頓市議會鼓勵快遞業者多多使用電動摩托車，包括外送披薩。在全國乾淨空氣日，我拜訪格林威治市議會的攤位，攤位提供電動單車免費騎乘。電動單車不像電動摩托車，就像一臺普通的單車，只是多了馬達輔助踏板的動力。我試騎一臺，一開始有些懷疑，因為多年來永續發展界把電動單車吹捧成「下一場旋風」，但始終是聞聲不見影。我的疑慮在於，單車騎士喜歡踩踏板健身，非單車騎士又寧願使用完全機動的車輛，所以電動單車處於微妙的尷尬處境。我已經超久沒騎自己的單車了，沒想到這次沒怎麼費力就快速騎上附近的山丘。我覺得如果我有一臺兩輪電動車，往後騎乘該有多麼享受與愜意。電動單車連外型都像普通單車。我輕輕鬆鬆超越一位穿著萊卡衣，汗流浹背，努力爬上陡坡的騎士，展現出超人的能耐。我從另一條路線騎回去，發現要回到格林威治中心，必須征服一排階梯，超人的外表立刻粉碎一地。電動單車重得要命，我差點扛不動。

不過比其他運輸工具落後至少二十年的，仍然是船運。二十一世紀初，含硫量百分之〇．一或一千 ppm 的汽車燃料，是大多數已開發國家的主流（現在歐盟地區的標準則是百分之〇．〇〇一或十 ppm）。我訪問國際海運會的政策與對外關係主任賽門．班奈特，他對於二〇二〇年即將實施的新船運法規很期待：「我們說『翻轉局面』，可不是隨便說說……到了二〇二〇年，全球各地（船運）使用的燃料，（含硫量）都不得高於百分之〇．五……目前（二〇一七年）還是允許在海上燃燒理論上含硫量約百分之三的殘餘燃料……只要你有廢氣清潔系統，或是我們所謂的洗滌器*，就可以繼續燃燒殘餘燃料，繼續燃燒髒東西。」我問他，是否有大型船運公司考慮電動化？「船的體積太大，所以一艘船的電力如果要依靠電池……我不知道你是否看過商船，或是否知道商船有多大，可是……這跟車子用鋰電池不太一樣。」我換一種問法：包括船員與港口人員在內的員工，想不想消滅每天呼吸的煙氣？「沒有這個問題。對於柴油燃料和類似的燃料，我想無論用哪一種燃料，對健康都不會造成特殊影響。但坦白講，我其實沒思考過這個問題。」

不過還是有一些小小的起步。挪威的遊輪公司海達路德，在二〇一九年推出全球第一批混合電池動力遊輪，也就是阿蒙森號和南森號。兩艘遊輪的船身都是一百四十公尺長，重達兩萬一千公噸，可承載五百三十名乘客；挪威（正好也是目前世界上電動車持有率最高的國家）也計畫將卑爾根的車輛渡船，安裝氫動力引擎；而世上第一艘完全電動的貨船，已經在二〇一七年從中國廣州啟航，只充電兩小時，即可航行八十公里。這艘船的船主是杭州現代船舶設計研究有限公司，董事長黃佳林向《中國日報》表示：「這項技術很快就有可能……應用在客船與工程船上。」然而電動船要載運的貨物卻充滿了諷刺。根據 Cleantechnica.com，這艘全電動貨船主要的用途，是將煤送往珠

* 指國際海事組織與歐盟核准加裝的過濾系統，可減少百分之九十九的二氧化硫排放量。但很多洗滌器都是直接在開闊海域清洗，因此造成水汙染。

江沿岸的發電站。

電動化必須克服的最大工程難題，可能在航空。在加州的洛杉磯國際機場，瑪莉．尼可斯對我說起她曾看過電池驅動的飛機原型。她說，這種飛機能「短程運貨……有些小城市之間的距離夠遠，郵件、包裹等等都是用飛機運送，而不是卡車。飛機仰賴電池的電力，飛行一趟下來再充電。」如今也有各種電動客機計畫。西門子正在研發混合動力電動客機；新創公司 Wright Electric 與 EasyJet 合作，已經研發設計出全電動的短程運輸客機，希望在二〇二八年前推出；Uber 也在研發市區的無人駕駛電動客機 UberAIR，希望在二〇二〇年就開始服務洛杉磯的客戶。幾家公司則爭先研發「飛行車」。中國的無人機公司「億航」，於二〇一七年底公開一部影片，影片呈現這家公司擁有八個螺旋槳的單人座電動無人機的飛行畫面（不過飛機上沒有乘客，而是載運一批聖誕節禮物，送給公園裡一群一臉茫然的學童）。

電動化正在進行，未來將會取代化石燃料。連石油公司也坦言「打不過它，就跟它合作」。二〇一七年十月，殼牌公司買下歐洲最大的電動車充電設備公司 NewMotion。NewMotion 的網站在二〇一八年初宣示：「我們客戶做出的選擇，讓地球一年省下超過兩千公噸的碳。電動化的時候到了。」Coal India 也跨界開展大型太陽能計畫。全球最大的汽車零件製造商，也就是日本特殊陶業株式會社，甚至宣布子公司「NGK火星塞」將停止生產火星塞（公司想必也將改名），轉而生產電動車電池。公司的高級工程總經理向路透社表示：「業界終歸會在某個時間點，從內燃機過渡到電池驅動的電動車」。

還有一件事可能終歸也會發生，但或許不算好事，那就是自動無人駕駛車輛崛起。各大車商大多已經發展出電動車，不是在展示間，就已在生產線上，也都私下進行無人駕駛車的研發計畫。在低碳車展，許多車商的目光已經超越電動車，邁向無人駕駛車，也就是業界慣稱的自動駕駛聯網車（CAV）。「聯網」的意思是車子之間可互相溝通，也可與中央控制系統溝通（例如高速公路上暫時實施速度限制，路上無需架設閃耀著「40」的紅色路標，系統只要將此訊息傳達給你的車子，你的車子就會自動減速到四十）。二〇一九年後出產的 Audi A8 都能自動駕駛，最快速度為六十 kmph，還能自動加速、自動行駛、自動煞車；但仍然有方向盤，駕駛人還是得保持警覺。相較之下，Google 的 Waymo、Uber 和中國的百度，他們正在製造的車子則沒有方向盤，連駕駛座都沒有。另外，特斯拉的自動駕駛聯網車與其說是打造出來的，不如說是程式設計出來的。伊隆・馬斯克表示，已經上路的 Model 3 電動車，硬體足以支援完全自動駕駛。在不久的將來，車主可自由選擇升級成完全自動駕駛。特斯拉甚至同時開發應用程式系統，車主可將自己目前沒在使用的車子外派，充當無人駕駛計程車，例如車主晚上睡覺的時候。

在自動駕駛車方面，小小不起眼的米爾頓凱恩斯，再度遠遠超越英國其他地方。這座城市千篇一律的灰色高樓當中，其中一棟是運輸系統發展中心（TSC），為政府與業界共同贊助的研發中心。這個機構有權研發政府部門與企業多半沒時間做、卻很樂意出資研發的未來玩意。我拜訪的那天，捷豹路虎安排「小艙」，也就是車速只比步行快一點點的兩人座自動駕駛車進行試乘，或者應該說試走。不過我也有第二好玩的可以玩。我可以駕駛模擬小艙，穿梭在未來版的米爾頓凱恩斯，迂迴繞過路上行人。在測試室，模擬小艙連結一個移動的平臺，搭配虛擬實境（VR）耳機。一臺單車架設在滾筒上，穿梭在充滿自動駕駛聯網車的想像版米爾頓凱恩斯，以研究單車騎士與自動駕駛聯網車會如何互動。在測試室中央，有一個廣大的八角形空間，裡面有VR耳機，天花板還懸掛看起來像是黑色防彈背心的東西，有點嚇人，並附有連接電線的手套。這個地方叫做Omnideck，是直徑六公尺的多方向跑步機，使用者可在VR情境下，朝任何方向行走。視覺化部門主管馬丁．佩特向我細細說明，他的團隊在周圍敲著筆電。「小艙上有數百萬個感應器，製作起來是浩大工程。感應器的作用是輔助駕駛。」他說。「不過我想知道的是終端使用者的感受，就可以了解車子的行為、使用者又是怎麼控制車子……我們試圖了解人們與四百公斤重、有獨立思考與行為模式的車子共享（道路）空間，是怎樣的心情。」

為了進入虛擬環境，我坐在模擬車裡，戴上VR耳機。突然間我已不再置身辦公大樓，而是在雙人座車子裡。我面前有儀表板，但沒有方向盤。我好像置身在那天早上我停放車子的停車場，只是陽光充足多了，車子也少很多。馬丁叫我把雙手放在自己面前，我的手指看起來像火柴人的手指，白色線條連結指關節上的紅點。我用我全新的火柴人白手指，按下儀表板上大大的綠色虛擬「開始」按鈕，小艙就往前行駛。路上顛簸了一下，我還真的感覺在晃。我問，為什麼沒有速度計？馬丁說：「你是乘客，看速度做什麼？你把這些東西具體化，才有這種問題。」他切換幾種模式，我的雙手變成戴著黑色手套、然後又變成人類的皮膚，比我再稍微豐滿些的粉紅色手臂，正在我眼前移動，動作就跟我自己的手臂一模一樣。在小艙外面，虛擬行人邁著僵硬的步伐，走在路上。場景貧乏得奇怪，移動的感覺卻很逼真，也能感受到坐在行駛中車子裡，沒有駕駛、也沒有方向盤的滋味。而且奇怪之處在於，一點也不覺得奇怪。過了最初幾秒鐘之後，感覺就像坐在公車上層，或是機場接駁車的前座。那種純粹被運往目的地的感覺，也是出乎意料地熟悉。

在議會，布萊恩·馬修斯認為，米爾頓凱恩斯的第一批自動駕駛聯網車不會是無人駕駛車，而是像我在模擬車上所體驗的：路面上的小艙，行駛速度比步行稍微快一點點。「你跟小艙可以透過介面快速溝通，小艙會送你到你想去的地方，所以你不用停車，也不用和其他車子擠在市中心的路上。現在沒有明文規畫，不過如果我們或另一個城市想阻止車子進入市中心——因為車子製造太多汙染，或交通堵塞太嚴重——公車就會在城市的外緣四周移動，找到一個小艙或一個自行車租借站，抑或理想的步行路線，帶你到最後的目的地。這是我們想建立的。」很多大型企業的總部設在米爾頓凱恩斯，因此布萊恩認為像米爾頓凱恩斯這樣的城市，自動駕駛聯網車的第一個主要用途，會是將通勤族從火車站載往上班地點。

ＶＲ體驗結束之後，在旁人的協助下，我迅速擺脫恍惚狀態，進入一間較普通的會議室，與首席技術專家兼計畫實行主管保羅・貝特見面。「我們談自動駕駛聯網車，『聯網』很重要。」保羅認為集中化的都市交通控制中心，能向自動駕駛聯網車發送信號，依據車子的排放量，指引車子的行駛方向。他說這叫做「地理圍欄」，有點像擁擠的收費道路，只是不是收費，而是依據汙染情況，調整範圍。他說：「這是短期解決方案。路上還有車子使用化石燃料，所以暫時先用這個方案。」但我問保羅，自動駕駛聯網車會不會反而讓塞車更嚴重？如果可以只坐在後座刷臉書，那自動駕駛車的吸引力是否會勝過單車、電動公車這些更乾淨的運輸工具？「有這個可能，」他坦言，「重點還是在『聯網』，我們如何管理這些車子、如何將車子最佳化，來發揮更廣泛的效益，而不是只服務一個人。至於其他方面，你說得很對，一個早上如果有幾千臺小艙要前往車站，確實有可能塞車。如果一臺車子只服務一個人，就會發生這個問題。」

車展展示的自動駕駛聯網車原型，擁有類似沙發的座椅，還有電視螢幕。正如科技網站theringer.com所言，車子「透過新穎的設計，成為會動的客廳」；還有人說，自動駕駛聯網車會威脅短程飛行或臥鋪火車的市場，因為你只要躺著睡覺，車子就能把你從家門口，送到目的地門口。經濟合作暨發展組織（ＯＥＣＤ）在二〇一五年研究葡萄牙里斯本，未來受到共享自動駕駛聯網車TaxiBot影響的各種情境，並與小艙式一人座AutoVot的影響互相比較。研究發現，共乘的TaxiBot、加上良好的公共運輸系統，可減少路上百分之九十的車流，且幾乎完全不影響機動性。

而在 AutoVot 的情境，也就是我們不共乘，而是在行駛中全程拿著爆米花，看我們想看的電影，車子行駛的公里數增加達百分之一百五十．九。這並不見得會造成更嚴重的塞車。在理論上，自動駕駛聯網車可以一輛緊接一輛行駛，不需要紅綠燈。但路面損耗、粉塵粒子再懸浮的問題確實會變得更嚴重，並導致更乾淨的交通工具，例如自行車與電動自行車，能使用的路面空間更小。自動駕駛聯網車也會大量消耗能源。一臺自動駕駛車所有的感應器需要的計算能力，相當於一百臺筆記型電腦同時插電運作。這還不包括車子的實際推進。福特的全球市場總裁對投資人說，自動駕駛聯網車將會「嚴重損耗整體效率與燃料經濟」；不過日產汽車認為，未來的自動駕駛聯網車可以在夜間自行開往充電站，再自行回家，同時充滿家中的電力。如果這是利用再生能源的激增，那麼即使需要額外的計算能力，可能也還是划算。

自動駕駛聯網車有不少迫切的問題需要解答，但無論我們接受與否，自動駕駛聯網車都會是電動未來的一部分。Google 生產的 Waymo「機器計程車」，希望在二〇一九年開始服務亞利桑那州鳳凰城的付費客戶；日產汽車也正在研發自己的機器計程車，以供二〇二〇年東京奧運（編注：東京奧運在本書出版時決定延至二〇二一年舉辦）的遊客使用。但電動車與自動駕駛聯網車，也還是得面臨競爭。液態燃料尚未走入歷史，不過往後使用的可能不是油基燃料，而是液態氫。

我在二〇一六年買了一臺車齡九年的豐田 Prius，在當時幾乎是唯一的平價二手混合動力車。

豐田 Prius 可說啟動了整個市場。在低碳車展，我雖然很欣賞日產汽車的電動未來願景，但我聽見豐田的英國區副常務董事東尼・沃克說的話，就決定支持豐田。第一個開創這個市場的公司，想必是遙遙領先同業？

沃克的開頭不錯。他說，我們這個時代的三大環境議題，是氣候變遷、能源安全和空氣品質：「豐田在二十多年前運用混合動力技術，並推向市場，迎接挑戰。今年正是 Prius 上市二十週年。」我知道，我可是鐵粉！豐田在二十年前搶得先機，我覺得他們正在做的，一定會讓我大為驚奇。「混合動力車的優勢是燃料效率很高，能減少二氧化碳排放，氮氧化物的排放量也很少。對豐田來說，混合動力車仍是我們的核心技術。」換句話說，記不記得我們在二十年前的構想？對，我們會堅持下去。我想起柯達公司，因為發明數位相機而聲名大噪，發明後卻不願推出，唯恐損及相機軟片生意。結果市場變化太快，等到柯達匆忙要推出自家的數位相機時，早已被同業超越。豐田要表達的，似乎是我們始終覺得車子裡就該有一缸液態燃料，相機裡面就該有軟片。

不過豐田對於燃料成分的想法，確實很有乾淨空氣意識。「從一九九二年開始，豐田一直在研究、發展、改良我們的氫燃料電池系統，最後在二〇一五年，推出了 Mirai，我們的第一款燃料電池生產模型。」沃克對在場的觀眾說。「對於客戶還有社會大眾來說，（氫的）優勢包括……零排放，只有在行駛時，排氣管會排出水。最大行程也很長，補充一次燃料可以跑四百八十公里左右；而且補充一次燃料只需三至五分鐘，跟傳統車輛差不多。」豐田在二〇一六年只生產兩千臺

Mirai，二〇一七年生產三千臺左右，而目標是在二〇二〇年前，每年賣出三萬臺。僅僅是英國，一年大約就會售出兩百五十萬臺新車，所以三萬臺起不了多大的作用。沃克看出我的心思，他說：「豐田為什麼對氫這麼感興趣呢？很多人問這個問題。氫如果來自再生能源，就有可能實現零碳足跡，而且不會排放氮氧化物，也不會排放微粒。氫能大量儲存，而且儲存很久，也能長途運送。氫的能量密度很高，大家都知道，比電池還高。隨著我們轉型為氫能社會，氫也有助於其他用途，例如家庭……經過調整就能用於家庭供熱。」

我有點想跳起來大喊：「你弄錯啦，是轉型成電動社會才對！」英國登記的電動車數量，從二〇一一至一七年底，成長了百分之一千八百六十四。每一家汽車公司，目前都在研發旗下車系的電動車版本，扮演開路先鋒的 Prius 居功厥偉。三分之一的車主認真考慮下一次買車要買電動車。但在二〇一八年初，全歐洲有八十二個氫能補充站，而公共電動車充電站卻有將近十四萬個（兩項數據均由歐洲替代燃料觀測提供）。「氫能社會」？真的假的？

「氫能之所以具有吸引力，很大的原因是製造來源很多。」沃克繼續說。「氫可以來自化石燃料、來自生物質，某些工業廢料也含氫；氫也可以來自再生能源……對於太陽能、風能等再生能源，要有一個能維持供需平衡的緩衝角色。我們覺得氫最適合扮演這個角色。氫很適合用來儲存綠色能源與再生能源。」氫資源相當豐富，畢竟三分之一的成分是水，但大家也知道，用水分解製氫的能源密集度很高。這裡的再生能源論點是說，與其在風量或陽光充足的日子將過剩能源儲存在電池，不如運用這些能源，將水分解製氫。如此我們便完全無須捨棄液態燃料，只要把加油站的油換成氫就行。豐田目前正在研發使用燃料電池的公車、卡車與堆高機。沃克說：「我們相信電力與氫能，都會創造一個更永續的未來社會。」

低碳車輛聯合會的安迪・伊斯雷克，他的責任是堅守自己「科技不可知論者」的角色（他是所有低碳玩意的粉絲）。他說：「氫始終是『未來燃料』。氫的排氣管排放量是零，這是很大的優勢……零碳（再生）能源可以製造氫，但要製造氫，再加以壓縮、儲存、注入車子、轉化為電力，整個過程會損失很多能量。氫動力車就是電動車加上能延長最大行程的氫燃料電池。所以氫能很適合長程車輛，例如卡車等需儲備很多能量的車輛。但有一點真的需要討論，或者說辯論：我們是應該在車子裡安裝更多電池，以延長車子的最大行程？是應該把氫注入車子，以延長車子的最大行程？還是只要增設高功率基礎設施，讓車子更常充飽電就好？可行的辦法不只一種。」所以氫動力車說穿了就是混合動力車，就像 Prius，只是用的是不同的液態燃料。「你可以把氫注入內燃機燃燒，但這樣會排放氮氧化物和其他物質。」伊斯雷克說。「但燃料電池車就是電動車，煞車回充（regenerative brake）設計，在煞車時也會將產生的電力灌回電池，氫燃料電池產生的電力也會進入電池……你可以用柴油引擎拉長最大行程、可以用氫燃料電池、可以安裝額外的電池；甚至未來可能還有其他的能源來源。我一直對政府說、對想聽的人說，我們應該在意的不是技術，而是目標。零排放就是我們的目標。」

英國擁有約一萬七千個公共充電站，如果人們覺得英國的電動車基礎設施都不算充足，那支持只有十二個補充站的氫能，不就更沒道理？「這是個問題，你說得很有道理。」伊斯雷克說。「有一個叫做 H2Mobility 的氫能計畫，研判（只要）在適當地點設置六十四個氫能補充站，就足以構成滿足英國需求的基礎設施。」他所謂英國指的是英國的貨運業，而非私有車。「氫的好處是補給速度非常快，你可以儲備很多能量，有點像汽油或柴油……另一個好處是（或許可以）調整天然氣供應網的用途。英國的天然氣供應網很健全，長期來看也許能改變用途，等於馬上就有了非常有效的氫能供應網。」不過氫分子比甲烷小，比較容易洩漏。英國的天然氣管線本來就老舊，再灌入更容易洩漏的氣體，恐怕不妥。

加州打算在二〇二五年前投資二十五億美元，增設二十五萬個電動車充電站和兩百個氫能補充站；同時鼓勵個人使用電動車，以及將氫動力車用於商業用途。我請教瑪莉・尼可斯，儘管豐田大肆唱反調，她還是說：「目前是有競爭……現在的氫能，我們才剛開始應用在車子上。例如洛杉磯的港口就有一臺卡車，一臺很大的排水卡車，在港口搬運貨櫃，性能很好。可是只有這一臺。」儘管如此，她最近也換了一臺豐田 Mirai 氫燃料電池車，親身體驗氫動力車。「開這臺車很好玩，車子真的不錯，安靜又有力。」她對我說。「我前往兩個離我家比較近、開車約十分鐘可到的補充站補充氫能……用的時間跟在平常的加油站加滿油差不多，加滿一次能跑四百至五百公里。電池電動車其實最適合走走停停的交通狀況，我的氫動力車跟電動車不一樣，雖然有煞車回充設計，還是適合比較平順、不會走走停停的路況。如果我每天走高速公路上班，我的燃料經濟大概會比較理想……真正的重點是（加油站）夠不夠多，對於開車的人來說方不方便。加州在短短幾年間從〇增加到三十一個，現在確實方便多了。」

關於壓縮天然氣（CNG）與液化石油氣（LPG），也有人提出類似的看法。我們已經知道，壓縮天然氣不只在印度，在亞洲、南美洲和中東地區也是主要燃料。僅僅在英國，就有超過一千四百個液化石油氣補充站。與汽油及柴油相比，壓縮天然氣與液化石油氣屬於低排放燃料，但也都是石油化學工業的副產品，因此絕對不可能做到零排放。根據英國運輸部的正式報告，「液化石油氣車輛的二氧化碳排放量，通常介於汽油車與柴油車之間」，而「設計精良的液化石油氣與壓縮天然氣車輛的當地汙染物（一氧化碳、碳氫化合物、氮氧化物和懸浮微粒）排放量，與汽油車不相上下。」液化石油氣與壓縮天然氣車輛，只是稍有進步而已。類似德里、德黑蘭這些既長期存在嚴重空汙問題，又有現成的壓縮天然氣基礎設施的城市，在短期內推廣使用壓縮天然氣，確實合情合理，但電動化才是長遠的解決之道。而且，好啦，也許還包括氫能。生質燃料也是同樣的道理。我在這本書幾乎沒談到生質燃料，可能會因此遭受批評。生質燃料雖有其地位，例如農業機械所需燃料可以用現場的農作物廢料製作，但燃燒生質燃料（幾乎全是生質柴油）的地方，不會是市區。我們如果真心想提升空氣品質，就不能繼續在我們工作、生活的街道上，用幾百萬臺引擎燃燒東西。

在低碳車展的尾聲，公車將我們載回測試車道，車道上有長達一英里的空車隊伍，等著獨自前來的主人開回家，我的車子也在其中。在隊伍前端，一個電動車充電站空蕩蕩佇立著，期盼車子前來使用。充電站連接一臺柴油發電機，上方閃耀著充滿懸浮微粒與氮氧化物的熱氣。這種場面令人喪氣，卻也完美詮釋了我們在淨化空氣道路上所面臨的危機。我們要是沒想清楚，就會各自乘坐由柴油發電機組供電的無人駕駛車，還會安排電動船隻將煤運往發電站。

第九章 路怒

斯堪地那維亞總是讓我留戀。芬蘭人總愛說他們是北歐人，不是斯堪地那維亞人。然而同一種美麗的憂鬱，團結了整個半島。在赫爾辛基機場，深秋的天氣依然炎熱，轉乘公車得意洋洋地展示著芬蘭跳臺滑雪冠軍的照片。我登上安靜的電動火車，飛快越過了高聳的原始松林。接下來是城市的建築物、購物中心，以及大學校園，一片模糊的白與灰，彷彿在快速翻看一九九〇年代的宜家家居型錄。我從手提行李拿出鐳豆打開。我上一次使用鐳豆，是在一大早搭火車前往英格蘭的機場途中，當時的 PM2.5 濃度是三十幾 μg/m³（微克／立方公尺）；現在則是一 μg/m³，隧道中濃度一度升至七 μg/m³，沒多久又搖搖晃晃跌至五 μg/m³。

這次造訪赫爾辛基，因為這裡是當之無愧的全球空氣最乾淨的首都城市。而且特別的是，赫爾辛基並不以現狀為滿足，反而比大多數城市更努力消滅所剩不多的空氣汙染。「待辦事項」的第一件，是要讓自用汽車成為歷史遺跡。

我在火車上發簡訊給索妮雅．希基拉。她的大學論文在二〇一四年暴紅——至少在國際運輸界暴紅——之後，她也意外成為乾淨運輸運動的代表人物。她在論文中發明了一個新詞「交通行動服務」，又稱「MaaS」，背後的概念是一種無須所有權的多重車種運輸模式，足以扭轉自用汽車獨霸的局面。如今有專門以「交通行動服務」為主題的國際研討會，全是因為索妮雅的大學論文。「交通行動服務」的核心前提是：如果只需要一張磁卡，或是一個應用程式，就能使用所有的交通工具，那人們何必買汽車、輕型機踏車、自行車？甚至有可能，我們連火車票都不必買了。我們從甲地到乙地，為什麼全程只能用一種交通工具？而從乙地返回甲地，又得用同一種交通工具？為什麼只因為你擁有某個交通工具，就要一直製造不必要的汙染？

我在赫爾辛基火車站外面，看見電車、汽車，還有自行車。交通似乎挺繁忙的，於是我又拿出鐳豆，沒想到讀數仍然維持在一 $\mu g/m^3$。索妮雅開著一臺素樸的白色電動ＢＭＷ i3，暫停在火車站前的碰面地點。她任職的ＯＰ保險公司也認同「交通行動服務」的概念，將汽車共享服務DriveNow帶到赫爾辛基。會員可使用停放在赫爾辛基各地的車子，不需要自己擁有一部車。索妮雅急著把DriveNow最頂級的電動車開來給我看，但她也承認，她其實沒開過幾次。她想倒退，問道：「發動了嗎？我看不出來。嗯，看起來還沒。」她按下另一個按鈕，嗶聲取代了引擎聲。「i3大概是DriveNow最受歡迎的車款。」我們啟程離去，她對我說。「我老是租不到i3。」儀表板上有一條簡單的藍線，顯示剩餘電量尚可行駛一百六十公里。「我覺得如果只有兩個選項：不買車就不能想去哪就去哪；抑或買了車卻得負擔持有成本跟開車成本，那真的讓我們太受限了。」我們開著車子，靜靜駛過寧靜的芬蘭首都，她對我說。「有了車子之後，就算沒開，也要負擔保險等費用，太不自由……我想推廣的觀念，是你不需要仰賴任何固定工具，而是可自由選擇當下想使用的交通工具……我不需要總是使用我從家裡、或是從辦公室開出來的車子或單車，我可以隨時改用其他的交通工具。」

好的，「交通行動服務」不僅聽起來像、也確實是商業術語。但「交通行動服務」的核心前提，是有志追求乾淨空氣的每一個城市，都必須具備的觀念：我們必須戒除用車的習慣。這是乾淨空氣藍圖的一部分。電動車很好，但減少車輛更好。交通量減少，汙染也就沒了。在英國紐卡索，二〇一六年匯豐英國城市自行車大賽舉辦期間，市中心的道路一律禁止車輛進入，氮氧化物的濃度應聲下降百分之七十五。

索妮雅在二〇一四年的論文指導教授桑波・希塔寧，後來成立了自己的公司 MaaS Global，推出一款「Whim」應用程式，使用者透過應用程式，即可選用赫爾辛基市區的多種運輸工具（愈來愈多城市加入，包括英國伯明罕）。我決定趁著造訪赫爾辛基的期間，實際體驗一下 Whim。索妮雅送我到地鐵站，我滿手拎著包包、文件和口述錄音機，完全不知身在何處，只好向 Whim 求助，得到幾個建議，第一個是步行五分鐘，轉過街角去搭電車。我現在就站在地鐵站外，實在不想再去搭電車，所以我把螢幕往下滑，找到地鐵選項，按下「行程開始」。我沒有車票，只得到 Whim 的承諾：「車票會在行程一開始自動產生。」我步入地鐵列車，有點擔心會有問題。我還來不及確認是否有收到車票，就遇見了查票人員。「呃，我用 Whim？」我不好意思地說著，秀出我的手機螢幕，希望他能指點我。他回答：「Whim？」面無表情，好像從來沒聽過。這可不是好的開始。我跟他都呆呆望著我的手機。我弱弱地戳了戳車票按鈕。這一次有個綠色符號出現，顯示「大赫爾辛基，六十分鐘內有效」。查票人員說：「好，這樣就可以了。」說完就離去。我這才鬆了一口氣。我也不曉得車票要多少錢，但比起跟售票機搏鬥，迅速又簡單。

我抵達水邊的市中心區。鐳豆讀數在十二至十九 $\mu g/m^3$ 間擺盪，但從來沒有超越二十 $\mu g/m^3$，也就是世界衛生組織訂定的健康警示上限（除非我經過吸菸者身邊，那讀數很容易就竄上三位數）。我走在卡勒凡卡圖街，六層樓高的磚造建築與小餐廳，讓我想起曼哈頓。這條街通往大道，要不是有電車上上下下，還真的更像巴黎。這裡也有汽車，但乘客人數不如單車與公車。鐳豆讀數只有九 $\mu g/m^3$，後來又降至八 $\mu g/m^3$。

MaaS Global 新的空中別墅辦公室，在我抵達時正在「開箱」。金屬門鈴的塑膠保護膜還沒拆掉，電梯裡面也鋪著硬紙板，很像一個等待開啟的包裹。我走進辦公室，看見執行長桑波・希塔寧正在跟員工分享他最近造訪日本的見聞。他立刻無縫轉換成英語，好讓我也聽懂。「廁所的馬桶，」他說，「上面有一個洗手臺。你洗過手的『髒水』，就用來沖馬桶。這種永續的封閉循環真是太好了！」他遞給我一杯咖啡，帶我進入玻璃圍牆的會議室。桑波說：「城市有愈來愈密集的問題。正常的曲線會隨著GDP上升，持有車輛的人口比例也會上升。城市很擁擠，動彈不得。」不過他可沒有動彈不得，整個人精力充沛、活力四射，即使坐著也照樣動來動去。「有兩種方法可以解決這個問題：一個是看著地圖，開始禁止這個、禁止那個。但在民主自由的世界，這樣做很困難，即使在其他制度下也不容易。奧斯陸跟巴塞隆納正在做的事，我不太有信心。政治人物說一句『我們要在二〇三〇年前禁用汽車』很容易，但不可能做得到。除非，這就是我要說的另一種解決方案，除非有更好的選項。要解決排放的問題……要回頭看看那些車主，思考他們為什麼要買車……如果我們在交通工具規畫的典範，能從擁有車子、變成擁有我們自己的服務商，或是服務供應商，整個制度就會改變。」

在歐美，持有汽車及考駕照的年輕人愈來愈少。桑波認為保險費用上漲只是原因之一，另一個原因是年輕人認為擁有汽車「是一種累贅」。在二〇一七年年中，美國德州奧斯汀的區域公共運輸機構，推出Pickup應用程式。使用者透過手機，可要求搭乘公共運輸工具，前往服務範圍內的任一地點，等於是一種隨選公車服務。類似的服務在全球各地陸續推出，例如倫敦的Citymapper Smartbus；在米爾頓凱恩斯，布萊恩．馬修斯正在規畫一個無人駕駛小型公車系統，能以跟汽車一樣快的速度，將使用者送往目的地。服務品質也與汽車類似，有個人的空間、不必擠在很小的地方……這種優質的經驗是個賣點，同時挑戰汽車的地位。

另一種選擇是鼓勵人們共用汽車。這是 MaaS 的中心思想，索妮雅最近一次在赫爾辛基使用的共享汽車服務就是一例。倫敦議會的萊昂尼．庫珀是這個構想的鐵粉，她說：「重點是要鼓勵人們加入電動車會員，共用汽車，使用汽車也要更講究效率……我覺得加入共享汽車會員是正確的方向。雖然沒有自己的汽車，但想用車時就有得用。當你要出門倒垃圾，或是去拜訪住在沙福郡的阿姨……如果是共享汽車的會員，對某些人來說，費用會便宜很多。加上養車並不便宜。我覺得我們要算給大家看，沒有汽車就不必付道路稅、保險費……而加入會員就能使用各式各樣的車子，不是只有你名下那部車而已。」

在低碳車展，共享汽車也是汽車業界重視的主題。汽車製造商及貿易商協會（SMMT）的政策主任康斯坦斯．史卡令指出，共享汽車的「爆炸性成長」，「在短期內就可望出現……我們認為（英國的）共享服務的會員人數，在二〇二五年前可達到兩百三十萬人。」包括 Zipcar、DriveNow 和 Enterprise CarShare 在內的共享汽車服務商，目前在英國有超過二十萬名會員。如果兩百三十萬的數字預測正確，就代表在未來的八至十年間，英國的路上會減少約十六萬臺自用汽車。業界分析公司 Frost & Sullivan 認為，包括 Uber 與 Lyft 在內以應用程式作為營運平臺的計程車服務，可能會導致二〇二五年之前，全球道路上的車輛總數減少一千〇四十一萬臺。史卡令說，這代表「運輸的未來將出現重大的變化」。

我在低碳車展，向安迪．伊斯雷克問起一個顯而易見、卻被眾人忽略的事實。如果共享汽車的終極目標是減少排放，也減少路上的車輛，那豈不就等於跟車展的每一家車商作對？他說：「那確實是終極目標之一，我完全同意。我們還必須經歷許多重要的演變。所以我們要盡量提升車子的效率，盡量減少耗能。車子無論使用哪一種引擎，都必須是零碳、零排放，而目前顯然是電動車的表現最好。不過，儘管我們已經做到零排放運輸，卻還是沒有解決擁擠與空間不足的問題。如果在二○五○年前，在路上行駛的不是三千五百萬臺汽油車與柴油車，而是四千萬臺電動車，那我們就失敗了……交通還是會打結。所以我們要做的，是改變整個運輸與持有的模式。與其買一臺兩萬五千英鎊的車子，百分之九十五的時間都放著不用，還不如買一臺三萬五千英鎊的車子，當成資產充分運用，達到百分之六十五的使用率。這麼一來車輛減少一半，行駛的里程還是一樣。」可是原始設備製造商（OEM）當然是想賣出**更多**汽車吧？「賣的是更好的車子，價格稍微高一些，還有附帶服務，這些都是運輸的成本。」伊斯雷克說。「而且車子使用得更頻繁，也會汰換得更頻繁。」

為了減少城市的排放量，我們不能再一出門，就自動走向車道上的自用汽車。很多人開車，往往是因為車子就在那裡，方便得很，而且反正都花了錢，不開白不開。共享汽車服務將汽車與其他運輸工具放在平等的地位，再問一個問題：你今天從甲地到乙地，用哪一種交通工具最理想？共享汽車服務也是道路運輸電動化的最快方式。不是每個人都負擔得起電動車，但任何人只要買得起二手車，就能負擔加入共享汽車服務會員的成本。巴黎的 Autolib 在二○一八年終止服務前，是全球最大的共享電動車服務，不過精神仍然存在於世界各地群起仿效的城市中＊。波蘭弗次瓦夫的Vozilla 共享汽車服務，共有兩百臺 Nissan Leaf 電動車；日本的 e-share mobi 免收會員費，按次使用計費，所有車子採用全新的 ProPILOT 自動駕駛技術。如此巧妙的設計，能讓使用者同時熟悉電動車與自動駕駛；原本經營巴黎 Autolib 的 Bollorb Group，後來也在世界各地經營類似的共享服務，包括印第安納波利斯（BlueIndy）、洛杉磯（BlueLA）、倫敦（Bluecity）和新加坡（BlueSG）。

共享電動車服務是乾淨空氣藍圖的一部分，但更理想的做法，是鼓勵人們戒除用車的習慣。這並不是說要消滅路上的汽車，只是要減少汽車數量，削弱汽車的獨霸地位。二〇一七年，C 40城市氣候領導聯盟的執行長馬克．瓦特在他的部落格寫道：「自用汽車終究不是氣候與乾淨空氣的最佳解決方案……將車輛電動化，是對抗空氣汙染與氣候變遷的重要步驟。但人民最終也必須脫離自用汽車，改用大眾運輸，也就是公車、火車、共享汽車，還有老派卻有益的步行與單車……我們的街道會更安全、更安靜，也更舒適。」

「未來的 MaaS 城市會是怎樣的面貌？」桑波看似在跟我說話，其實是在問自己，「例如倫敦

＊巴黎也延續這種精神。在二〇一八年夏季，巴黎的共享電動車市場開放眾家競爭。雷諾汽車在二〇一八年九月推出「無停靠站」共享汽車服務 Moov'in；Cityscoot 電動摩托車的總數，到了二〇一八年增至六千臺，到了二〇一九年又增至一萬臺，規模遠遠超過 Autolib。

地鐵是倫敦的骨幹。不過從地鐵出來，有多種服務中心可以選擇。你從地鐵站出來，你的 Segway 共享平衡車，或是汽車、隨叫隨停（例如 Uber）、自動駕駛聯網車，也可能你的無人機插上電，就能連結其他中心。你現在從地鐵站出來，會看見什麼？一個圓環。我們如果想要有全新的未來，就必須做好基礎建設。」

世界衛生組織的報告中的一句話，下了完美的總結：「都市計畫不佳，導致過度依賴無限擴張的自用汽車運輸，是都市排放的一大來源。」桑波的職業生涯是從都市計畫開始，他也說：「我們愈快開始建設未來，未來就來得愈快。」有些城市已經開始走向未來。馬德里市長曼紐埃拉・卡蒙娜打算禁止自用汽車進入馬德里市中心，她透過西班牙的廣播電臺表示，她在二〇一九年五月卸任前，馬德里的主要道路格蘭大道，將僅開放自行車、公車和計程車進入；她在先前也曾宣布，二〇二五年以前，柴油車將一律禁止進入馬德里。而馬德里二十四條最熱鬧的街道，已經重新規畫為徒步區，不開放車輛進出。巴塞隆納不想被國內對手超越，在二〇一七年九月設置市區的第一個「無車區」，位於巴塞隆納的 El Poblenou 社區，占地一萬五千平方公尺。二〇一八年還會增設六個無車區，每個約可容納五千至六千人。無車區僅僅是給予行人與單車騎士高於汽車的優先通行權，汙染就可望減少將近三倍。無車區的路邊停車格將會廢除，改為街頭遊戲、運動的空間，甚至設置露天電影院。

聖巴托羅繆醫院的克里斯・葛利菲斯教授，是「反柴油醫師」運動團體的創辦人之一。他對我說：「讓柴油在路上絕跡非常重要，但是……重點不只是柴油，也包括減少交通量，把市中心改造成讓孩子走路上學，或騎單車上學，而不是坐汽車上學。孩子們有更多空間能玩耍、運動，也能避免肥胖。未來的城市生活會比現在享受得多……沒有柴油、沒有內燃機，車流量更少，運輸系統更好，城市居民的生活品質將大為提升。」在倫敦南區，格林威治的市民代表丹・托普讓我看見一個極好的例子，叫做「行走的校車」。那就像傳統校車，在前往學校的途中會定點停下，在每一站接孩子上學；但與傳統校車不同的是，根本沒有車子，只有一群身穿反光外套、手牽著手的孩子走在一起。隊伍兩端各有一位指定的成人跟隨，通常是教師，或是預先分派的家長。「有些學校每天這樣做，」他對我說，「還會準備海報跟標語宣傳理念。冬天就比較難成行，不過類似的大規模行動正是推動進步的方法……我們還有一年一度的節日，到時會封街兩天，那種遠離車輛而自由的感覺真的很神奇。」

公共運輸很重要，也遠遠優於個別的電動車，但想要擁有乾淨的空氣，還是要把我們自己的雙腳當作交通工具（又稱「主動運輸」）。根據臺夫特理工大學的研究，一條三・五公尺寬的馬路，每小時汽車乘客運輸量只有兩千人，單車騎士的運輸量卻可達到一萬四千人，行人的運輸量更多達一萬九千人。這還不包括省下來的停車空間。

然而，道路空間的爭奪戰既真實又血腥。倫敦、紐約等大城市的單車騎士增加，用路人之間的仇恨也愈演愈烈，性命與四肢因而折損。二〇一一年的紐約市一共發生七百五十四起機動車輛與自行車的相撞事故，三名單車騎士喪生，七百五十五人受傷（其中只有十名車輛乘客）；到了二〇一六年，數字急遽上升：一共發生四千五百七十四起機動車輛事故，四千五百九十二人受傷，十八名單車騎士喪生（沒有機動車輛乘客死亡）。這些事故多半是真正的意外，但也有些不是。類似「職業單車騎士遭路怒症駕駛打昏（二〇一八年三月二十八日，road.cc），以及黑色計程車駕駛「向單車騎士全面宣戰」（二〇一八年三月二十二，《倫敦旗幟晚報》）的標題，流露出真實的恨意。藝術工作者兼單車騎士葛雷森・派瑞在二〇一八年四月發出一則推特，震撼程度不如媒體標題，卻也呈現出日常生活中不斷上升的敵意：「致今天早上開著黑色 Citroen C3、在巴恩斯伯里路撞上我的那個女人：去妳的」；還有推特帳號每天專門貼出交通事故兩造互罵的內容。

在巴黎無車日，這種一觸即發的怒氣潛伏在所有用路人之間。那天的交通量只減少百分之五十二，許多汽車與貨車根本不把「無車禁令」放在眼裡。警方與志工阻擋了一些，但硬闖的車輛太多，實在疲於奔命。計程車與 Uber 倒是可以進入巴黎，但這兩種車的外觀太像自用汽車，所以很難與不甩禁令的當地車輛區隔。巴黎無車日工作人員瑪瑞拉・艾瑞佩對我說：「這裡面有些人，尤其是計程車司機，態度很凶……常常是這樣……他們不高興馬路被幾百名單車騎士占去一大半，導致他們不得不把車子開慢一點，在紅綠燈跟十字路口也要等上更久……還有一些駕駛會趁交通量減少開得很快……汽車還是太多，駕駛也不遵守每小時三十公里的速限。」掌管巴黎運輸的副市長克里斯多夫・納多夫斯基對《衛報》坦言：「我們必須改變人們的態度跟行為。」

但這一切都有辦法解決。而且前面的章節已經暗示過：設置單車專用道，將單車騎士與車輛分隔開來，再規畫更多汽車不得通行的道路。倫敦平均每一萬名單車通勤族就有一・一人死亡，優於紐約的三・八人*。但重點並不在於城市中有多少單車騎士。哥本哈根與阿姆斯特丹是全球單車騎乘密度最高的兩座城市，約有一半的通勤行程使用單車，每一萬名單車通勤族分別僅有〇・三與〇・四人死亡；在倫敦與紐約，戴自行車安全帽的人口比例也較高。差異在於自行車有專用道可用，不必與卡車、汽車爭道；在丹麥哥本哈根，市區超過百分之五十的行程是以自行車作為交通工具，公共運輸占百分之三十，汽車僅占百分之二十五。

赫爾辛基正在仿效哥本哈根的成功經歷。我用 Whim 應用程式搭上公車，前往負責管理赫爾辛基的公園、資源回收，以及空氣品質的赫爾辛基環境中心。環境中心位於市郊，我恐怕來不及趕在約定的下午五點半抵達。每個人上車都拿出卡片感應，只有我拿著手機。想想沒多久前，人們還得從口袋掏出零錢付車資，現在的無現金搭車，速度確實快多了；再過不久，連卡片都不用了。公車離站，抵達的時間正如 Whim 所示：下午五點三十八分。我因為遲到向環境中心主任伊薩・尼

---

*與英國現役陸軍二〇一四年每一萬人有四・三人的死亡率差不多，有些恐怖。

庫南致歉，隨後發現環境中心只剩他一人，又再度致歉——芬蘭人通常是下午四點下班。「赫爾辛基很努力推廣自行車、步行和公共運輸。」他說。「我們在交通規畫上也很重視這一點。赫爾辛基市區每年都新設許多自行車道，市中心有些街道也將禁止自用汽車進出。」他告訴我，我搭公車的那條主要道路，很快就會完全禁止自用汽車進入，不過公車還是會繼續進出。他說：「很多人都很不高興。」一座耗資一億五千萬歐元、連結市中心與赫爾辛基眾多郊區島嶼之一的橋，也即將開工興建。「完全不會開放自用汽車上橋，僅限公共運輸，包括電車、自行車、步行。開車要走十公里左右，橋的長度（卻）不到兩公里。」這是為了讓非汽車運輸成為更方便、更有吸引力的選項？「對，沒錯，那是主要的策略……那裡的住宅也愈來愈多，如果從新的住宅區可以很快就能到市中心，自然更吸引人。」我後來得知，總共要興建三座這樣的橋，叫做王冠橋，連結島嶼住宅區，而且會全面禁止自用汽車進入*。

「哥本哈根跟其他城市的差別，在於基礎設施的服務很到位。」桑波也對我說。「在哥本哈根騎單車，最棒的是我如果左轉，也還是有自行車專用道可以走，會一直延續下去；很多地方的自行車專用道隨時會中斷，沒有人在意。而汽車就絕對不會碰到這種問題。」赫爾辛基市議會的首席創

*不只在斯堪地那維亞（抱歉，應該說「北歐國家」才對）。美國最大的無車橋梁，是位於波特蘭的提利康跨河大橋，於二〇一五年九月啟用，設有專用的輕軌、有軌電車和公車道，另外還有自行車與行人專用道。

新顧問薩米・薩哈拉對我說，赫爾辛基是最近才開始鼓勵民眾騎乘自行車。赫爾辛基於兩年前才推出自行車租借服務。「很受歡迎。今年夏天天氣不太理想，不過在使用率最高的日子，每一千四百臺自行車（本來有一千五百臺，我們送了一百臺給鄰近的城市）每天平均跑十一趟行程。這在自行車租借服務中，已是數一數二的高。所以我們好像也變成了自行車城市……我們正在興建自行車公路，叫做『Baana』。以前有一條鐵路經過市中心，廢棄很多年了。約莫八年前，有人建議改造成自行車道，結果大受歡迎。起初很少人用，後來愈來愈多人發現要穿越市中心，走自行車道能省下很多時間，使用者才慢慢多了起來。」

我那天下午租借了赫爾辛基的自行車。我想前往距離最近的 Baana，就預先上網登記（當時還不能用 Whim 登記），走到距離最近的自行車停靠站。我從 hel.fi 網站下載的 Baana 正式版路線圖，只是一個 pdf 檔案，很難搞清楚我目前的所在地。於是我決定走距離最近的路線，看能通往哪裡。很快到了一處工業區，我走的車道旁邊，是車流繁忙的汽車用三線車道。這不是我想像中綠意盎然的赫爾辛基。我很快騎到橋上，朝著右岸停滿小船的小艇停靠區騎去。地平線上有黃色的光輝，是太陽從雲朵中露臉，照耀著海面，也將一艘外表古老的帆船照出影子來。我騎著車，走在這條好騎到近乎享受的自行車專用道，經過其他自行車騎士身邊，簡直想揮手大叫「超棒對不對？」這裡與英國不同，自行車騎士、行人與汽車似乎能和平共處，互相包容。我往回朝中央車站騎去，看見第一條 Baana：穿越市中心的舊鐵道，位在許多橋梁下，如今是一條雙向自行車道與步道；甚至還有類似高速公路的數位標誌，只是我看不懂它表達的意思。在我和其他騎士上方，在舊鐵道穿過的懸崖上，城市的馬路上塞滿著行進緩慢的汽車。

自行車的基礎建設，絕對是「只要蓋得好，就有人來」。在荷蘭，全國密布交錯的自行車專用道，百分之五十的兒童每天騎單車上學；在英國的大曼徹斯特，不到百分之二的兒童每天騎單車上學。倫敦在二〇一〇年啟動自行車超級高速公路興建計畫，被抨擊是「藍漆」而非「藍圖」，車輛駕駛根本不放在眼裡，自行車騎士也不喜歡缺乏保護（換句話說，他們還是會繼續喪生）的超級高速公路。不過在二〇一五年，倫敦依據國際自行車基礎建設最佳實務研究調整策略，改以混凝土路緣，將「藍色」自行車道與汽車分隔開來，並將車道變窄以挪出空間。右派報紙刻意發布照片，塞車的車道旁是空蕩蕩的自行車專用道，例如《每日郵報》二〇一六年十月五日的頭版標題「自行車專用道蠢到爆！新的禍害癱瘓倫敦」（是的，這真的是全國報紙的頭版標題）。然而，過去擔心死亡率太高、不敢在倫敦騎自行車的人們，終於能放心騎乘，自行車專用道很快就滿載。到了二〇一八年初，《每日郵報》的攝影記者必須清晨就爬起床，才可能拍到空蕩蕩的自行車超級高速公路。早上七至十點的尖峰時間，從黑衣修士橋進入倫敦中區的交通量當中，自行車騎士占百分之七十。

伊斯林頓議會的蘿拉．派瑞也想將商業活動從貨車轉移到自行車，具體來說是「載貨自行車」，自行車前方設有載貨的箱子。理論上聽起來不錯，但企業真的會感興趣？試營運才幾個禮拜，蘿拉就對我說：「我們到目前為止，已經輔導十三家企業改用載貨自行車。現在很多企業送貨的方式，根本就不合理。我最近接觸伊斯林頓的一家批發零售商，他們在安吉爾附近有一家店，在牛津街附近也有一家店（兩家店相距約四公里）。他們每次要送貨給客戶，就得先安排牛津街的貨車開到安吉爾，再送貨給才兩條街之外的客戶。於是我們輔導他們改用載貨自行車，畢竟他們本來送貨的方式太浪費時間、資源跟金錢了……他們有五名員工，都很樂意輪流（使用載貨自行車）送貨，而且很喜歡。他們騎自行車送貨給客戶，也能拉近跟客戶的距離……絕對是很好的宣傳。」例如美食外送公司 Deliveroo，主要的交通工具就是自行車，而不是摩托車。Deliveroo 目前與英國超過一萬五千名自營自行車外送人員合作，在全球則是三萬名。

路上有接觸汙染的風險，那究竟是否該鼓勵人們在路上騎自行車或步行？劍橋大學在二〇一六年主持的大型多國研究，發現 PM2.5 濃度若是二十二 μg/m^3，「即使是最劇烈的主動移動，身體活動的效益也遠遠超過空氣汙染的風險」。根據這項研究，在百分之九十九的受汙染城市，騎自行車的健康效益多於負面影響。即使 PM2.5 濃度超過一百 μg/m^3，在任何地方都算是高濃度（德里除外），「每天騎自行車一小時又三十分鐘，或步行超過十小時，對身體的損害才會超過效益」。二〇〇一年的一項丹麥研究中，追蹤使用相同路線的駕駛人與單車騎士，發現駕駛人接觸的懸浮微粒與BTEX（苯、甲苯、乙苯及二甲苯）濃度，是單車騎士的二至四倍。因為單車騎士享有開放的氣流，而不是悶在汽車裡的不流動空氣中；研究也發現騎自行車的兒童吸入的汙染濃度，遠低於汽車後座乘客。蒙特婁的一項研究發現，自行車專用道對於個人接觸的汙染濃度影響很大。在車流中騎乘自行車接觸到的黑碳濃度，比在自行車專用道騎乘高出百分之十二。單車騎士與慢跑者，通常是以良好的健康基礎，來對抗相同的空氣汙染。運動量少的人，則須依靠較弱的免疫系統抵抗汙染。劍橋大學研究的結論是，在受汙染的城市步行與騎單車，即使主動移動的程度極劇烈，效益也將遠超過空氣汙染的風險；如果是以步行及騎單車取代開車，效益會更上層樓。

在德里，我問夏瑪博士一個對中央道路研究院可能算是不敬的問題：減少馬路，增設自行車道與人行道，也能解決德里的汙染問題？「如果我沒誤會的話，你說的應該是非機動運輸、行人和自行車？在德里很難推動，因為沒有設施……太危險了。」德里地鐵站吐出的大量乘客，湧入破敗的人行道與交通繁忙的公路，然後再搭計程車，才能抵達目的地。「這叫做最後一哩連結性。這也很好，理論上是個不錯的構想，問題是需要基礎設施，要有基礎設施就需要投資。德里地鐵必須要有最後一哩連結性……但購地始終是個問題。土地遭收購會拿到補償，但印度人哪怕是豁出性命，也要守住土地；如果能拿補償金，就獅子大開口，不惜上法院一戰。我跟你說過，我們太民主了，官司一打就拖上一、兩年。」夏瑪博士說。德里地鐵是「印度的榮耀」。要是沒有德里地鐵，汙染一定會更嚴重。但是這裡的公共運輸，就像美國許多地方的公共運輸，有形象問題。我問夏瑪博士，他自己會不會使用公共運輸，他笑說：「你知道了一定會很驚訝，我身為顧問，為德里地鐵做過至少二十個環境研究計畫。但我這輩子到現在，頂多（搭乘過）兩三次。」我說我真的很意外。「是啊，原因就在於最後一哩連結性；第二個原因是太擁擠了。」他說，他比較喜歡汽車的「舒適度」。

在那個禮拜，我又與住在德里的作家拉納・達斯葛塔見面。他對我說：「使用公共運輸跟財力有直接關係。如果你有錢給你們家每個人買車，你們家的人就絕對不會搭地鐵或公車，尤其是不肯搭公車。」他跟我說，在德里主辦大英國協運動會（二〇一〇年）期間，政府重新規畫主要道路，增加公車專用道與自行車專用道。「這個城市當然很重視地位跟階級那一套。人們完全不能接受窮人使用汽車禁用的車道，而開車的人在旁邊塞車。」他說。「他們都開在公車專用道上，公車就困在車陣中。（市政府）得聘用全職人員，站在道路分界線，指揮車輛分流，對著汽車舉『僅限公車通行』的牌子。自行車專用道與馬路間，用很脆弱的擋柱隔開，那些擋柱很快就被撞翻，汽車也直接走在自行車道上，於是演變成你現在看到的局面……市政府完全放棄（這個構想）。」他說。汽車仍然是德里的核心，也是德里人身分地位的象徵。「常常可見（報紙上的）結婚啟事寫著『新郎二十五歲，駕駛本田 City XLS……』車子的確是社會階級的象徵……也代表人在路上擁有的權利……很多人為了搶停車位，還不惜開槍。鄰里間爭吵得最厲害的，就是汽車的停車位。」他一邊說著，外面傳來尖銳的汽車喇叭聲。

在德里，步行與騎自行車其實是非常普遍的運輸方式，「但只有這個城市百分之五十的窮人使用，」拉納說，「我有一個朋友決定賣掉汽車，以後都騎自行車……可是很多人真的會停下腳步，盯著騎單車的有錢人看，因為太罕見了。他們根深柢固的觀念，是自行車代表某個低下的階級。」在我住宿的旅館，女主人凡達娜力勸我不要「使用兩輪的交通工具，那等於被判死刑。我接待過很多外國客人，年輕人……他們跟我說『要騎單車』，我說真的假的？你們會死掉。」但她也憶起過往的快樂時光，「我們小時候都會騎單車出去，我們都有單車……現在我連從家裡到國防殖民地的市場（距離不到一公里）都不騎單車。我把單車賣掉了。」乾淨空氣運動人士舒布哈妮．塔瓦對於單車式微也相當惋惜。「我們這個城市應該重建單車文化。」但她也說，這是「先有雞還是先有蛋」的問題：「沒有自行車道，我們還要不要騎自行車？」

來自黎巴嫩的醫師卡拉．史提芳，目前在倫敦的公共衛生慈善組織 Medact 服務。她說，黎巴嫩的汙染也來自「很多汽車。例如我家有五個人，每個人都有車，那就有五臺車。這在黎巴嫩很正常。即使是較貧窮的家庭，每個有工作的人，也各自有一部車，不然沒辦法去工作。沒有真正的公共運輸可用……我們以前有火車和公車，可是汽車業爭取到很多開發中國家支持……塞車也變得很嚴重。」但有一些開發中與中等所得國家，打破了非汽車不可的局面。例如公車捷運系統與普通公車系統的不同之處，在於公車捷運系統擁有其他車輛不得使用的專用道，很像地面上的捷運，或是沒有軌道的電車，因此遠比捷運與電車便宜。公車捷運系統於一九七四年，在巴西古里提巴首度推出，很快擴及哥倫比亞、土耳其、伊朗等地。墨西哥市的公車捷運系統 Metrobús 於二〇〇五年推出，是拉丁美洲路線最長的公車捷運系統，每天服務八十萬名乘客，每年大約服務一億八千萬名乘客。但重點在於對多數人來說，公車捷運系統取代了對汽車的需求。根據估計，公車捷運系統推出之後，百分之十五的人的交通工具從汽車轉為公共運輸，自用汽車的每日旅次也減少十二萬兩千。僅僅是 Metrobús，就讓墨西哥市每年減少約六百九十公噸的氮氧化物。

墨西哥市向全世界示範如何經營公車捷運系統，並引領「城市綠化」運動。這是乾淨空氣城市藍圖的下一個項目：城市需要大量的綠色空間與植被，才能對抗汙染。樹木、植物與草會吸收二氧化碳，過濾懸浮微粒。在一九八六年的墨西哥市，每位居民只擁有兩平方公尺的綠色空間；到了二〇一六年，每位居民擁有的綠色空間增加到超過十六平方公尺*。除了公園空間與植樹面積逐漸增加之外，截至二〇一五年，墨西哥市擁有超過三萬五千平方公尺的綠色屋頂（密集種植維護需求低且耐寒的草甸植物與多肉植物的屋頂），多半位於公共建築，並於二〇一八年增加一萬平方公尺的綠色屋頂。二〇一六年，墨西哥環境部長拉斐爾・帕基亞諾宣布，政府要在墨西哥市展開所謂「歷史性人工造林」，要種植一千八百萬棵樹，增強「大都會區的綠色地帶」。

*東京是三平方公尺；伊斯坦堡是六・四平方公尺；世界衛生組織建議的最低值，是每位居民至少九平方公尺；奧地利維也納的居民很幸福，每人享有一百二十平方公尺。

生活在綠色植物中，呼吸的空氣品質會更好。這是顯而易見的道理，也有很多科學證據能證明。蘭卡斯特大學在二〇一二年發表的研究中，證明城市中的有效植栽，能讓路上的二氧化氮濃度降低百分之四十，PM10濃度降低百分之六十。我們知道樹木雖會大量釋放揮發性有機化合物，卻能吸收臭氧與二氧化氮，同時過濾懸浮微粒汙染，效益遠大於缺點。蘭卡斯特大學的研究人員發現，「明智使用植栽，能在城市中有效過濾汙染物；在人口密集的市區，能立即且長期提升路面的空氣品質。」植物是透過一種叫做「乾沉降」的過程，消滅懸浮微粒，也就是粒子附著在植物葉片的表皮蠟質，再由雨水沖走。蘭卡斯特大學在二〇〇九年的另一項研究，發現一棵樹能讓周圍的PM10濃度減少百分之十五。葉片氣孔，也就是植物用來呼吸的細孔，也會吸收多種氣體，大半是二氧化碳，但也有二氧化氮、臭氧和二氧化硫。

城市想追求乾淨空氣，可以從種植樹木、常春藤與一般植物這些簡單的方式做起。但有些城市已經在思考更宏觀的構想。米蘭建築師史蒂法諾．博埃里以他的「垂直森林」設計聞名國際。在永續發展的圈子，「垂直森林」是存在已久的話題，但很少人付諸實行。史蒂法諾踏出了第一步。「垂直森林」是兩棟樓高二十七層的住宅大樓，位於米蘭的新門區，於二〇一四年十月正式啟用，外部種植超過七千棵樹、五千棵灌木，以及一萬五千棵多年生與攀緣植物。兩棟建築物占地僅僅一千五百平方公尺，卻能帶給社區相當於兩萬平方公尺的森林與林下植物。這可不是在陽臺多擺幾個盆栽而已，種植與灌溉融入建築物的基礎設施與整體設計。樹木與灌木是用太陽能抽水泵浦系統所抽取的地下水灌溉，最大的一棵在種植當時高度為九公尺，連土壤在內重達八百二十公斤。在炎熱的義大利夏季，僅僅是植栽，就可讓建築物內部溫度最多降低攝氏三十度，無須裝設空調。包括紫燕、紅尾鴝、蒼雨燕在內的眾多鳥類，也在樹上築巢。

「我是在二〇〇六年，有了垂直森林的概念。」史蒂法諾對我說起這個計畫，仍然滿懷熱情，「我當時在杜拜提案，要興建一棟兩百間公寓的建築，外牆全是玻璃。我記得我當時說：『這太瘋狂了，在沙漠這樣搞！』我大概是那時候，有了樹木與森林的構想，就在那一刻……我提出在建築物外牆種滿樹木，也就是生物建築的概念。」儘管提案沒獲得客戶青睞，但構想不斷在他心中成長。史蒂法諾的母親是設計師辛妮．博埃里，最知名的設計作品是米蘭北區森林中的一間小屋。史蒂法諾笑著說：「所以我也算是命中注定要設計有樹木的作品！」他說，等到米蘭的垂直森林終於動工，「我們研究了很多建築師從來不會研究的學問：包括一棵樹在超過一百公尺的高度該如何存活，需要怎樣的濕度、陽光、風量，以及哪一種土壤，又該如何將根部固定在底部＊，如何設計（能承受）土壤重量的結構，為了建築物著想應該選用哪一種維護系統……我們花很多精神研究……之後我又拿給客戶海因茲先生看，他說好，我們開始吧。」史蒂法諾說，建築設計以樹木與

＊每一棵樹的根球都以橡皮筋固定在土壤裡的鋼鐵網；中型與大型的樹木另有安全索固定，即使樹根斷裂也不會墜落；至於最大型的樹木，若是位在受風最強的位置，根球會由安全鋼籠固定，遇到強風也不會翻覆。

植物為起點：「我們依據樹木的大小與比例設計建築物……先張羅一個約有一千棵樹的苗圃。我們引導樹根如何生長（在那個空間）。」種樹作業始於二〇一〇年，「二〇一二年底起，我們把樹一棵棵搬移，到現在已經五年了……我覺得這是一種開放性的實驗。如今我們在全球各地的案子，也都會借鏡米蘭的垂直森林。」我問這五年下來，他們發現了什麼？哪些植物生長得不好？「植物都在，」他說，「挺神奇的，我們還以為大概有百分之十會死掉、或長得不好。起初有兩萬一千棵植物……當中約八棵有點問題，就八棵……二氧化碳是超強的肥料！確實如此。在中國也一樣。沒想到在空氣汙染這麼嚴重的地方種樹，竟然長得好又快，完全出乎我們的預料，但這也算是一種機會，你說對不對？」

他的史蒂法諾．博埃里建築師事務所，又接連在多倫多、紐約、南京、烏特勒支，以及墨西哥市建造垂直森林，而他迄今規模最大的案子，是中國南方的柳州森林城。柳州森林城由柳州市城市規畫局委託建造，能夠容納三萬人、四萬棵樹，以及近一百萬棵植物；每一道牆、每一個屋頂會種滿植物，每年可望吸收近一萬公噸的二氧化碳，以及五十七公噸的汙染物，包括二氧化氮與懸浮微粒，還可製造約九百公噸的氧氣。「在中國，我們選用的樹木與義大利完全不同。」史蒂法諾說。「每個地方的建築，取決於選用的樹木……首先，我們增加公園與花園，還要人工造林，讓城市四周遍布森林。」

建築綠化是都市空氣汙染解決方案的一大重點。「大氣中百分之七十五的二氧化碳，來自城市

（製造）的汙染。」史蒂法諾說。「而世界各地的森林會吸收百分之三十的二氧化碳。所以我們要把森林移到城市裡，從內部打擊敵人……成本並不高……我覺得這是一個對抗（空氣汙染）非常、非常**簡單**的方法。」一般來說，一公頃的森林約有三百五十棵樹，柳州森林城將等同於一百一十四英畝的森林，不過占地遠遠小於一百一十四英畝。儘管目前尚未建成，但如果再結合電動運輸與主動運輸，以及再生能源，柳州森林城有相當大的機率，能成為全球第一減碳正效益城市，對環境的回饋多於索取。

對於較老的城市而言，種植植物與樹木也是很容易實行的改裝計畫。法國在二〇一五年三月實施新法令，規定國內商業區所有新建築，包括商店、辦公室與餐廳，安裝太陽能板或綠色屋頂，以提供鳥類棲息地、吸收懸浮微粒與二氧化氮、保留雨水，並在夏季與冬季發揮隔熱功能；多倫多也有類似的法令，要求二〇〇九年之後興建的商用建築與大型住宅建築，必須擁有至少百分之二十的綠色屋頂覆蓋率；在蘇黎世與哥本哈根，無論是私有抑或公有建築物，所有新設的平坦屋頂，都必須是綠色屋頂；在東京，從二〇〇一年開始，面積大於三千三百平方公尺的新建築，一律須涵納至少百分之二十的可用綠色屋頂空間。

新加坡是全球人口密度最高的城市國家，大約五百六十萬人，擠在六百八十平方公里的領土。當地政府計畫在二〇二〇年前，將每年 PM2.5 濃度降低十二 $\mu g/m^3$。儘管領土有限，新加坡仍然打算在二〇三〇年前，實現每一千人擁有〇．八公頃綠地的目標，進而降低 PM2.5 濃度。根據新加坡宜居城市中心，新加坡的綠覆率在一九八〇年代約為百分之三十六，到了二〇一六年上升至百分之四十七——儘管島上的人口在同一時期成長超過一倍。新加坡所有的新建築，都必須含有綠色屋頂或綠色牆。如今新加坡有數百公里的自行車道與步道蜿蜒其上，串連各處綠地與水路，目的是在一個過往由汽車稱霸的城市，孕育自行車騎乘文化。終極目標是建設六百四十公里的步道與自行車道。但真正吸引目光、也激發想像力的，是占地兩百五十英畝，看似《星際爭霸戰》中烏托邦世界的濱海灣花園裡面的「擎天樹」。人工樹的高度為二十四至四十八公尺不等，能吸收足夠的太陽能，提供夜間照明。「樹幹」是垂直花園，超過十五萬種植物交織在類似樹枝的電線架構中。

每個人都能為城市綠化盡一份心力。如果一棵樹能減少百分之十五的 PM10，那在你家前面種樹，就能降低你家花園及家中的懸浮微粒與二氧化氮濃度。如果你家附近的托兒所鄰近交通量大的道路——其實很有可能，因為大多數托兒所都刻意設立在汽車與公車往返方便處——那用常春藤或高大茂密的常綠灌木製作綠色牆，立刻就能提升在遊樂場玩耍的孩子的健康。孩子如果接觸來自車流的高濃度二氧化氮、懸浮微粒和奈米粒子，會影響肺部的生長；但若能增設一道綠色障礙，隔絕汙染源，就能保護孩子的肺。倫敦國王學院最近進行的研究，觀察位於倫敦北區，鄰近交通壅塞的北環道路的鮑斯小學中常春藤牆兩側的二氧化氮濃度。鮑斯小學有一道十二公尺高的常春藤牆，研究人員觀察這道綠色牆裝設前數個月，以及裝設後數個月的空氣品質。結果發現，常春藤牆能減少近四分之一（百分之二十二）的二氧化氮接觸量。

想抓出空氣汙染問題，無論是在學校旁，還是在你住的街上，首先必須進行監測。可惜大多數街道與學校，並沒有市政府設置的空氣品質監測站。卡蜜拉・納普是位於克拉科夫的 Smogathon 的創辦人之一，她告訴我，在波蘭，「全國只有一百二十六個政府設置的大型監測站，也就是每一百二十五平方公里（有一個大型監測站）*。」Smogathon 每年舉辦競賽，徵求消滅煙霧的新構想，優勝者可獲得種子基金；同時協助先前的優勝者 Airly.eu 設置平價的感應器。僅僅在克拉科夫，就設置了約一百五十個，提供當地居民更精準的數據，了解居住地與通勤地的汙染程度。「我們已經很清楚哪裡的空氣不好，也知道該怎麼做。」與卡蜜拉同為 Smogathon 創辦人的梅西亞說：「你上 Airly.eu 網站……就會知道哪裡的空氣品質不好。這樣很棒，因為可以立即著手解決。政府有一段時間不願意面對，畢竟他們沒有做（正式監測）……Airly 的準確度超過百分之九十五，成本是兩百英鎊，而一個監測站的成本是二十萬英鎊……所以重點是廣為設置，就算有些數據異常、有些感應器故障，平均下來還是很準確……已經沒有人看政府（在克拉科夫的監測站數據）數據了，大家都用 Airly！」

當然還有市售的監測器，好比我的鐳豆。在北京，我搭乘地鐵的粉紅色線到北新橋站，帶我的

＊順帶一提，這個覆蓋率高於英國。

鐳豆返鄉。我在前往製造鐳豆二號的 Kaiterra 公司路上，發覺這一帶與商業金融區非常不同。突然間建築物只剩一、兩層樓高，電話電纜與電線低垂著，狹長的街道反而更像道路旁的窄巷子。我走的這條街，大概只有幾個肩膀寬。兩側餐廳懸掛著誘人的紅燈籠。Kaiterra 總部外觀幾乎與街上其他單層樓建築一樣，每一棟都漆成直升機的灰色，彎彎的屋瓦覆滿苔蘚與落葉。一道類似寶塔的紅色拱門，通往小小的中庭。我在看見中庭堆滿等著包裝寄出的 Kaiterra 紙箱時，才知道我來對了地方。在昏暗的傍晚，大約二十名員工敲著筆電，辦公的亮光照映在中庭周圍的窗戶。門開了，身材高大健壯、穿著T恤與牛仔褲的年輕執行長黎安．貝茲邁著大步走出來，跟我打招呼。我們在小會議室喝綠茶聊天，書架上隱約可見伊隆．馬斯克、麥克．彭博的大作，還有企業經營的自學書籍，例如《搞定！》以及《徹底坦率》。

黎安十二歲就創業。他的朋友都在當保母賺錢，而他在設計網站。「十二歲的人找不到真正的工作，但在網路上，沒人知道你幾歲。」他當時還得用上爸媽的信用卡，但不是花錢，而是拿來賺錢（「他們很支持」）。他第一次造訪中國才十六歲，為前來中國學習武術的外國人創設一個網站。才十多歲的他就雇了五名員工，後來又到大學工作，也做過電視節目主持人，直到空氣末日來襲。「我本來完全沒發覺空氣汙染的問題，直到遇上空氣末日，明明是白天，天空卻幾乎是黑的。」他對我說。「我的未婚妻呼吸困難。她小時候有氣喘，我們還以為這毛病早就沒了……她嚴重到一定要買一臺空氣清淨機。我就突然有個很瘋狂的念頭：自己做一臺空氣清淨機，豈不是很好玩？」他的第一個產品是 OxyBox 空氣清淨機，在二〇一四年推出。「可是後來我們發現，一定要監測空氣品質，否則幾乎不可能好好淨化空氣，所以監測器太重要了……在鐳豆上市前，市面上根本沒有平價的空氣品質監測器。」

我從包包拿出已經傷痕累累的鐳豆，向它介紹他的創造者。黎安笑著說：「哈哈，太有趣了！」畢竟他以前只把鐳豆運出去，我帶來了的第一個回家的鐳豆。我請他跟我說說鐳豆的運作方式，從前方吸入空氣會發出的輕微嗡嗡聲開始說起。「其實是從後方吸入空氣，空氣進入內部的一根管子，還會經過PCB（印刷電路板），PCB會直接把空氣稍微加溫，降低溼度，讀數就更準確……粒子會經過雷射光束，所以叫做『鐳』豆，雷射光束遇到粒子會折射。下面有一個感應器，能感應光的強度。理論上這裝置的正式名稱，或許叫粒子計數器更精準，也就是計算每一個經過雷射光束的粒子。粒子只要經過，鐳豆就會計算它的大小。不同大小的粒子，會讓雷射光束出現不同的折射……最後得出數字（PM2.5 μg/m³）。」鐳豆也設計成能互相傳送資料，經常接收所在地的最新校準。在北京與德里這些大城市，Kaiterra 為了校準，特地在戶外的固定位置架設鐳豆，總計達數百個。「我們即將（再）運送兩百個出去，安裝在德里各地。」他對我說。「我們以後擁有的德里數據，大概會是印度政府的十倍。但這也太荒唐了！」他以快到不可思議的速度敲著筆電，螢幕上出現一張曲線圖，前景看似些微起伏的淡藍色山丘，背景則是超大的紫色山峰。「太誇張了，」他對眼前的圖表露出驚訝的表情，「淡藍色是北京的空氣品質，紫色是德里，是最近兩個月的（二〇一七年十一月與十二月）。北京的空氣品質也許有兩天不如德里……不對，只有**兩小時**。」曲線圖顯示德里在十一月高峰值，政府的 PM2.5 感應器顯示已達九百九十九 μg/m³ 的三位數上限；而德里的美國大使館旁的鐳豆，讀數是一千四百八十六 μg/m³。

不過類似鐳豆這種市售的粒子計數器也有缺點，就是無法計算奈米粒子。鐳豆只能計算直徑三百奈米以上，也就是大於 PM0.3 的粒子。雷射感應不到小於 PM0.3 的粒子。我覺得黎安對 PM2.5 的信心，導致他對超細微粒有盲點。他對我說，他認為北京的汙染「來自工業，最大的因素是鋼鐵業，還有發電，燃煤發電。」因此「即便北京限行汽車，創造的效益也是微乎其微。」為了證明這一點，他說：「你帶鐳豆走到北京街上，站在北京三環路中間。那邊車子那麼多，（PM2.5 μg/m³）讀數卻沒有改變，因為遠遠低於背景（的 PM2.5）濃度。就算你走到車子的排氣管前，排出來的空氣也不會比北京的空氣髒！我還看過更誇張的，把鐳豆放在車子的排氣管前，讀數反而還下降，因為車子的過濾系統很強。」如果以 PM0.3 或三百奈米為分界線，那跨境工業汙染，就是北京 PM2.5 的主因。但探討路上車輛所排放的超細微粒的研究，發現百分之九十至九十九的 PM2.5（是數量而非質量）直徑小於三百奈米，所以這個盲點還挺大的。而愛丁堡的黃金研究也發現，直徑三十奈米或更小的微粒，是能進入血流的最致命的微粒，也是人們最該當心的微粒。

鐳豆最大的優點，在於能揭露個人在家中、街上或通勤途中接觸的空氣汙染，它在這方面的表現遠遠優於固定位置的監測器。即使政府監測站的奈米粒子讀數很精確，你也得站在監測站旁才有參考價值。鐳豆很可愛，攜帶也方便，但並不能歸類為 Wefit、Apple Watch 之類的穿戴式科技。在巴黎，我遇見一位製造平價感應器的企業家，正在研發全球第一個小型穿戴式裝置，可以夾在皮帶或背包上，即時測量二氧化氮、揮發性有機化合物、PM2.5 和 PM10 的濃度。在他的 Plume 公司辦公室，羅曼．拉科姆在咖啡因的催化下，連珠砲似地說話。Flow 是他設計的、充滿時尚感的穿戴式空氣汙染監測器，外觀近似打火機，顏色呈炭灰色，搭配仿皮皮套，最近開放預購。全球各地預購訂單快速湧入。Plume 辦公室的一切都流露出「現代新創科技公司」的特質：便服、咖啡機，技術人員們肩並肩在大得出奇的螢幕後方工作，還有必備的桌球室＊。過去三年來，Plume 的主要業務是空氣汙染預測，具體來說是「Plume Air Report」應用程式，它能提供未來兩天的汙染預測，包括每一分鐘的汙染濃度。起初在全球幾個大城市提供服務，直接使用公開的監測數據，後來擴大到六十個城市，然後是四百三十個。在二〇一七年底，Plume Air Report 開始使用衛星數據與大氣模型填補空白，預測範圍甚至擴及我居住的牛津郡小鎮。羅曼說：「Air Report 建立起一個用戶群，研究如何告訴人們，習慣是可以改變的。」他對 Flow 的想法較有企圖心：「即使有非常精準的現場監測，每個人的接觸量還是差異很大。這跟每個人居住地點，日常活動，還有換氣的程度有

＊未來的企業史學家請注意，二〇〇〇年代初所有的「科技新創公司」的標準配備，是「桌上型足球檯」；在二〇一〇年代，桌上型足球檯被桌球檯取代。

闕。如果你在一個汙染嚴重的地方跑步，又換氣過度，那你吸入的汙染當然比別人多……環境機構之所以挹注那麼多資金在（固定的）監測基礎設施上，是為了判斷該採取哪些行動；但那些監測不到人們的日常生活：搭地鐵、搭公車、開車，或是在卡車後面騎自行車上班；而在家裡，我們又到底吸入多少汙染……因此我們要做的，是了解個人的接觸量。」

我問起與政府在城市固定位置設置的監測器相比，Flow 的準確度有多高，Plume 的加拿大人通訊主管泰勒．諾頓回答：「Flow 並不是要取代那些（固定位置的監測器），其實兩種都需要……這些並沒有經過美國國家環境保護署的固定位置監測站標準測試，那不是重點。不過它就像煤礦坑裡的金絲雀，是危險的預兆，讓人們知道後有所行動。如果你發覺你的接觸量太高，就可以更深入研究……我在美國國家環境保護署有個朋友，負責數百萬美元的大型監測器。這就像拿家用望遠鏡，跟美國國家航空暨太空總署（NASA）比較。但我覺得我們（這個社會）處理大型監測器的方式完全錯誤，因為（就算）你運氣好，你住的城市可能也只有十二個固定的監測站；如果你住在密西根州的小鎮，那就沒有半個，就算有一個，也很難有蒐集、分析資料的能力。汙染才不會客客氣氣只停留在固定位置的監測站附近，再整整齊齊複製、均勻擴散到整個城市；汙染會移動、會變化、會跑來跑去、會到處擴散。所以你兩種都需要，需要大型監測站抓出平均值；也需要一個跟你想分析的空氣一樣，持續流動的系統。」

即使是飽受（我和吉姆．米爾斯，見第二章）批評的塑膠擴散管，哪怕只能估算二氧化氮濃度的平均值，也愈發受到憂心忡忡的人民歡迎。環境慈善組織「地球之友」在二〇一六年發起一項運動，鼓勵社會大眾在他們的網站上，以僅僅十英鎊的價格，購買「乾淨空氣組」。內容包含擴散管、使用說明和一個厚層信封，可將擴散管寄回，進行免費分析。目前已經寄出成千上萬個乾淨空氣組，分析結果標注在網路上的英國地圖。雖然用擴散管量測二氧化氮濃度非常不精確，但作為呈給地方政府的證據，其實遠勝於Flow及鐳豆等產品的即時讀數。吉姆・米爾斯對我說：「如果你跟你的地方政府說……我用一個中國製造的微粒偵測器得到這個讀數，對方會很客氣地聽你說完，但等你掛上電話之後，他們大概會說『又有一個傢伙買了（廉價）裝置，然後說我們的監測站都不準確』。」我問，可是擴散管的準確度確實低得多吧？「對，可是如果你買一只十英鎊的擴散管，安裝一個月，再送回實驗室，發現濃度超過（法定上限），那你就有資格要求政府有所作為。因為這個資訊雖然（跟電子裝置一樣）不確定，卻還是可信，畢竟我們知道不確定性包還哪些，況且還有數十年來的證據。」

我決定要測試這一章的某些理論。我女兒的托兒所，就位於車流量很大的道路圓環旁邊。在尖峰時間，四排車流緩慢前進，托兒所處於車陣中央。脆弱的木頭柵門後方，就是我女兒的遊樂場。我聯絡托兒所，詢問他們是否願意讓我放置一些擴散管，監測汙染物濃度；並說也許能樹立一道綠色牆，取代遊樂場與馬路間那道脆弱的柵門。我不曉得托兒所的人願不願意談這些事，英國大多數學校是公立，但雙薪父母將孩子送往的大多為私立托兒所。倘若沾上空氣汙染的惡名，可是會影響生意；加上我的建議需要時間與金錢，而兒童保育產業缺的正是時間與金錢。幸好托兒所的主管很樂意與我見面。

我帶著空氣汙染報告、市議會的空氣品質數據，以及綠色牆效益的說明手冊，與托兒所的主管見面。托兒所的主管湯姆是一位英格蘭怪咖，外表看起來像個過季的聖誕老人，留著濃密的白鬍鬚，穿著綠色羊毛背心。他很快就同意讓我架設擴散管，也說他會立刻開始建造綠色牆。我向地球之友訂購一個乾淨空氣組，在路旁的遊樂場放兩個擴散管，連續監測兩週。兩個月後收到結果，遊樂場的平均二氧化氮濃度是二十．四 μg/m³，而我放在距離馬路最遠的建築物的擴散管，分析出來的濃度只有一．三 μg/m³。路邊的數據雖然遠低於四十 μg/m³ 的歐盟平均上限（吉姆．米爾斯說過，如果超出上限，我可以要求市議會有所作為），卻仍令人憂心。把沒有車流的夜間算進去，平均值都那麼高，可見尖峰時間的最高峰讀數，必定遠高出平均值。我建議設置綠色牆，而且根據研究文獻，針葉樹之類的常綠樹適合建造高又厚的綠色屏障。我對湯姆說，汙染確實會附著在葉片上，所以落葉樹只能在半年內發揮作用。他說：「好、好，這樣很好，很簡單，我喜歡這樣。只要對孩子們有益、對你女兒有益，就應該去做。」我離開時，簡直不知道一開始為何擔心托兒所反彈，學校跟托兒所本來就應以孩子的福祉為重。

幾週之後，種植人員前來，帶著十一棵年輕、已有兩公尺高的針葉樹。這些針葉樹一開始能發揮的作用有限，但一年後會長得更高、更茂密，我女兒的遊樂場的汙染物濃度也會比先前低，她跟朋友在戶外玩，也更安全。我鬆了口氣，也許還有一點點自豪。只不過我每天早上送她上學、下午接她回家，還是會直瞪著那些鎮日排放煙氣的汽車長龍。如果沒有這些汽車，就沒有二氧化氮的問題等著我們解決。

第十章
乾淨空氣代價幾何？

我很期待訪問德芙拉・戴維斯博士。她是多諾拉災難（編注：一九四八年發生於美國賓夕法尼亞州多諾拉的一起嚴重空氣汙染事件，導致二十餘人死亡、六千多人身體不適）的倖存者，也是美國首屈一指的流行病學家之一。但我必須承認，我從沒想過要研究她的丈夫。她在電話中提到，她跟先生一起前往密西根州，欣賞孫子演奏布拉姆斯的鋼琴協奏曲。我在電話上也聽見她那頭傳來餐具碰撞的聲響，想來有人在準備早餐。我早在幾個禮拜前，就在備忘錄記下要打這通電話，不過一聽見餐具刻意敲得那麼響，就覺得無論這位「有人」是誰，想必不太樂意此次的電話訪談。

德芙拉在二〇〇二年的著作《濃煙似水》，讓不少人開始重視空氣汙染問題。訪問進行到一半，我們已經討論了流行病學與毒物學危害空氣汙染的證據。接著又說起政策制訂者行動太過緩慢；空氣汙染終結那麼多條性命，為什麼相關單位的作為這麼少？「我一把年紀了還在研究這些，這也是原因之一。」她嘆息著說。「環境政策取決於一個很基本的要求，那就是：給我看屍體。經濟學家的意思是，除非你們有屍體，不然我們沒證據。」而我們接下來的對話，卻像舞臺上的戲劇一樣展開。想像一下這畫面：一對夫妻，一個是流行病學家、一位是經濟學家，在度假期間做早餐吃，一名記者打電話來……

德芙拉（在電話上煩躁地說道）：我先生就在旁邊。

男子（故意把麥片砰的一聲放在桌上）：我有話要說。

德芙拉：好，請說！我先生是經濟學家，應該說是美國國家環境保護署的首席經濟學家。這個問題我們已經討論了四十幾年了。這位是理察・摩根斯敦，美國國家環境保護署前任高級經濟學家兼代理副署長（她將電話交給他）。

理察：德芙拉講了幾個歷史事件，證明她的觀點，這沒有問題。可是初步研究發現的問題，到頭來也不是個個都像（四乙基）鉛那麼嚴重。所以其實大家面臨的都是未知，社會在跟未知打交道……我們活在一個不確定的世界。有些人認為某些化學物質的危害很大，結果是那些化學物質對於實驗動物傷害很大，對人類的傷害沒那麼大。我說的是汽油的成分之一，在某一種動物身上做過實驗，結果發現在第一隻動物身上會致癌，在其他幾隻卻不會。重點是人們要知道，自己要求的改變有多重大。看起來很簡單，你做了研究，發現有問題，所以就應該禁止這個或是減少接觸量。可是有時候事情沒那麼簡單，有時候有些人比較想要工作機會，也願意承擔風險。

德芙拉（在旁邊吼道）：你跟他講中國那些煉焦爐工人！

理察：我會講的！很多年前我在中國。我去過中國很多次，那次是最早的那幾趟。我看有人站在煉焦爐組上面，把廢料掃掉。我們（美國）很久以前就禁止這種行為；我們不允許這種人工作業，並以機器取代。可是中國人還是用人工作業。我對著帶領我們參觀鋼鐵廠的人說：「天哪，他們知不知道這樣很危險，研究指出煉焦爐排放的苯是會致命的。」他說：「喔，知道，我們知道。」我說：「那些在煉焦爐上面工作的人知道嗎？」他說：「喔，知道，他們知道。」我說：「那為什麼還肯做？」他說：「因為薪水比廠裡其他工人要高很多，而他們也願意承擔風險。」我想起經濟與社會的問題：對，我們有研究證明對身體有害，可是每個人的反應都不一樣：有些人想要工作、想要收入，寧願承擔風險也要賺錢。這種情況沒有不確定性，因為科學證據很明確。

德芙拉：科學證據的意思是說，有很多人生病，還有很多屍體……

理察：……對，因為煉焦爐排放的苯，這已經證明了。可是還有些例子是不確定的，造成的危害也不見得很大。問題是有人說：「對，我要經濟利益。」所以制訂政策的人也是進退兩難，要找出經濟利益非常小、或是健康危害非常大的情形，我們管理的就是這種情形。可是真的不容易。

提姆（這時候已經覺得自己不像個記者，比較像個在干涉人家夫妻吵架的傢伙）：這不正是業界跟政治人物常常用的拖延戰術嗎？「除非能證明百分之百有因果關係，否則應該等到更多研究結果出爐，才能採取行動*」？

理察：對，是拖延戰術沒錯，我不反對。我的意思是，如果你只從健康的角度出發，只看對人類健康的損害，就會覺得這是拖延戰術；如果你從社會的角度去思考「有人做這種工作，對整個社會是否有助益，我們有沒有其他的選項？」你看看二次世界大戰，英國、美國有那麼多人從事極度危險的工作，生產軍火與軍備，很多人還因此喪生。撇開戰爭不談，這些人是在製造過程中去世。你說值不值得？以整個社會來說，大多數人會覺得是另一種選項（更不好）。這牽涉到很多問題，如果只看社會中某些輸家，未免太狹隘、太把問題簡化了，因為這牽涉到很複雜的……

*前美國國家環境保護署署長史考特．普魯特是拖延戰術的忠實粉絲。他在二〇一七年年中公開宣稱：「美國人民應該擁有……真正的、合法的、經過同儕審查的、客觀的、透明的關於二氧化碳的討論」，意思是說目前還沒出現這樣的討論。但其實數十年來，成千上萬的同儕審查的期刊，明明都在進行這些討論，包括政府間氣候變化專門委員會（IPCC）發表的五份報告。二〇一七年年底，普魯特又對美國新聞頻道CNBC說，對於人為排放是否會引發氣候變遷，「各界意見相當分歧」、「我們必須持續辯論、持續研究分析。」科學界對於這個問題已大多有共識。不過只要一再宣示沒有共識，就可以無限期維持現狀。

德芙拉（氣炸了）：天哪！

理察：反正這是我想說的。

德芙拉（對著提姆說）：你現在知道我們為什麼常常「劇烈對話」了吧？

提姆：戴維斯博士，對於他剛才說的，您有什麼要反駁的嗎？

理察：她才沒有！好好好，聽她怎麼說、聽她怎麼說！

德芙拉：這是下修風險的問題。

理察：就是啊！

德芙拉：要看你比較重視人命與生活品質的價值，還是比較重視眼前的經濟發展？凱因斯有一句很有意思的名言：「長期我們都死了。」經濟學家當然很少會想到長期，他們習慣思考短期。我並不想害誰失業，可是很多人並不重視健康問題，尤其當牽涉到很明顯的短期利益……我們看瑞典人，瑞典社會的同質性當然比我們高很多。他們在一九七〇和八〇年代，禁用了約百分之八十的殺蟲劑，目的是避開風險。事實上，很多關於健康的風險並沒有獲得證實，只是基於實驗證據而有所疑慮而已。但瑞典人不希望人民接觸風險，就直接禁用了。而美國至今還在用早被其他國家禁用的殺蟲劑，也是因為美國的產業——尤其是現在——影響力遠超過擔心健康問題的人。

理察：所以瑞典人因此比我們健康？

德芙拉：在某些方面確實是，他們因為這麼做，包括阿茲海默症與失智症的發生率，還有……

理察：……可是妳沒辦法證明。妳沒辦法證明那些不是因為美國與瑞典在其他方面的差異所引起的……

德芙拉：拜託，我一開始就說過了。瑞典社會的同質性比我們高。

理察：我最後要說的是……德芙拉跟我一樣算是中上階層，我們屬於生活相對優渥的階層，給生活艱難的人這些建議有點……重點是那是一種交易，很多重視健康保護甚於經濟成本的人，本身就受到很好的保護。

提姆：當然不是一定要二選一，不過最重要的難道不是要保護最弱勢的族群嗎？

德芙拉：對，不是一定要二選一……

理察：天底下確實有免費的午餐，但不會那麼多。這些事大多有代價，只是有的較明顯、有的沒那麼明顯。你要知道，我支持保護環境，絕對不是反環境。我只是覺得不同時思考經濟影響，就把事情看得太簡單了。

這場對話，我從頭到尾都很享受，因為他們彼此在交鋒時，我開始覺得這場對話恰恰凸顯出「最後一章」的一大重點：我們愈來愈了解空氣汙染，但究竟能否承受改變的代價，還是應該學習接受空氣汙染？清淨空氣所付出的經濟代價是淨損失，還是淨收益？

空氣汙染首先是公共衛生問題，要回答這個問題，應該先探討公共衛生的成本與效益。根據《刺胳針》委員會，治療空氣汙染相關疾病的費用，占高所得國家每年衛生支出的百分之一．七；也占中所得國家衛生支出最高百分之七。委員會表示：「隨著更多汙染與疾病間的關係得到證實，汙染相關的疾病治療成本可能會增加。」意思是說我們幾乎每天都會發現，有些疾病與空氣汙染相關。經濟合作暨發展組織認為，會員國的全球空氣汙染相關醫療成本，從二〇一五年的兩百一十億美元，上升至二〇六〇年的一千七百六十億美元。社會福利成本可達幾兆美元之譜。根據二〇一六年的聯合國數據，歐洲各地空氣汙染每年造成的死亡與疾病成本，已經高達一．六兆美元，逼近歐洲的國內生產毛額的十分之一；在十個歐洲國家，成本更是超過國內生產毛額的百分之二十。二〇一二年的一項南非研究中，發現該年**所有**死亡人數的百分之七．四，是由於長期接觸超細懸浮微粒所引起，成本占南非國內生產毛額的最高百分之六，即兩百億美元。至於非洲整體，二〇一三年因空氣汙染造成的過早死亡相關經濟成本，戶外空氣汙染成本估計每年約兩千一百五十億美元，室內空氣汙染成本則每年約兩千三百二十億美元。

類似的數據我可以寫一整章（但為了不折磨讀者，也為了可讀性，我不會這樣做）。倫敦的空氣汙染的總經濟成本，在二〇一〇年是三十七億英鎊（抱歉，這是最後一個）。但這些成本究竟是從哪裡來的？舉個例子，在二〇一五年的《環境健康視角》期刊、一篇紐約大學醫學院所主導的論文當中，計算接觸懸浮微粒造成的早產經濟成本，也就是僅僅一種空氣汙染物造成的僅僅一種健康影響。經濟成本包括嬰兒出生的五年間、治療早產相關疾病成本，以及往後因認知能力下降，所導致發展障礙與經濟生產力減損所累積的成本。在美國，PM2.5引發的每年早產相關成本，總計約為五十億九千萬美元。論文作者群表示，計算結果「凸顯出主管機關以干預手段減少懷孕期間的空氣汙染接觸量，可能實現的經濟效益」[1]。

美國國家環境保護署在二〇一五年的成本效益分析指出：

避免過早死亡的發生率，尤其是接觸超細微粒造成的過早死亡，是一九九〇年《空氣淨化法》中各項計畫所創造的直接經濟效益最大宗……第一，空氣品質、人類接觸量，以及隨之而來的過早死亡風險差異……相當可觀；第二，這些過早死亡風險的變化，估計具有顯著的經濟價值。

除了直接醫療成本，福利效果與工作人員生產力，也會大幅影響經濟。《刺胳針》委員會發現，汙染相關疾病所導致的生產力下降，造成中低所得國家每年最多減少百分之二的國內生產毛額。全球因汙染而造成的職場適應力與生產力下降，估計造成每年四・六兆美元的損失，占全球經濟產值的百分之六・二。想知道損失為何會如此嚴重，讓我們再一次聚焦在微觀的細節上。馬歇爾商學院在二〇一六年研究位於中國的兩個客戶服務中心，發現以空氣品質指數（ＡＱＩ）衡量的汙染濃度增加，與客戶服務中心人員每日處理的來電量下降有關。換句話說，空氣汙染若為良好等級

（空氣品質指數為〇至五十），員工的生產力比空氣品質為不健康等級（空氣品質指數為一百五十至兩百）高出百分之五至六[2]。另一項針對加州的農業採果員做的研究，發現臭氧濃度改變十ppb，會導致採果員的生產力下降百分之五．五。生產力是依據採果員採收的水果數量計算。根據研究人員計算，全美國臭氧濃度下降十ppb，相當於每年節省約七億美元的農業勞動力成本[3]。這些研究結果，把「能不能承受清淨空氣的代價？」的問題完全顛倒過來，變成「能不能承受不清淨空氣的代價？」

根據聯合國估計，僅僅是逐步淘汰含鉛汽油，每年在全球創造的經濟效益就高達二．四五兆美元，包括健康提升、過早死亡減少、智商增加（連帶造成終身所得增加），以及暴力犯罪下降。法蘭克．凱利告訴我，在歐洲，每次採取措施「減少都市地區的排放，關閉都市地區的燃煤發電廠，（政府）就會發現空氣品質改善後，預期壽命增加，部分疾病減少，而且無法拿其他原因來解釋……把錢花在這上面，的確會得到很大的效益，因為健康成本總是更高。」至於所選擇的減少排放方式，例如以步行、騎單車等主動移動，取代短程汽車行程，英國首席醫療官的年度報告也指出，除了消費者能節省汽油與汽車維護的成本之外，「多一個孩子走路或騎單車上學，能創造的經濟效益就分別高達七百六十八英鎊與五百三十九英鎊，包括健康效益、國民保健署節省的費用、生產力上升，以及空氣汙染與交通堵塞減少。」

加州聖地牙哥大學的大氣與氣候科學教授維拉布哈德蘭．拉馬納森，在世界衛生組織二〇一六年的新聞通訊寫道：「悲哀的是，空氣汙染問題明明就有完全可行的解決方案，卻被迷思團團困住。」他認為，最大的迷思在於解決空氣汙染的成本大於效益。「在加州，我們發現對抗空氣汙染所投資的每一塊錢，在加州都能創造近三十美元的報酬。除了有廣大的健康效益之外，也能創造大量的新工作機會，進而提升人民的福祉。」

另一個很大的迷思，是我們為了發展經濟，必須繼續挖掘、繼續燃燒化石燃料。從二〇一〇年開始，德國的國內生產毛額持續上升，總用電量、初級能源使用量，以及溫室氣體排放量則是一路下降。在二〇一五年於巴黎舉辦的聯合國氣候變遷大會上，加州參議院議長也頗自豪地說道：「我們讓碳與國內生產毛額脫鉤。」加州的汽油使用量從二〇〇九年開始年年下降，加州經濟則在同期成長百分之五。化石燃料的成本其實是很高昂的。一項報告指出，歐洲在二〇一四至一六年，每年至少提供一千一百二十億歐元，補助化石燃料的生產與消費。煤礦公司沒有政府補助，已經無法獲利，我們卻繼續補助，因為他們的政治遊說勢力根深柢固，且相當強大。在歐洲，僅僅是私營煤礦公司，每年就得到至少三十三億歐元的補助。這還只是國內市場而已。很多國家花費鉅資進口煤與石油。要記得，有高達三分之一的全球船運量，僅僅是在全球各地運送石油。根據美國中央情報局，美國是全球最大的石油進口國，每天進口七百八十五萬桶石油，每天僅出口五十九萬零九百桶；印度則是全球第三大石油進口國。無論你從哪個角度看，用再生能源實現自給自足，在經濟上絕對划算。

倘若覺得公部門政策對這個問題的影響有限，不妨思考我在德里見到的墨西哥駐印度大使梅爾芭．匹雅所說的：「（墨西哥）每年向印度進口一百五十萬部汽車，（幾乎）每一部計程車或Uber都是Vento的車子。我們從印度進口的一百五十萬部汽車都有觸媒轉化器，因為我們只買有觸媒轉化器的汽車，無論跟誰買都一樣；而且觸媒轉化器還要符合甲、乙、丙標準才行。所以技術是印度發展出來的，可是他們（印度）自己不用，因為他們並沒有（同樣的監管）標準。他們（也）出口不含硫、鋁、鉛的汽油，但他們自己不用*。」二〇一四年一份呈交印度最高法院的報告指出，另一個經濟上的「烏龍球」，是公車所繳交的道路稅遠高於汽車，導致私營計程車光景大好，公車則慘澹經營**。

歷史可以證明，乾淨空氣立法的成效相當卓著。英國一九五六年的《空氣淨化法》是針對當時的空氣汙染源，尤其是來自煤煙的二氧化硫與PM10，解決問題的速度之快令人咋舌。《空氣淨化法》給予地方政府劃分煙害控制區的權力。在煙害控制區內，僅能使用政府許可的無煙燃料，家庭

* 這種雙重標準並非印度獨有。華利斯在一九七二年的著作中，質問英國的汽車公司「對於出口的車子不敢不遵守安全標準，那為何內銷的車子就不肯比照辦理？」

** 電動三輪車也曾在德里風靡一時，直到二〇一二年因所謂「安全因素」遭禁。歷經幾年的官司戰，「電動三輪車法案」終於在二〇一五年三月通過，允許電動三輪車在路面行駛，但載客人數與行駛速度都有限制。難怪那些原本可能駕駛電動三輪車的人，也打消了念頭。

以天然氣或電取代燃煤，可獲得百分之四十的補助。這是軟硬兼施的策略，既考量到家戶可能有的反彈，也完成了迫切需要的轉換。到了一九七〇年代，英國各大城市空氣品質提升的幅度出乎各界預料。同樣的事我們必須再做一次。看看柴油車的成功故事，僅僅用了九年（一九九七至二〇〇六年），在西歐地區的新車銷售占比，就從百分之二十二激增至百分之五十一，可見政府政策一調整，改變能來得多快。如果用同樣方式，鼓勵人們以電動車或氫燃料電池車來取代柴油車，氮氧化物與奈米粒子——也就是對人類健康危害最大的兩種汙染物——就會直線下降。

改變的跡象逐漸展露。二〇一六年十月，德國的立法機關「德國聯邦參議院」通過一項決議案，要在二〇三〇年前，僅允許無排放汽車上路。決議案也呼籲歐盟執行委員會，在歐盟地區實施相同規定；東京已於二〇〇三年禁用柴油引擎；二〇一六年十二月於墨西哥市舉行的C40市長高峰會中，巴黎、馬德里、墨西哥市和雅典這四大城市的市長，共同宣示要在二〇二五年之前，在他們的城市禁用所有的柴油車，同時也宣示要「竭盡所能」獎勵使用電動車、氫動力車和混合車，同時提升自行車與步行的基礎設施；巴黎市長安娜．伊達戈不給別人批評她含糊其詞的機會，直言說道：「我們巴黎要禁用柴油。」這可不是空話一句；她推出的巴黎 Crit'Air 計畫（見第七章）就逐步禁用柴油。

而在農業，也就是最大的氨排放源，排放法規給予農民的回饋，甚至比要求農民付出的還要多（而且顯然對整體社會也是如此）。荷蘭推出肥料處理的新規定，以及動物籠舍的排放認證標準，在一九九〇至二〇一六年間，減少百分之六十四的氨排放量。荷蘭實施這些計畫，每年成本大約是五億歐元，而每年所創造的社會效益卻高達九億至三十七億歐元，包括農民省下的一億五千萬歐元的肥料成本。

即使你相信降低空氣汙染能創造淨經濟報酬，也還是有個問題：這些計畫與基礎建設的經費要從哪裡來？我們在第七章討論過加州的答案，就是讓製造汙染的人付錢。加州「總量管制與排放交易」的收益，會以貸款或補貼的形式，分配給受空氣汙染影響最嚴重的族群。世界各地的其他總量管制與排放交易計畫，例如歐盟排放交易體系，以及中國在二〇一七年底推出的計畫，也能發揮同樣作用。總量管制與排放交易，是美國一九九〇年《空氣淨化法》修正案的重點，是在德芙拉・戴維斯的先生理察・摩根斯敦在美國國家環境保護署任內完成，要對付的是酸雨及二氧化硫排放。但即使沒有總量管制與排放交易這種別出心裁機制的城市，也還是可以對製造汙染的人處以罰款，有些城市也已經在做。這些罰款應該用來建設乾淨運輸基礎設施，以及獎勵願意改用乾淨運輸與供暖方式的居民。

這種政策當然不受工業製造業者歡迎。詹姆斯・索頓與瑪莉・尼可斯一同創辦美國自然資源保護委員會的洛杉磯辦公室。索頓說：「汽車業對於每一條法令都說『不可能、不可能、不可能』，每一次都是謊言……他們有時還會用法律訴訟拖慢加州的腳步，不過……加州的法令向來非常負責，並依據可靠的科學證據。就是應該這樣。」他自從將戰場轉移到英國，也見識到英國政府是如何罔顧歐盟的氮氧化物上限。英國政府多半也是為 ClientEarth 的法律行動所迫，才終於在二〇一七年推出減少氮氧化物與交通量的措施——包括從二〇四〇年開始，全面禁止新柴油車與汽油車。然而，ClientEarth 長期呼籲的其他重要措施，英國政府卻遲遲不肯推行，包括排放收費區和柴油車補貼報廢計畫。「柴油車補貼報廢」的構想，是補貼柴油車駕駛以折舊貼換，淘汰舊柴油車，改用新電動車。英國政府也曾在二〇〇九至一〇年，推出車輛補貼報廢計畫。在經濟衰退期間，英國政府提供國內汽車業迫切需要的救生索，不僅允許國內汽車業販售新款車，也輔導汽車業達成全國減少排放目標。消費者只要淘汰車齡超過十年以上的汽車或貨車、購買新車，便可向政府領取一千英鎊的補助；汽車業者也補助顧客相同的金額，因此消費者總共可領取兩千英鎊的補助。如今基於同樣的原因，需要同樣的措施。國內的電動車商需要新的客源，例如在英格蘭東北部生產 Leaf 車款的日產汽車；城市則必須符合更嚴格的氮氧化物標準，而柴油車必須淘汰＊。

索頓問了一個很實際的問題：「接下來的問題是，政府要到哪裡籌錢做這些事？德國人直接拿到汽車業給的一大筆捐獻金，好像是兩億五千萬歐元，當作這類計畫的資金。我給（英國環境大臣）麥可．戈夫的建議，是控告（安裝柴油減效裝置的）汽車公司，爭取三十至五十億英鎊的和解

＊到了二〇一七年底，日產汽車不再等待政府，推出了自己的補貼報廢計畫。英國客戶淘汰舊車、購買 Nissan Leaf，最多可獲得日產汽車提供的兩千英鎊，再加上舊車折舊價值的補貼。但僅試行一個月。

金，用於補貼報廢計畫。」那戈夫的反應是什麼？「我建議做個法律備忘錄，列出他能用的法條，他說：『我很樂意看看這個備忘錄。』我們以後就知道了……在美國，我記得福斯汽車似乎以兩百億美元和解。要做一個很好的補貼報廢計畫，並不需要兩百億美元那麼多。」

政府握有的籌碼，始終比企業或公民行動團體來得多。我參觀北京那些氮氧化物排放量很低的區域供熱鍋爐，曼尼對我說：「我們跟山東一家工廠的人見面。他們說：『謝謝，可是我們不需要你們的技術，因為我們的氮氧化物標準是五十 ppm。』他們的意思說穿了就是『你們能降低到五 ppm 當然很好，問題是我們不需要』……法律要是規定一定要降到五（ppm），大家就會買。但千萬不要以為工廠的人會為民眾著想、盡力降低排放量……這一切關鍵，會影響決策的關鍵，是法律。」

但是法律也要執行才有用。以色列在二〇一一年一月推出《空氣淨化法》，規定大型工廠必須取得以色列環境保護部的排放許可，同時符合政府提出的某些要求。朗妮．比索是公共衛生聯盟的前任理事長，在她的家鄉海法也是知名健康運動人士。在她看來，《空氣淨化法》並不見得真正落實：「環境保護部有權進入國內任何一家工廠，做他們自己的（排放）測試。看門的人不能阻擋。我曾經帶著團隊，跟環境保護部的人一起去工廠……我們到海法灣的一家油槽工廠，看門的人把我們關在門外三個多小時，因為廠長不肯讓我們進去。這完全違法。環境保護部卻毫無作為。我說：『喂，這應該要罰款，你們應該要召開特別聽證會，應該要控告廠長。』結果他們什麼都沒做……產業有的是錢，跟政府知名高層人士都有交情。他們控制媒體，其實什麼都掌握在他們手裡。對抗他們的是小老百姓，每個禮拜把汙染環境的排放管（照片），放在自己的網站上，天空出現五花八門的氣體。他們對政府完全沒信心，再也沒有了。這是非常、非常嚴重的問題。」

這也是柴靜在二〇一五年推出的中文紀錄片《穹頂之下》的主題。這部紀錄片暴露出中國在執行排放法規上，是驚人的薄弱，幾位市長與企業執行長在鏡頭前公開承認不遵守法規。等到紀錄片掀起軒然大波之後，中國立刻加強執法力度。二〇一六年，中國環境保護部部長陳吉寧向國營媒體表示，政府已檢查一百七十七萬家企業，發現其中十九萬一千家有違法行為，於是勒令三萬四千家暫停生產，兩萬家停業*。

根據二〇一七年十月的《印度斯坦時報》，德里雖然推出對抗嚴重空氣汙染的「分級行動計畫」（GRAP），包括加強車輛汙染控制；公車、卡車、國內車輛檢查；禁用國內柴油卡車；如有必要也會推出單雙數車牌號碼分流制度。但在這個車輛總數約為一千萬的城市，運輸部門的執行單位卻僅有兩百五十名員工，其中不到五十位擁有起訴權。德里汙染控制委員會的職責包括核發企業的綠色執照、落實建築工地的懸浮微粒控制、取締成千上萬臺非法柴油發電機、發布公共衛生警

*中國政府在《穹頂之下》推出的前一天，任命陳吉寧為新任環境保護部長。由此可見《穹頂之下》並非震驚當局的醜聞，而是在當局安排之下的演出。根據BBC報導，紀錄片在推出前，腳本與訪談內容都已送交全國人民代表大會，恭請批評指教。

報，以及監測汙染程度，而人力據說僅有六十位官員[4]。中央道路研究院（CRRI）的夏瑪博士對我說，禁用車齡超過十年的柴油車，以及車齡超過十五年的汽油車的新法令，也同樣難以執行。「現在的問題是執行……還有貪腐。在英國與美國，要辨識車齡十年的車輛很容易，印度有幾百萬臺車輛穿梭在德里的道路上，卻沒有監督機制。你開著違規的車輛是很危險，（但）被查獲的機率非常低……交通警察取締要經過很繁重的流程，所以他們不扣押、只罰錢……這個國家通過了一些很好的法令，執法卻非常無力。」不過他倒是能理解那些不遵守法律的人。他自己有一臺車齡超過十五年的汽油車，「性能完全沒問題……符合所有標準；唯一違反的標準是車齡十五歲。要我拿去賣給收廢車的，只回收百分之一的價錢，那我可心疼死了。」印度理工學院的凱爾教授也有同感：「社會大眾很難接受這個禁令……我們買車子，就把車子當作家人一樣珍惜。」他也說，德里周圍地區的殘株焚燒「也遭到禁止，但從未落實」。

墨西哥市與德里截然不同，積極對抗空氣汙染。梅爾芭．匹雅大使跟我說，她最近到墨西哥市，早上出門慢跑。「我聽見背後傳來噠噠的跑步聲，同時有一名說英語的男人聲音：『女士、女士，不可以跑！』我停下來，那是一位警察先生。他說：『妳是美國人嗎？現在有（空氣品質警報）事件，只有美國人還在跑步……女士，有空麻煩看看電視。』他的意思似乎在說，妳不要那麼笨好不好！我拿出手機，（空氣品質指數）是一百五十六。一百五十就算是事件……什麼能做、什麼不能做，有一套公眾（能接受）的標準。」空氣品質指數達到一百五十（或連續二十四小時每小時臭氧濃度達到一百五十五 ppb，或 PM10 濃度突破兩百一十五 μg/m^3），墨西哥市就會發布第一階段警報，學校與政府機關必須停止所有戶外活動，所有的公共工程與維修工程也要停止；而匹雅大使的經歷可以證明，政府強烈建議人民不要在戶外運動，以降低健康風險。墨西哥市也實施車輛貼紙制度，類似巴黎的 Crit'Air 計畫。所有車輛必須在擋風玻璃貼上 3D 貼紙，上面顯示〇〇、〇、一、二的等級。〇〇代表排放量最少（即電動車），二代表汙染最嚴重。第一階段警報發布之後，「二」等級的車輛一律禁止上路，而「一」等級的車輛則須依循「單雙數車牌號碼分流制度」，隔一天才能上路；在第二階段警報（空氣品質指數突破兩百），等級為「一」與「二」的車輛均不得上路。「〇〇」與「〇」等級的車輛則都可以上路。這也是藍圖的另一個重點：無論多麼完善的空氣淨化法令，都必須嚴格執行才能落實。

隨著全球展開空氣淨化行動，我們這次一定要避免意外的災禍。各國在二〇〇〇年代鼓勵使用柴油，也許是基於良好的出發點，要減少二氧化碳（不過如同我們在第五章所見，我有所懷疑）。推廣柴油的下場，我們就不必粉飾太平了，就是氮氧化物與懸浮微粒增加，導致數萬人喪生。在以前（現在也是），始終有人將木柴燃燒爐當成一種永續的燃料來源，持續給予獎勵，不去思考焚燒產生的煙飄向何方，導致家用火爐在二戰以來，首度成為英國的主要汙染源。政策制訂者其實只要請教一、兩位科學家，就能預見這些災難。要避免類似的情況再度發生，有個很簡單的辦法——不過燃燒「更乾淨」的燃料，並非解決之道。我們不要忘了「再生能源」一詞中「再生」的意思。地球的生物燃料供給量是有限的，太陽能與風能則不是（至少在人類文明需要擔憂的時間之內不會耗盡）。無論是在推進車輛的引擎內部，還是供熱與烹飪用途，我們不能繼續在人口稠密的地方燃燒燃料。有些再生能源對空氣品質無害，例如太陽能、水能、風能、燃料電池，以及來自地面與空氣的熱能；有些再生能源卻會排放懸浮微粒與氮氧化物，例如生物質、生質柴油和木屑。所以道理很簡單，在都市，要選擇對空氣品質無害的再生能源。巴西數十年來強制要求混合汽油燃料必須含有相當比例的生物乙醇。這樣有許多好處，卻不會提升空氣品質。一項研究發現，含有乙醇的混合汽油，甚至會導致臭氧濃度升高，而 PM2.5 濃度則與傳統汽油相差無幾。這只是一項研究的結果，但重點很明確：燃燒燃料永遠會製造空氣汙染。

真正的解決之道是電動化。我在二〇一七年夏季，前往約克訪問艾利．路易斯，他對我說：「為了發電而燃燒的需求已大幅減少……我在十年前第一次教發電的課程，當時再生能源在英國能源的占比還很小。很多人不看好，說再生能源無法成為主流；如今十年過去了，我還在教書，英國大多數的電力來自再生能源。風力是目前最大的資源，有時是零燃煤發電。很難想像風力發電齒輪箱和太陽光電會進步得如此快……五年前用電需求增加時，主要是依靠燃氣發電。以前核能發電有一定的比例，燃煤發電也有一定的比例……現在是（來自）太陽能。實在很驚人。」

二〇一七年十二月，加州州長傑瑞．布朗向「一個地球高峰會」表示，加州會比預期提早十年實現再生能源占比百分之五十的目標。正如艾利所言，提前達標的關鍵，是技術的價格不斷下降，而效益持續提升。根據彭博新能源財經（BNEF），太陽光電的價格從二〇〇九至一八年下跌百分之七十七，向岸風電的價格也下跌百分之三十八；電動車的鋰離子電池成本，在同時期下跌百分之七十九，彭博新能源財經的能源經濟學主管稱之為「令化石燃料業膽寒的數據」。到了二〇一八年，超過三十萬美國人從事再生能源業，而煤業僅有五萬兩千名從業人員。這也跨越了政黨政治的界線。傳統上較支持共和黨的幾個州，例如德州、猶他州和北卡羅萊納州，各自裝設了超過十億瓦的太陽能（每個都足以提供超過七十萬戶家庭所需電力）。加州也宣布要在二〇四五年之前，達成全面使用再生能源的目標，並呼籲全美在二〇五〇年前全面改用再生能源。如果這聽起來像是一廂情願，或根本負擔不起，不妨看看史丹福大學馬克・傑克森教授二〇一五年所主持的得獎研究。他研究美國在二〇五〇年前採用百分百風能、水能與太陽能（WWS）電網的可行性，同時研究了各種因素（例如基本負載發電、儲存能量的方式，以及極端氣候事件可能增加），發現未來的再生能源電網，將比傳統電網節省百分之四十的成本[5]。研究也預測再生能源電網的平均成本，約為每千瓦時十・六美分，而傳統電網的平均成本為每千瓦時二十七・六美分[6]。傑克森寫道，原因很簡單：再生能源的「燃料成本為零，傳統燃料的成本則會隨著時間增加。」

這對於全世界最富有的國家來說，也許不是問題。問題是，其他國家怎麼辦？二〇一七年，傑克森教授團隊針對一百三十九個國家重複同樣的研究，一再發現長期來看，再生能源的確比化石燃料能源更便宜；研究人員也發現，全面改用再生能源，能創造兩千四百三十萬個全職工作機會（淨數據，計入化石燃料業流失的工作機會）。因為每個國家要負責生產、維護國內供電，而不是外包給沙烏地阿拉伯或俄羅斯*。傑克森教授與共同作者們相當樂觀，但他們絕對不是抱持不同意見的異數。二〇一七年的文獻探討，分析二十四篇模擬未來全面改用再生能源的論文，發現「文獻證明全面改用再生能源不僅可行，與化石燃料能源相比，也有成本競爭力」。

就連國際海運會的賽門・班奈特，也跟我分享船運減少的未來願景，我聽了很驚訝。「假設全球確實去碳，這會嚴重衝擊化石燃料的運輸。別的不說，光是化石燃料的運輸，就占海運需求約百分之三十……如果海上經濟去碳，就不需要船隻將大量原油運往世界各處。因此全世界去碳，船運需求多半會降低，也會降低……船運的排放量。」

也許有人會說，這麼說來我們已經走在正確的道路上，只要坐等改變的風吹入乾淨的空氣就好。這麼想雖然有點道理，卻也很有問題。第一，你有多大的把握能活到二〇五〇年？你的兒孫到時年紀多大了？如果還要承受幾十年的高濃度氮氧化物、懸浮微粒和奈米粒子，你能接受健康受損？如果沒有公眾參與、施壓，有一大群既得利益者會很樂意無限期延後改用乾淨能源。錯誤的政

*這裡也可將估計的機率拿來比較，也就是預測的最佳與最差情況的差距。再生能源即使是最差情況（每千瓦時十四・一美分），也勝過化石燃料的最佳情況（每千瓦時十七・二美分）。

策也總是會把事情搞砸。舉個小小的例子，英國能源部在二〇一四年舉辦電力容量市場拍賣，小型電力公司可在風能與太陽能不足時，向電網提供電力。結果導致柴油發電機數量暴增，而且柴油發電機會排放……我們現在都知道了吧？二〇一五年十二月的電力容量市場拍賣，簽訂了小型柴油與天然氣發電機超過十億瓦的供電合約。我們將來的電力供應，很可能會類似我在低碳車展所看到的：唯一的電動車充電站，連接的是柴油發電機。這種制度與生俱來的烏龍案例，多不勝數。

世人逐漸意識到對抗空氣汙染的益處，政治卻可輕易推翻公眾的努力。英國脫歐、川普之流的民粹主義帶來的餘震，志在扭轉環境法令，帶領世人重返過度美化包裝的往昔工業情懷。不過我們已經知道，往昔一點也不美好。德芙拉．戴維斯轉述一位曾任職於多諾拉鋅工廠的工人的話。這名工人想起當時情況之慘烈，「在我之前有五個人拿鐵鍬挖精煉鋅，每一個都倒在地上，很難受的模樣……我是第六個進去的。我也受不了，就離開了。後來在床上躺了一個禮拜，再也不回去。鋅工廠的工人很少有活到三十歲的。」

駭人聽聞的汙染，是否一定能迫使政治人物出手清理他們的城市？我請教科學家兼史學家彼得．布蘭布利科比，一九五六年的英國《空氣淨化法》是否為一九五二年倫敦大煙霧的必然結果？「我覺得不是，」他說，「《空氣淨化法》遇到很強烈的反彈，原因很多。哈洛德．麥克米倫很擔憂，他是倫敦大煙霧那年代的住房部長……他覺得一九三六年的《公共衛生法》已經有許多煙害（防治）條款……很多政治人物也很擔心，我們怎麼管得到民眾在自己家裡做了什麼事呢？會不會嚴重侵犯個人自由？」《空氣淨化法》能順利通過，全是因為政治人物的意志，以及人民支持。「我覺得《空氣淨化法》的政治宣示意義很重要，也就是告訴人們如何制訂環境法規、」彼得說，「如何挑戰個人自由、如何運用新技術做事，以及如何資助改善空氣的相關研究。」

還有汽車遊說團體。我也同情那些汽車公司，畢竟要努力達成加州空氣資源委員會，以及歐盟等機構所制訂的日益嚴格的排放標準，並不容易。但正如我們先前所見，很多汽車公司完全不理會排放標準，就算迫於規定勉強配合，製造出來的車款一拿到實際駕駛環境測試，也往往不合格。生產線照樣擠滿等著賣出的車款。二〇一八年初，汽車業組成的汽車製造商及貿易商協會出手反擊，大肆宣傳柴油車的環保優勢（是不是似曾相識？）。汽車製造商及貿易商協會發出的推特與訊息圖表中，表達的「至理名言」包括「最新歐洲六號車款是史上最乾淨車輛」。這句話放在柴油非常骯髒的歷史來看，等於宣稱新款的半磅起司漢堡是「史上最健康食物」，理由是使用了無糖麵包。這些車子「採用的技術，能將大多數來自引擎的氮氧化物，轉化成無害的氮與水，再由排氣管排出。」我對這種話的回應是，根據歐洲六號車款在真實情境下所做的EQUA測試（見第五章），沒有這回事。

有人清理汙染，也有人掩飾汙染。我們處在歷史上一個很微妙的階段，也許會無限期困在掩飾的階段。平價的家用桌上型空氣過濾器，一臺才賣二十美元，卻也無力對抗我們每天大量排放的各種氣體與粒子。我的書桌上有一包洗衣精附贈的獎券，叫我「冷靜，深呼吸：參加抽獎，即有機會贏得空氣清淨機，共有八個中獎名額」。能呼吸的空氣現在成了抽獎獎品。一九八〇年代的科幻喜劇《星際歪傳》中，梅爾．布魯克斯飾演倒楣的史庫布總統，拿著「沛綠雅罐裝空氣」呼吸，因為他身處的行星空氣太髒。這部科幻鬧劇已經成為眼皮下的現實，速度快到令人膽寒：二〇一三年，一位頗有創意的中國企業家，開始在街上販賣罐裝的乾淨空氣。這並非絕無僅有的例子；二〇一五年，一家名為 Vitality Air 的加拿大新創公司，將四千個八公升罐裝「落磯山脈空氣」運往中國，每罐售價為一百元人民幣；二〇一六年，另一位北京企業家開始販賣罐裝空氣，不過這次賣的是受汙染的北京空氣，要給觀光客買回家當紀念。我在二〇一七年訪問商店主人，他說他已經賣出成千上萬罐北京空氣，每罐售價約四美元。他還說：「今天還有一款新的空汙產品上架，叫做『北京汙染雪花球』，就像普通的雪花球，裡面有北京地標中央電視臺總部大樓的模型，搖一搖就有灰色的汙染物飄浮在大樓四周。」

現在也有大型計畫要消滅空氣汙染的表徵，而不是根源。荷蘭藝術家兼發明家達恩　羅塞加德於二〇一三年首次造訪北京，提出戶外空氣清淨機的構想，就是一臺超大吸塵器，能吸除空氣中的懸浮微粒。他花費三年，設計出幾款原型，最終版本是七公尺高的「霧霾淨化塔」，位於北京的751D-PARK 北京時尚設計廣場，由中國生態環境部贊助。採用類似靜電的正離子化原理，吸引空中飄浮的粒子。「我們參考醫院在室內使用的技術，加以擴大。」羅塞加德表示。「我們用正離子將小粒子充電，（霧霾淨化塔）裡面帶有負電的廣大表面，會吸引這些小粒子……簡單講就是從上面把受汙染的粒子吸入，再把這些粒子拉下來。」霧霾淨化塔在一個面積等同足球場的地方，吸收並集中超過百分之七十五的懸浮微粒，用電量只有一千四百瓦特，比一般桌上型室內空氣清淨機還低。至於霧霾淨化塔集中的懸浮微粒廢料，羅塞加德目前經營副業，把壓縮的黑色物質當成珠寶販賣。查爾斯親王擁有一組「霧霾淨化」袖扣。羅塞加德與團隊目前正在研究如何擴大霧霾淨化塔的規模。「我們計算像北京這樣的城市，究竟需要多少塔，才能把汙染降低百分之二十至四十？……應該不需要幾千個（淨化塔），幾百個應該就夠。我們也可以蓋更大的塔，像建築物那麼大。」

但有人可能已經搶先一步。二〇一八年，中國陝西省會西安宣布要設置非常類似霧霾淨化塔的裝置，高達一百公尺，約等同於三十層樓的高度，名為「太陽能輔助大型清潔系統」（SALSCS）。這個構想由明尼蘇達大學二〇一五年的一篇博士論文首度提出。西安的太陽能輔助大型清潔系統，含有一個大型的玻璃溫室，一個一百公尺長的煙囪延伸出來。玻璃溫室裡的空氣，會因陽光照射而溫度上升（就像後院的溫室，只是規模大上好幾倍）。空氣上升之後，會再次經由煙囪向外流動，煙囪安裝了能捕捉粒子的過濾器，因此煙囪噴出的會是乾淨的空氣。太陽能輔助大型清潔系統周遭區域的短期監測結果，顯示 PM2.5 濃度約下降百分之十二。模型研究發現，八個五百公尺高的太陽能輔助大型清潔系統（比帝國大廈高出一百公尺），可讓北京的 PM2.5 濃度降低百分之十五。目前已經設計出一個設有戶外電視廣告牆的版本，感覺很像抄襲電影《銀翼殺手》的靈感，而大型淨化塔旁還在繼續排煙，耀眼的廣告影片催促你加碼消費，繼續消費。

我在二〇一七年底，參加 Smogathon 倫敦準決賽，那是新創公司抗煙霧技術的競賽，同樣的擔憂又湧上心頭。在 Google Campus 舉行的 Smogathon 倫敦準決賽，是個小規模活動，約三十人參加。參賽團隊穿著耀眼的新運動鞋，緊張踱步，等著做提案簡報。舞臺後方的螢幕顯示一則則的推特，是關於 Google Campus 最近的活動。有一則來自維基百科創辦人吉米．威爾斯，內容是：「如果你做的事情從來沒失敗過，那就代表你還不夠努力創新。」各團隊展開五分鐘的簡報，一個主題很快浮現：這些提案都是要製造小型的空氣清淨裝置，提供消費者在都市環境使用，包括嬰兒旁邊設有要價一百一十五英鎊的空氣淨化裝置的嬰兒車、擁有改良版內部過濾系統的汽車，以及坐在上面就能享有經過濾的乾淨空氣的市區長椅。沒有一個提案要解決空氣汙染的根本原因，只是竭盡所能掩蓋空氣汙染，把空氣汙染變成人們能接受的東西。在我看來，這就像菸草業面對吸菸的健康疑慮，所做出的第一個反應：在香菸一端加裝小小的白色濾嘴，然後說：「這樣就好了，你們可以繼續抽菸了。」

罐裝空氣、三十層樓高的霧霾淨化塔，還有內建空氣過濾器的嬰兒車，代表我們有多麼愚蠢，在錯誤的道路上已經走了多遠，同時也代表我們坦承失敗。有些城市還真的打算坦承失敗。在德里，拉納．達斯葛塔對我說：「（中產階級）談到空氣汙染，往往談的都是口罩跟空氣清淨機……花錢就有很多辦法可以解決。真是荒唐。要他們減少開車，（他們）就覺得是天大的侮辱。我認識的大多數人，只在意要有一臺單數車牌號碼的車子，還要有另一臺雙數車牌號碼的車子，這樣出門才方便。」他這麼對我說的時候，單雙數車牌號碼分流制度才啟動過兩次，總共為時二十天。拉納說：「大家總是有辦法避開空氣汙染的影響。」

然而消滅空氣汙染的源頭，並不是比較困難的選項，仍然可以邁向創新高科技的未來，只是不會由梅爾．布魯克斯飾演的史庫布總統領軍。史丹福大學的傑克森教授說得最簡潔有力：「如果世上的產業全都電氣化，而且使用的是風能、水能，還有太陽能……那麼未來的進步將不會製造更多的空氣汙染。」（如果你只記得這本書裡的一句話，就選這句話吧！）

如今製造商提供消費者更乾淨的選項，而且比競爭對手的產品更具吸引力。特斯拉的電動車Model S已經取代賓士，成為二〇一六年美國最暢銷的豪華車款；到了二〇一七年，銷售量幾乎是第二名的兩倍。彭博新能源財經預測，電動車的持有成本，包括購買價格與運轉成本，會在二〇二二年前低於內燃機車輛。富豪汽車計畫最晚從二〇二五年開始，只銷售電動車；而挪威、奧地利和荷蘭也打算在二〇二五年，達到新車百分之百零排放的目標。倫敦伊斯林頓議會的蘿拉．派瑞對我說，她向小型企業與居民提供的零排放選項，「不僅負擔得起，還能省錢。跟我合作的一位先生……發現他改用電動貨車，每年能節省四千五百英鎊的柴油費用……如果可以省錢，客戶跟家人又能呼吸乾淨的空氣……大家就能理解，而且願意接受。」

最能加快改變速度的，是消費者的購買力。世界經濟論壇的安東妮雅・賈威爾寫道：「我們每個人每天都要做決策：選擇開車還是騎自行車上班；每天早上使用能重複用的馬克杯，還是拋棄式的塑膠杯。我們可以選擇買什麼食物或衣服。這些事就個人而言可能是小事，但集體來看就……擴大乾淨產品的市場，減少我們明知會製造汙染事物的需求。」「零排放選項一定比較昂貴」的想法，坦白說就是謬論。大多數人都買不起特斯拉的車子；但任何一個理智的城市應該追求的終極目標，並不是大多數居民都要擁有特斯拉的車子（也許奧斯陸除外，特斯拉是當地二〇一七年新車銷售量的冠軍）。終極目標是鼓勵更多人步行、騎自行車、共享公共運輸，以及加入共享汽車服務。這些選項比擁有汽車便宜多了。

把自行車騎士關在柴油暴露室的心臟病學教授大衛・紐比，比誰都知道在受汙染空氣中騎自行車的危險。但他每天還是固定騎他的自行車上班，沿著陡峭的愛丁堡山坡騎上騎下，與狂吐黑煙的老車共享空氣。他堅持讓他的孩子走上大老遠的路往返學校，不肯開車接送。他說，他知道孩子們暴露在不乾淨的空氣中，但他們多開一部車上路，空氣只會更毒。「我們要想辦法鼓勵更多人回歸步行。」他說。「如果能有一個城市完全沒有汽車，到處都只有人在步行跟騎自行車，生活在這樣的城市該有多美好啊。」

所以終極目標很明確：百分之百的再生能源與零排放運輸。然而，追求的目標是否為**零汙染**？就連我也覺得太誇張。第一，這是不可能的，即使是大批人潮步行、騎單車，還是會製造一些懸浮微粒。世界衛生組織訂定的懸浮微粒濃度安全上限是二十 μg/m³，但愈來愈多科學證據顯示，沒有所謂的「安全上限」，只有濃度每上升五或十 μg/m³，就會增加對健康的危害。我覺得我們不可能做到完全不製造懸浮微粒，不超出（二十 μg/m³）上限。」艾利．路易斯說。「這不是目前人們討論的話題……我覺得我們還沒到那階段，就只是大家問，好吧，怎樣（的汙染量）是能夠接受的？」

聖巴托羅繆醫院的克里斯．葛利菲斯認為，解決之道在於「拿出證據，讓人們知道什麼是安全的。大家待在家裡，如果可以換一種方式取暖，就能過上幸福的日子。誰都喜歡開放的柴火，不過若有證據指出柴火會嚴重損害健康，我們就該思考還該不該燒柴取暖……了解健康會受到的影響，接下來就是決定該怎麼做。但如果要我們生活在史達林主義的世界，誰也不能生營火或明火，那也不是我們追求的。」他拿目前大多數國家的酒吧與餐廳實施的禁菸令作比喻。他說，在我們小時候，置身在香菸的煙霧中很正常，而如今誰也不會反對禁菸令。「我覺得如果有科學證據作為基礎，即使是我們曾在公共場合習以為常的事，也可以改變。」

不過，有些國家與城市還是要守住文化紅線。在印度，關於排燈節煙火的討論愈演愈烈，畢竟在很多人心目中，那是印度傳統的一部分。幾位德里人告訴過我，很多印度人不願承認，其實鞭炮是較現代的傳統。可是會有人喜歡沒有煙火的排燈節夜晚嗎？美國七月四日的國慶慶祝活動*，還

---

*考量到空氣品質與野火風險，洛杉磯郡已立法禁止在家中施放煙火，包括美國國慶慶祝活動。

有英國十一月五日篝火之夜，少了煙火還有樂趣可言嗎？澳洲人會想扔掉烤肉架，改用電動爐盤嗎？這聽起來有些無禮，但很重要。我在第四章開頭說過，我炸墨西哥薄餅所製造的 PM2.5 濃度，讓我吃了一驚，後來我就改用烤的。但坦白說，我現在又開始油炸了，因為油炸比較好吃，但我只有一個人在廚房才會油炸。我自己願意賭上性命換取美味，但我不能讓孩子暴露在風險中。

我最喜歡的例子，是在造訪赫爾辛基期間遇到的。赫爾辛基已是乾淨空氣城市，卻還是比大多數城市更努力消滅所剩不多的汙染。但也有例外：蒸汽浴。芬蘭人很喜歡芬蘭蒸汽浴，大多數家庭至少設有一處蒸汽浴（芬蘭人口才五百三十萬，卻擁有約兩百萬處蒸汽浴）。在大赫爾辛基區，燃燒所排放的懸浮微粒，有四分之一來自燒柴，其中有一半來自燒柴蒸汽浴。我與桑波．希塔寧見面，談他的運輸構想，我忍不住偷偷夾帶一個關於蒸汽浴的問題：赫爾辛基的居民可不可能接受勸說，以電動蒸汽浴取代燒柴蒸汽浴？他說：「不可能，因為燒柴蒸汽浴真的就是最好的。」我一開始還在想，他是不是在說笑？後來才知道他不是。「芬蘭的壁爐製造商很懂得創新，也想辦法解決這個問題，例如設計新款壁爐，提高燃燒效率……只要能乾淨燃燒，那就沒有問題。」但我要再次強調，天底下沒有乾淨燃燒這回事。燃燒固態燃料，本來就會製造排放。赫爾辛基環境中心負責整個城市的環境保護工作，也發送宣傳電動蒸汽浴效益的傳單，但就連環境中心主任伊薩．尼庫南都對我說：「蒸汽浴在芬蘭的地位是很神聖的。當然用電動加熱也是可以……但燒柴比較好。」

如果整個社會都認同這樣的文化紅線，也理解箇中風險，那也許就沒關係？然而一般來說，社會（國家、城市、城鎮、鄉村）的同質性很少會這麼高。而社會上最弱勢、權利被剝奪最嚴重的族群，受到空氣汙染的影響則是不成比例的高。大多數製造汙染的人，尤其是在自家製造汙染的人，往往缺乏基本知識，也根本不知道自己造成了多嚴重的傷害。他們的選擇應該受到重視，加以討論，之後再予以保留或廢除，社會各階層都有權發表意見。話說回來，我認為我們加到汽車油缸裡的精煉原油，絕對不具任何文化意義或神聖地位。說到底，如果另一種能源也能創造我們習慣的速度、旅行時間和舒適程度，而且排氣管排出的汙染量是零，那誰會在乎能源從何而來？我們知道，電動車與氫動力汽車在這些方面，不僅能與汽油車與柴油車一較長短，甚至還能勝出：電動馬達的加速比燃料引擎更快，不需要排檔，行駛更平穩、更安靜。更棒的是只要有合適的自行車基礎設施，自行車能比電動車快速、健康，成本也低廉許多。所以現在要鄭重宣示藍圖的最後一個重點：所有城市應該盡快禁止汽油車與柴油車，對於工業排放源，以及舞弊最嚴重的汽車業者處以罰款，用於補助汰換汽油車與柴油車。

我拜訪大英博物館。安娜．戴維斯巴瑞特想要給我看的最後一樣東西，是她從公共收藏的千年蘇丹骨骼中，挑出來的新展品，也是她挑選的第一個展品。那些骨骼呈現出明顯的患病跡象，罹患的疾病多與空氣汙染有關。玻璃櫃後方的骨頭與脊椎有各種歪斜、扭曲與損害的情形，是由結核病與骨癌等疾病所致。「這些都跟氣喘病和慢性阻塞性肺病脫不了關係。」安娜說。「（這些人生前）也許還罹患其他疾病。」我問她，研究這些是否能看出現今空氣品質對我們身體的影響？「可以，我希望這些能喚起人們對現在生活的重視；我希望大家會說：『看看，他們有這麼多種呼吸道疾病，太可怕了，我們對現在空氣品質的觀念，是不是也要調整？』……你看到實際的證據、看見鼻竇骨的變化、看見肋骨的變化，那可震撼多了。」我在寫這本書的期間也確診患病（我要先說明是很輕微的疾病）。常年性鼻炎很像輕微的花粉熱，至少對我來說是如此，但一年到頭都可能發生。有一天早上我咳得特別厲害，覺得應該去醫院，結果診療單上白紙黑字寫得很清楚：「全年都有可能發生，可能是由……汽車引擎排放等空氣汙染引發。」

空氣汙染正在影響我們的生活品質，每一位正在閱讀這本書的人、每一位你認識的人，都會受到影響。空氣汙染與兒童發育不良密切相關，所以有可能、甚至可以說很可能，我們從小到大要是沒有吸入那些汙染物，包括殘株燃燒、含鉛汽油、未受監督的海運燃油，現在會更健康，甚至更聰明。還記得這本書一開始提到的第一項研究，證明了鉛汙染接觸量與兒童時期智商下降有關？曾在一九八〇年代參與英國鉛汙染研究的比爾．攸爾教授，在二〇一八年BBC廣播第四頻道的紀錄片回憶：「反對的人當然會說……『智商』是非常不可靠的指標，會變來變去，從早到晚不一樣，所以（血鉛量所造成的）四到五分的差距，根本算不了什麼。對於這一點我想了很多……你想想智商的正常分布，是一條鐘狀的曲線；再想想曲線的左邊要調整四分，也就是變得更低。中間的範圍儘管差異不大，但在最低的範圍，也就是智商七十分以下，兒童人數至少增加一倍……差異非常大。」英國的最後一臺含鉛汽油機，在二〇〇〇年移除。攸爾教授繼續說：「如今人們已有共識，知道沒有所謂的安全值。我將近四十年前著手研究鉛的時候，兒科醫學的教科書會告訴你，（兒童血鉛量）每公合六十毫克是正常值的最高上限……（現在）人口的血鉛量已經下降到一個程度，我們可以思考，每公合五毫克對兒童來說會不會太高？以前我們不可能這樣想，因為幾乎每位兒童的血鉛量都超過每公合十毫克。[7]」一九八〇年代的我還是孩子，血鉛量也許超過每公合十毫克，認知能力也因而受損*。二〇三〇與四〇年代的讀者，也許會對於現在的柴油排放量、超細微粒，以及氮氧化物濃度感到訝異，一如現在的我們看著以前含鉛汽油數據的感受。而現在兒童所接觸的柴油排放量與奈米粒子濃度，絕對高於我在一九八〇年代的接觸量。

在城市與城鎮成長的兒童，可以與電動車專用道與自行車專用道一同生活，住在使用再生能源的家中，呼吸幾乎完全不含我們如今習以為常的汙染物的空氣。這是可以實現的願景。現在就能在你的城市、你的鄉鎮、你家後院實現。空氣汙染不同於氣候變遷，沒有「正負兩度C」的劇本，沒有「無論我們怎麼做，情況只會更糟」的認知。都市空氣汙染是局部的、短暫的，可以從源頭消滅，收效迅速且明顯。零排放、低碳的未來會在十年、二十年，還是一百年後出現，終究取決於公眾壓力與政治意志，終究取決於我們自己。

---

*我覺得這本書如果有任何錯誤，原因一定是這個，而且只有這個！

後記

這天是二〇一八年六月二十一日，是一年中白晝最長的一天，對我來說，或許也是一年中最漫長的一日。我跟兩個女兒清晨五點多醒來，一早的日出將她們提前喚醒。我現在在火車上，要前往遠方的曼徹斯特。這天是英國史上第二個全國乾淨空氣日。我的鐳豆就在我身邊，這一趟可能是它被迫退休前的最後一次出勤。在柴油火車上，鐳豆目前顯示的 PM2.5 濃度是二十三 μg/m³，高於理想值，但還沒到警戒的地步；不過我們在伯明罕新街車站換車時，鐳豆讀數短暫衝上三位數，彷彿重返鐳豆與我在德里共同度過的時光。

英國環境大臣麥可・戈夫剛剛發出一則慷慨激昂的推特，祝福全英國人全國乾淨空氣日快樂，也呼籲民眾思考我們有多常開車、家中使用哪一種供暖方式，又是如何送孩子上學。愛丁堡的主要道路「土丘」，在全國乾淨空氣日這天，不開放車輛通行。愛丁堡居民在社群媒體發表興奮的言語，大膽舉著「我們要收復街道」的標語，要求政府經常舉辦無車日。我在去年的全國乾淨空氣日、在倫敦伊斯林頓議會結識的朋友，正在發送「單車騎士免費早餐」給排成一排的快樂單車騎士。在倫敦騎單車，通常不會有人感謝，但這一次有人感謝。我在網路上分享由一群專業醫療人員組成的倡議團體——「英國健康聯盟」——發布的訊息，內容是：「你知道嗎？把每四趟的市區汽車行程其中一趟，換成步行或騎自行車，英國就能省下超過十一億英鎊的醫療成本！」我將要體驗曼徹斯特的全國乾淨空氣日，還要訪問大曼徹斯特市長安迪・柏南。我的太太剛才傳來訊息，叫我多買一些尿布。現在是早上十一點十分，但說實話，我的一天還沒開始。感覺頭愈來愈痛。不過這是我為了寫這本書的最後一趟旅程，要好好把握。

我首先前往曼徹斯特皇家醫院，那裡有一個專為全國乾淨空氣日設置的肺部檢查帳篷。我抵達的時候是中午，跟一群午休的護理師一起排隊，期待免費檢查。這裡提供了肺活量測量法，受試者要盡量用力對著管子連續吹氣六秒，管子連接一臺跟電話一般大的螢幕。檢測人員對排在我前面的一位護理師說，以她的身高與年齡，她的肺比一般人小，不過應該不用擔心。她一臉擔憂，問道：「這麼說我不正常嘍？」檢測人員要她放心，說她很正常，每個人的肺大小本來就不一樣，但沒錯，她的肺確實比一般人小。這位護理師的午休時間即將結束，急著回去上班。她離去時，笑著對朋友說：「我不正常哩！」我問檢測人員，今天是不是很多人都有相同的結果、同樣的反應。他們說，有幾個；有位男士急性呼吸急促，他們建議他去看家庭醫學科醫師。輪到我了，我先深呼吸，再吐氣。六秒很漫長，感覺肺部能承受的最大極限是三秒，但檢測人員叫我繼續吐氣。我覺得頭暈，不過他們說我的肺容量很好，在百分位數的第八十八。我拿到用力呼氣量（FEV1）和用力肺活量（ＦＶＣ）分數。我對這兩個名詞都有印象，在第六章加州兒童的肺部研究出現過。我想起那些只因為住在馬路旁邊、肺容量就永遠低於正常值的孩子。不曉得那位護理師是否也跟他們一樣。我拿到檢測結果，還有免費贈送的乾淨空氣日手環，奇怪的是還有一個汽車用空氣芳香劑。一位志工笑著說：「這個贈品跟乾淨空氣日好像不搭耶！」我找到附近的長椅，坐下來寫作，發現身旁坐著一位大腹便便的孕婦，還有她的另一半。待產病房想必就在附近。我問他們是不是準備迎接第一個孩子。果然是。我祝他們一切順利，發現我回到了四年前旅程的起點，也就是我初為人父、展開乾淨空氣旅程的那天。

我決定花三十分鐘的路程，從醫院走到交易廣場。我跟市長約好在那裡碰面。我沿著牛津路走，這條主要道路最近翻修，增設了自行車專用道，日間禁止自用汽車通行，所以我只看見公車與單車騎士。我的鐳豆一度出現一 μg/m^3 的讀數，我還沒在赫爾辛基以外的大城市市中心，看過這種讀數。我一邊走，不時看看讀數，大多數都停留在個位數。大學的宣傳招牌上寫著：「你將如何改變世界？」彷彿歡慶的旗幟，高高掛在燈柱上。路上的公車數量不少，但單車騎士經過公車站，並不需要停下來，也無需放慢速度，因為自行車專用道設計成繞過公車站。公車可以暢行無阻，不會受路上的汽車阻礙；不過擁有速度優勢的，是單車騎士。每一個人都受惠。

交易廣場也有一個肺部檢測帳篷，開放試乘的各種電動車與自行車，還有志工發放乾淨空氣日傳單。市長也在這裡，身邊圍繞著一群爭先恐後的電視臺人員。剎那間我彷彿回到巴黎，赫然驚覺自己回到安娜．伊達戈駕臨巴士底廣場的現場，但這一次換我來採訪市長。安迪最近才從巴黎回來，他跟安娜．伊達戈市長會面，簽訂了他的城市要全面改用零排放公車的宣示書。他坦言他受到安娜、還有倫敦的薩迪克．汗的成績所激勵，而他希望能接下這兩位的棒子，將大曼徹斯特這個擁有兩百七十萬居民、一千三百平方公里面積的集合都市，打造成全球空氣品質與低碳創新的首府。我們坐下說話。他對我說，他的抱負是要讓曼徹斯特「比英國其他地方早十年達成碳中和」。那可需要不少改變，不僅是運輸，建築、能源也都要改變。「我們要改變社會大眾的觀念，對於建築物與汽車，要思考的是使用期限之內的成本，而非購買成本。你買一間零碳房屋，房價可能會把你嚇跑，但往後的暖氣與燃料費用，比以往便宜太多。你買了電動車，開車的成本也更低廉……我們考慮為計畫訂出一個日期，這個日期以後興建的（新）住宅，都必須是零碳住宅。重點在於這措施會影響市場。」我告訴他，法國在二〇一五年頒布一項法令，要求新建的商業建築安裝太陽能板或綠色屋頂。「我們也打算跟進，」他說，「一定要做到零碳……因為我們認為（率先這樣做）能創造經濟效益。二十一世紀的經濟有兩大引擎：一個是數位化，一個是去碳。在這兩項表現最好的城市，將是最繁榮永續的城市。」

他說的這些話，有些當然也是一位老練政治人物口中的漂亮話。我們現在最需要的是行動，不是言語。我拿出一份我的「乾淨空氣藍圖：給城市的」（見後頁）給他看，向他埋怨改變的速度太慢。我說，這份藍圖並沒有太特別的提議，都是一些我們知道該做的事——早就該做了，為什麼我們不能，為什麼**他**不能早點開始？他看著藍圖，也附和道：「解決方案已經有了，並不會很複雜；意願也有了。給我們工具，我們就做。真的。我明天就開始……這是健康不平等、健康不正義的問題。這很重要。那些開著大臺BMW的人，憑什麼汙染貧窮地區孩子呼吸的空氣？這沒道理；還有那些橫行霸道的客運，怎麼能開著老舊的柴油公車，駛入學校的大門？」但是在倫敦，百分之三十七的公車是電動公車，或是符合歐洲六號標準；而在二〇一八年年中，也就是我們說話的時候，大曼徹斯特只有百分之十的公車是電動公車。這個想必他可以處理，而且可以趕快處理吧？「問題是什麼時候（而不是要不要）處理。我們還沒拿到資金，沒辦法馬上開始。在一九八〇年代，有人說解除管制（英國的公車運輸從國營事業，轉為開放私營企業承包）會帶來更好的服務、更低的價格。結果完全相反。我女兒昨天（搭公車），六公里半的路程就花了四英鎊車錢。倫敦（運輸仍為國營，由倫敦交通局經營）的公車票價是多少？一．五英鎊。解除管制的公車是在向下競爭。他們擠在會賺錢的路線，嚴重製造空氣汙染，一部緊挨著一部在路上走。英格蘭北部的鐵路爛到一個程度，人們不得不回到開車的日子。」不過大曼徹斯特從二〇一七年五月開始，逐漸得到英國政府下放的一些權力，包括針對運輸實施更嚴格的控制。「我們現在有權力管理公車。我已經告訴他們，下一步就是要實現公車零排放。」我問他可曾聽過米爾頓凱恩斯的電動公車，能沿途無線充電，不必停下來充電，營運到現在已經三年了。他一臉驚訝。沒有，沒聽過。這也不是我第一次感到訝異，連同一個國家的城市之間都如此缺乏交流，國與國之間就更不用說了。

安迪．柏南很顯然是左派政治人物，先前在工黨政府擔任過部長，也曾是國會議員，代表他的家鄉，也就是大曼徹斯特從前的煤礦城市利爾市。我請教他一個困擾我許久、也困擾我們在第十章見到的德芙拉．戴維斯的先生理察許久的問題：乾淨空氣行動的成本。我雖然相信乾淨空氣行動帶給社會的是淨增益，但還是要解決原始資金從何而來的問題；另一個要解決的問題，是如何要求社會的貧窮階層將汽車換成電動車，或是將住家與暖氣升級成再生能源。「我（以前）住煤礦城市，」他說，「居民們在某些方面很有共識：礦業留下呼吸道疾病的遺毒。我記得我當國會議員時，一天到晚遇到選民，都是年紀比較大的礦工，走到哪都要帶著兩個氧氣瓶。人們知道吸入粉塵與微粒，對肺部的損害有多大。而住在最貧窮地區的人，可能更記得髒空氣的危害。」為了籌措資金，他認為應該推出全國車輛報廢補貼計畫，淘汰汙染量大的老舊車輛，補助車主與企業改用低排放量的車輛，或是其他永續交通工具，並將低收入者列為優先補助對象。「乾淨空氣基金」由政府與汽車業者共同出資。但他說，對於他城市的人民來說，最重要的是邁向電動運輸與低碳家園「可以省錢，這樣才推得動。當人們發現綠色生活更便宜，才願意改變。」

我結束與柏南市長的對談，去看看市中心其他乾淨空氣日的攤位。從上次在倫敦度過的乾淨空氣日，我到現在都沒騎過電動自行車，也不會特別想再體驗，不過曼徹斯特自行車租借的帕弗爾說服我再試一次。帕弗爾的小公司，位於「肺部健康圓頂」，以及電動車的推廣攤位之間，要說服企業不再使用貨車送貨，改用他的自行車。他的快遞團隊騎著電動輔助送貨自行車，穿梭在曼徹斯特的大街小巷，為大型公司及當地企業送貨。他說，比起其他運輸工具，自行車更便宜、更快（他的自行車能前往貨車到不了的地方），也更乾淨……其實他生意不錯，但他還是很沮喪。因為他與大型企業會面，對方聽他說話，會點頭表示認同，但到了簽訂合約的關鍵時刻，卻仍堅持他們熟悉的——司機開著柴油貨車。帕弗爾給我看他們的送貨自行車，並不是閃亮的新車，而是飽經風霜的二手車，這樣反而更好，一看就知道很耐用。有一臺看起來特別滄桑，前方繫著堅固的金屬置物箱，一次可以運送兩百五十公斤，也就是四分之一公噸的貨物。帕弗爾堅持要我騎這一部，在熱鬧的廣場晃晃。我想拒絕，因為擔心這玩意會翻覆，把我跟某個倒楣的路人甲壓扁。但他堅稱他之所以推薦這臺，正是**因為**好騎。於是我騎了。他說得對。這個沉重的大傢伙確實是乾淨的、「綠色的」（其實是藍色的），騎起來似乎比普通自行車還安全；就好比駕駛 Land Rover 感覺比斜背式汽車安全。這次也像我之前在格林威治騎電動自行車，輕鬆爬坡，覺得自己像超人。我現在超想買一臺，以後載孩子們上學＊。

我這趟去曼徹斯特，也是生平頭一次體驗特斯拉的車子。多年來我寫了不少關於特斯拉車子的報導，但從來沒坐過。這次展出的兩個車款是X與S，一如我的想像，彷彿從智慧型手機變身汽

＊以後騎著這個不費吹灰之力爬坡，我可能也不會告訴她們，車子有電動輔助。

車的變型金剛，是一種豐富的數位體驗。超大擋風玻璃包覆著駕駛座上方，外面的景致彷彿進到車內，沒有大多數跑車常有的隔絕感。我覺得這也許是為終將推出的全自動駕駛升級做準備，屆時方向盤成為歷史，駕駛大可抬頭望著天上的雲朵。交易廣場也展出BMW的i車款，以及最新的Nissan Leaf，但無法讓我有試乘的衝動；看起來就跟普通的汽車沒兩樣。特斯拉是超級巨星，十幾歲的年輕人在排隊，等著坐上去自拍。儘管伊隆・馬斯克的個人魅力稍稍衰退，我想起特斯拉推出火焰噴射槍，還解雇了大批員工，但我依然敬佩特斯拉，能將電動車打造成一種必須擁有的時尚。我很喜歡這種巨星的性感魅力。我覺得即使是一輩子也不見得買得起一臺特斯拉的人，也必須承認特斯拉的車子確實難以抗拒。會讓我和其他人願意掏錢、買下負擔得起的類似車款*，應該是二手的Nissan Leaf（我也同樣敬佩日產汽車，在電動車市場還沒出現時，就開始努力耕耘一款沒那麼性感、卻價格親民的量產電動車）。

曼徹斯特經常讓我想起赫爾辛基。這兩座城市從前打下的有軌電車基礎，如今貢獻豐厚的報酬。從我的鐳豆讀數就看得出來（我搭計程車，把鐳豆放在旁邊的座位。這是我從造訪德里到現在，第一次想起要這麼做，而讀數是三 μg/m³）；地理優勢也有影響，這裡的氣候涼爽，多風且多雨。但這並不是乾淨空氣城市故事的全貌。這是一個關於迫切與願望的故事。曼徹斯特一如赫爾

---

*比較有可能共享或是租用。

辛基，同樣試圖引導市民成為單車騎士。克里斯．博德曼是奧運自行車金牌得主，也是大曼徹斯特的自行車騎乘與步行事務專員。他提議在整個市區建立自行車騎乘與步行路網，路線總長超過一千六百公里，包括一百二十公里的荷蘭式自行車專用道，另外還有一千四百個較安全的十字路口；從前荒蕪的混凝土空間，也將改造為綠色公共空間，開放民眾休息或玩耍。

不過讓我印象最深刻的城市，永遠都是北京。北京在國際上是空氣汙染賤民，是全世界汙染最嚴重的城市。超級強國的首都，以工業起家，不惜付出汙染的代價，也要追求工業發展帶來的財富。後來拉起手煞車，猛然打住，說：「我們可以換個方法。」如果二〇一三年空氣末日的發生地北京，都可以清淨空氣，那沒有一個地方不可以。再也沒有任何藉口。沒有一個城市能再端出卸責的藉口；沒有一個城市能再說自家的汙染跟其他地方不同，是無法避免的。空氣汙染的歷史，是一再重複的歷史。所幸這也代表有許多重複的經驗，告訴我們該如何改進。安迪．柏南對我說的話很有道理：「曼徹斯特在兩世紀以前引領工業革命，奪走眾人的乾淨空氣；如今我們一定要引領另一場革命，把乾淨空氣還給眾人。要對人們這麼說：我們打造繁榮的未來，也能同時清理環境。」我那天晚上離開曼徹斯特，搭乘擁擠的柴油通勤列車，拿著汽車用空氣芳香劑和一袋尿布，心裡懷揣著這本書交稿期限將至的焦慮，還有對未來的希望。雖然等得不耐煩，但還是抱持希望。

乾淨空氣藍圖：給城市的

- 盡快禁止所有汽油車與柴油車在市中心通行。可以參考巴黎的 Crit'Air 計畫，同時將最大排放者處以罰款，以籌措推行此計畫及下列計畫所需的資金。
- 將柴油公車汰換成電動公車。
- 投資興建步行與自行車騎乘基礎設施。特別是人行道、自行車專用道（確實與車流分隔）和自行車停車區。
- 將主要商業區訂為日間行人徒步區。研究顯示行人人數增加，本地商家也能獲益。
- 綠化你的城市：種樹、保護公園、要求建築物安裝綠色屋頂。
- 在交通流量大的道路、學校和醫院旁裝設綠色牆。
- 設定再生能源目標。把目標訂在二〇三〇年之前，全面改用再生能源，以階段性五年計畫逐步實現。規定新建物須設有太陽能板等再生能源設備，才能取得規畫許可。
- 廣設電動車充電站。不妨在現有的基礎設施上加裝，例如每一條住宅區街道上的路燈柱。

- 短期開放電動車市區停車免費。
- 在建築物密集地區，禁用家用供暖的固體燃料燃燒器，例如燒柴暖爐與燃煤生火（除非沒有其他負擔得起的供暖方式，那就要先解決這個問題）。
- 與鐵路主管機關和中央政府合作，規畫鐵路全面電動化，淘汰柴油列車。
- 給港口都市的建議：要求所有港口裝設「岸電供應」，也就是港口船隻可取用當地供電，引擎不必運轉。
- 無論你的城市的乾淨空氣法規多麼完善，都要具體執行。要給予執行單位足夠的經費。
- 推行「環境正義」計畫。找出汙染最嚴重的社區，前述幾項投資應該側重這些社區。

乾淨空氣藍圖：給你的

- 閱讀「乾淨空氣藍圖：給城市的」，開始遊說你選區的政治人物。他們在這些項目的表現如何？如果他們完全沒有行動，又是為什麼？如果他們說沒有預算，那就問是否會對製造汙染的人處以罰款？罰款的錢將用在哪裡？
- 看看政府對於你家附近的空氣品質監測結果。下載能即時提供空氣品質數據的應用程式。建議買一臺可攜式汙染監測器。總之要了解你的居住與工作環境的實質汙染程度。
- 在燃燒任何東西前，無論是汽車燃料或燒火木炭，要先問自己是否真的有必要燃燒，是否有其他可行的零排放替代方案。
- 短程盡量選擇步行、騎自行車或使用公共運輸，不要開車（如果你身體不好或跟我一樣懶惰，可以考慮電動自行車或摩托車）。
- 如果你住在城市，可以加入電動車共享服務；如果你所在的城市沒有此服務，可以寫信給共享服務公司，請他們到你的城市來。

- 如果你需要買車，不妨看看市面上的電動車（尤其是二手電動車與混合車），以及政府補助方案。
- 家庭用電應選擇提供百分之百再生能源的電力公司。
- 可以自行設置再生能源或供熱系統，例如太陽能板，或是來自地面及空氣的供熱。
- 如果你住在建築物密集的地方，就不要——我重複一次——不要安裝燒柴火爐。無論產品廣告宣稱多麼「環保」，都不要安裝；如果你住在木屋或森林裡，那就燒吧，統統燒掉好了。
- 建議你家附近的學校與托兒所裝設綠色牆，實行「行走的校車」計畫（見二六六頁）。
- 如果你住在交通流量大的道路旁，或是柴油鐵路、柴油發電機等汙染源旁，就在你家架設綠色牆或綠色屋頂。網路上有很多教你怎麼做的資訊，不過傳統的女貞或針葉樹籬就很管用。
- 別恐慌！就算你居住的城市汙染嚴重，你也能降低個人的接觸量。盡量走在小路或巷內，不要在主要道路上步行或騎單車；如果必須走在主要道路上，盡量走在靠建築物的一側，而非靠近路緣的一側，以減少奈米粒子接觸量。
- 口罩、空氣清淨機、嬰兒車空氣清淨機……坦白說，要買什麼都由你作主，畢竟這些都有幫助，也至少能提升一些公眾意識，促進空氣品質的討論。不過說實在的，除非你整天生活在空氣經過濾的環境，否則多多少少都會接觸汙染。所以建議先實踐前述的項目。不過當然還是要盡量保護自己。
- 介紹別人讀這本書。（厚臉皮，我知道！）

參考文獻

這本書提到的研究當然不只下列這些，但礙於篇幅有限，我只能列出引用得最詳細的文獻。

前言

1 Wright. J. P., et al. 2008. 'Association of Prenatal and Childhood Blood Lead Concentrations with Criminal Arrests in Early Adulthood', *PLoS Medicine.*

2 'Our Lives with Lead', *In Their Element*, BBC Radio 4, January 2018.

第一章　史上最大煙霧？

1 Berridge, V. and Taylor, S. 2005. *The Big Smoke: Fifty Years after the 1952 London Smog,* Centre for History in Public Health, London School of Hygiene & Tropical Medicine.

2 Wallis, H.F., *The New Battle of Britain*, Charles Knight & Co, 1972.

3 'Report of the Special Rapporteur on the implications for human rights of the environmentally sound management and disposal of hazardous substances and wastes on his mission to the United Kingdom of Great Britain and Northern Ireland', UN Human Rights Council, September 2017.

4 'The NDTV Dialogues: Tackling India's Killer Air', NDTV (New Delhi Television Ltd), 19 November 2017.

5 'Heart attacks, respiratory diseases, cancer, NCDs cause of six out of 10 deaths in India', *Hindustan Times*, 14 November 2017.

6 'Pollution stops play at Delhi Test match as bowlers struggle to breathe', *Guardian*, 3 December 2017.

7 Davis, D. 2002. *When Smoke Ran Like Water*, Basic Books.

8 L'Enquête Globale Transport, Observatoire de la mobilité en Île-de-France (OMNIL), 2013.

第二章　人生就是一種氣體

1 Baumbach, G., et al. 1995. 'Air pollution in a large tropical city with a high traffic density – results of measurements in Lagos, Nigeria', *Science of the Total Environment* 169.

2 Lewis, A. 'Air Quality and Health', University of York lecture [slides as seen in 2017].

3 Fioletov, V. E., et al. 2016. 'A global catalogue of large sulphur dioxide sources and emissions derived from the Ozone Monitoring Instrument', *Atmospheric Chemistry and Physics.*

4 Sahay, S. and Ghosh, G. 2013. 'Monitoring variation in greenhouse gases concentration in Urban Environment of Delhi', *Environmental Monitoring and Assessment.*

5 Sindhwani, R. and Goyal, P. 2014. 'Assessment of traffic-generated gaseous and particulate matter emissions and trends over Delhi (2000–2010)', *Atmospheric Pollution Research.*

6 Landrigan, P. J., et al. 2018. 'The *Lancet* Commission on pollution and health', *The Lancet.*

7 Davies, S. 2018. *Chief Medical Officer annual report 2017: health impacts of all pollution – what do we know?*, Department of Health and Social Care.

第三章　懸浮微粒

1 Wang, Z., et al. 2013. 'Radiative forcing and climate response due to the presence of black carbon in cloud droplets', *Journal of Geophysical Research: Atmospheres*.
2 Davis, D. 2002. *When Smoke Ran Like Water*, Basic Books.

第四章　無火不起煙

1 Lewis, M. E., et al. 1995. 'Comparative study of the prevalence of maxillary sinusitis in later Medieval urban and rural populations in Northern England', *American Journal of Physical Anthropology*.
2 Seinfeld, J. H. and Pandis, S. N. 2006. 'Atmospheric Chemistry and Physics: From Air Pollution to Climate Change', Wiley.

第五章　衝向柴油

1 Vidal, J. 'All choked up: did Britain's dirty air make me dangerously ill?', *Guardian*, 20 June 2015.
2 'Fine Particles and Health', POST Technical Report, June 1996.
3 Laxen, K. 'Will backup generators be the next "Dieselgate" for the UK?', *environmental SCIENTIST*, April 2017
4 Kumar, et al. 2011. 'Preliminary estimates of nanoparticle number emissions from road vehicles in megacity Delhi and associated health impacts', *Environ Sci Technol*.
5 Li, N., et al. 2016. 'A work group report on ultrafine particles (American Academy of Allergy, Asthma & Immunology): Why ambient ultrafine and engineered nanoparticles should receive special attention for possible adverse health outcomes in human subjects', *Journal of Allergy and Clinical Immunology*.

第六章　無法呼吸

1 Gauderman, W. J., et al. 2015. 'Association of Improved Air Quality with Lung Development in Children', *New England Journal of Medicine*.
2 Findlay, F., et al. 2017. 'Carbon Nanoparticles Inhibit the Antimicrobial Activities of the Human Cathelicidin LL-37 through Structural Alteration', *Journal of Immunology*.

第七章　最好的煙霧解決方案？

1 Nguyen, N. P. and Marshall, J. D. 2018. 'Impact, efficiency, inequality, and injustice of urban air pollution: variability by emission location', *Environmental Research Letters*.

第十章　乾淨空氣代價幾何？

1 Trasande, L., et al. 2016. 'Particulate Matter Exposure and Preterm Birth: Estimates of U.S. Attributable Burden and Economic Costs', *Environmental Health Perspectives*.

2 Chang, T., et al. 2016. 'The Effect of Pollution on Worker Productivity: Evidence from Call Center Workers in China', *National Bureau of Economic Research*.

3 Zivin, J. G. and Neidell, M. 2012. 'The Impact of Pollution on Worker Productivity', *American Economic Review*.

4 Singh. S. 'Metro Matters: Delhi can't grudge what it takes to breathe easy', *Hindustan Times*, 23 October 2017

5 Jacobson, M. Z., et al. 2015. 'Low-cost solution to the grid reliability problem with 100% penetration of intermittent wind, water, and solar for all purposes', *PNAS*.

6 Jacobson, M. Z., et al. 2017. '100% Clean and Renewable Wind, Water, and Sunlight All-Sector Energy Roadmaps for 139 Countries of the World', *Joule*.

7 'Our Lives with Lead', *In Their Element*, BBC Radio 4, January 2018.

中英名詞對照表

人物

三至五畫

凡達娜　Vandana
大衛・金恩爵士　Sir David King
大衛・紐比　Newby, David
山姆・阿特伍　Atwood, Sam
丹尼斯・桑德嘉特　Sandgathe, Dennis M.
丹尼爾・安東　Daniel Antoine
丹・托普　Thorpe, Dan
尤塔・費絲　Frith, Uta
巴利・葛雷　Gray, Barry
文納德　Vinod
比利時國王菲利普與王后瑪蒂爾德　Philippe and Mathilde of Belgium
比爾・攸爾　Yule, Bill
卡拉・史提芳　Carla Stephan
卡爾頓・羅斯　Carlton Rose
卡蜜拉・納普　Kamila Knapp
史考特・普魯特　Pruitt, Scott
史庫布總統　President Skroob
史蒂法諾・博埃里　Boeri, Stefan
史蒂芬・哈爾蓋特　Holgate, Stephen
尼汀・加德卡里　Nitin Gadkari
尼克・胡西　Hussey, Nick
尼拉・夏瑪　Sharma, Niraj
尼爾・華利斯　Neil Wallis
布狄卡女王　Boadicea
布拉姆斯　Brahms
布萊恩・馬修斯　Matthews, Brian
布蘭登・康納　Connor, Brendan
弗蘭索瓦・拉弗格　François Lafforgue
札克・羅格　Jacques Rogge

六至十畫

伊旺・瓊斯　Ewan Jones
伊芳・布朗　Yvonne Brown
伊恩・康斯坦斯　Ian Constance
伊莉莎白一世　Elizabeth I
伊隆・馬斯克　Musk, Elon
伊薩・尼庫南　Nikunen, Esa
吉米・威爾斯　Jimmy Wales
吉姆・米爾斯　Mills, Jim
吉姆・馬丁　Jim Martin
安尼爾・馬達哈夫・戴夫　Anil Madhav Dave
安妮・葛薩奇　Anne Gorsuch
安東妮雅・賈威爾　Antonia Gawel
安迪・伊斯雷克　Eastlake, Andy
安迪・柏南　Burnham, Andy
安娜・伊達戈　Hidalgo, Anne
安娜貝爾・薩帕　Annabelle Sappa
安娜・麥克迪亞米德　Anna MacDiarmid
安娜・戴維斯巴瑞特　Davies-Barrett, Anna
安基特・帕拉克　Parakh, Ankit
安德魯・惠勒　Andrew Wheeler
托馬斯・米基利　Midgley, Thomas
米格爾・安杜蘭　Miguel Induráin
艾利・哈根史密特　Haagen-Smit, Arie

英王亨利三世 Henry III
英王查理二世 King Charles II
英王愛德華一世 Edward I
迪克・艾爾西 Dick Elsy
迪克・斯塔伯特 Dick Stapert
倫佐・皮亞諾 Renzo Piano
埃莉諾王后 Queen Eleanor
夏綠蒂 Charlotte
朗妮・比索 Ronit Piso
朗諾・雷根 Reagan, Ronald
桑波・希塔寧 Hietanen, Sampo
泰勒・諾頓 Knowlton, Tyler
海因茲先生 Mr Heinz
特納 Turner
班恩・柯倫 Ben Collen
索克・迪森納 Diesener, Sönke
索妮雅・希基拉 Heikkilä, Sonja
馬丁・佩特 Pett, Martin
馬丁・溫特柯恩 Martin Winterkorn
馬克・瓦特 Mark Watt
馬克・托納 Toner, Mark
馬克・傑克森 Jacobson, Mark
馬蒂亞斯・繆勒 Matthias Müller
馬諾・庫瑪・烏帕赫亞 Manoj Kumar Upadhyay
高爾 Gore, Al

十一至十五畫

康斯坦斯・史卡令 Scharring Konstanze
強森 Johnson, Boris
曼尼・曼南德茲 Menendez, Manny
曼紐埃拉・卡蒙娜 Manuela Carmena
梅伊 May, Theresa
梅西亞・李斯 Rys, Maciej
梅克爾 Merkel, Angela
梅爾・布魯克斯 Mel Brooks
梅爾芭・匹雅 Pria, Melba
理查・萊維林戴維斯 Richard Llewelyn-Davies
理查・羅傑斯 Richard Rogers
理察・席爾弗 Richard Silver
理察・摩根斯敦 Morgenstern, Richard
荷雷斯・派爾 Pile, Horace
莎士比亞 Shakespeare
莎莉・戴維斯 Davies, Sally
莫內 Monet
麥可・戈夫 Gove, Michael
麥克・彭博 Michael Bloomberg
傑弗瑞・皮爾斯 Jeffrey Pierce
傑西・克洛 Kroll, Jesse
傑瑞・布朗 Brown, Jerry
凱因斯 John Maynard Keynes
凱倫・哈迪 Karen Hardy
凱特・羅根 Logan, Kate
凱莉・普利特 Carrie Plitt
喬緹・潘德・拉瓦克爾 Lavakare, Jyoti Pande
提姆・雷德 Tim Reid
普拉山特・庫瑪 Prashant Kumar
舒布哈妮・塔瓦 Talwar, Shubhani
華利斯 Wallis, H. F.
菲爾・史東斯 Stones, Phil
萊昂尼・庫珀 Cooper, Leonie

塞文・貝特　Selwyn Bate
塞恩菲爾德　Seinfeld
奧利佛・史密特　Oliver Schmidt
奧爾良公爵夫人　Dutchesse of Orleans
葛拉姆・霍爾　Graham Hoare
葛瑞格・雷蒙德　Greg LeMond
葛雷森・派瑞　Perry, Grayson
詹姆斯・索頓　Thornton, James
路卡斯・尼克曼　Lukas Neckermann
達恩　羅塞加德　Roosegaarde, Daan
嘉布里・沃克　Gabrielle Walker
漢娜・賈崔爾　Hannah Gattrell
漢斯・胡斯曼　Huisman, Hans
瑪莉・尼可斯　Nichols, Mary
瑪塔・西準　Marta Citron
瑪瑞拉・艾瑞佩　Eripret, Mariella
碧根鮑華　Franz Beckenbauer
維多利亞・豪斯　Victoria Howse
維拉布哈德蘭・拉馬納森　Veerabhadran Ramanathan
蓋瑞・富勒　Gary Fuller
德芙拉・戴維斯　Davis, Devra
德倉信介　Nobusuke Tokura
德輔博士　Dr Des Voeux
潘迪斯　Pandis
魯伯特・史坦勒　Rupert Stadler
黎安・貝茲　Bates, Liam

十六畫以上

盧修斯・阿奈烏斯・塞內卡　Lucius Annaeus Seneca the Younger
穆可希・凱爾　Khare, Mukesh
諾曼・福斯特　Norman Foster
賽門・班奈特　Bennett, Simon
賽門・博克特　Birkett, Simon
薩米・薩哈拉　Sami Sahala
薩迪克・汗　Khan, Sadiq
羅伊・帕克　Parker, Roy
羅伯・麥克肯茲　Rob MacKenzie
羅曼・拉科姆　Romain Lacombe
羅絲瑪莉・梅莉特　Merritt, Rosemary
羅賓・羅素瓊斯　Robin Russell-Jones
蘇珊・威廉斯　Suzanne Williams
蘇珊・寶森　Paulson, Suzanne
蘭利・德威特　DeWitt, Langley
蘿拉・派瑞　Parry, Laura

地點

三至五畫

土丘　The Mound
上埃及　Upper Egypt
大曼徹斯特　Greater Manchester
大赫爾辛基區　Helsinki Metropolitan Area
大霧山山脈　Smoky Mountains
巴士底廣場　Place de la Bastille
巴西古里提巴　Curitiba, Brazil
巴恩斯伯里路　Barnsbury Road
巴特錫　Battersea
巴塞隆納　Barcelona
巴達普爾　Badarpur
巴黎大堂市場　Les Halles market
牛津街　Oxford Street
王冠橋　Crown Bridges

加泰土丘　Çatalhöyük
加爾各答　Calcutta
北海　North Sea
北環環狀道路　North Circular ring road
卡匹　Carpi
卡勒凡卡圖街　Kalevankatu Street
史坦頓　Stanton
史密斯菲爾德家畜市場　Smithfield livestock market
史達林格勒戰役廣場　Place de Stalingrad

六至十畫

交易廣場　Exchange Square
伊朗扎博勒　Zabol in Iran
伊斯林頓　Islington
伍爾維奇　Woolwich
印度德里　Delhi, India
印第安納波利斯　Indianapolis
多塞特　Dorset
安吉爾　Angel
托特納姆　Tottenham
艾菲爾德路　Ifield Road
西漢普斯特德　West Hampstead
伯明罕新街車站　Birmingham New Street station
克拉珀姆　Clapham
利爾市　Leigh
杜莎夫人蠟像館　Madame Tussaud's
沃拉姆珀西　Wharram Percy
沃爾瑟姆斯托　Walthamstow
沙福郡　Suffolk
沙德勒之井劇院　Sadler's Wells Theatre
肖迪奇　Shoreditch
里茲　Leeds
亞利桑那州鳳凰城　Phoenix, Arizona
佩什德拉澤　Pech de l'Azé
卑爾根　Bergen
坦沃斯　Tamworth
奇蹟洞　Wonderwerk Cave
奈及利亞卡杜納　Kaduna in Nigeria
奈及利亞拉哥斯　Lagos, Nigeria
孟買　Mumbai
帕丁頓車站　Paddington station
法蘭西島大區　Île-de-France
波托西銀礦　Potosí silver mine
波特蘭　Portland
波羅的海　Baltic Sea
波蘭弗次瓦夫　Wroc aw, Poland
肯亞奈洛比　Nairobi, Kenya
肯薩爾綠地公墓　Kensal Green Cemetery
芬蘭赫爾辛基　Helsinki, Finland
長灘　Long Beach
阿姆斯特丹　Amsterdam
阿拜多斯神廟　Temple of Abydos
俄羅斯諾里爾斯克　Norilsk, Russia
哈克尼　Hackney
哈里亞納邦　Haryana
哈姆雷特塔　Tower Hamlets
奎爾卡亞冰冠　Quelccaya ice cap
拱門地鐵站　Archway station
洛杉磯郡　Los Angeles County
約克郡　Yorkshire

美國洛杉磯 Los Angeles, US
耶路撒冷 Jerusalem
英吉利海峽 English Channel
英國米爾頓凱恩斯 Milton Keynes, UK
英國南安普敦 Southampton, UK
英國曼徹斯特 Manchester, UK
英國愛丁堡 Edinburgh, UK
香榭麗舍大道 Champs Elysées
哥本哈根 Copenhagen
哥倫比亞波哥大 Bogotá, Colombia
埃特納火山 Mount Etna
埃歐 Io
旁遮普邦 Punjab
格林威治 Greenwich
格陵蘭 Greenland
格蘭大道 Gran Via
桑德蘭 Sunderland
泰晤士河 River Thames
海法 Haifa
海法灣 Haifa Bay
海格特山 Highgate Hill
海得拉巴 Hyderabad
烏干達坎帕拉 Kampala in Uganda
特拉法加廣場 Trafalgar Square
特拉維夫 Tel Aviv
班伯里 Banbury
紐卡索 Newcastle
馬里波恩車站 Marylebone station
馬里波恩路 Marylebone Road
馬德里 Madrid
高威科姆 High Wycombe

十一畫以上

國防殖民地 Defence Colony
密蘇里州聖路易 St Louis, Missouri
清奈 Chennai
第七大道 la Séptima
雪菲爾 Sheffield
麥洛維水力發電大壩 Merowe hydroelectric dam
凱塞姆洞穴 Qesem Cave
喀麥隆巴門達 Bamenda in Cameroon
富勒姆 Fulham
提利康跨河大橋 Tilikum Crossing Bridge
斯堪地那維亞 Scandinavia
斯圖加特 Stuttgart
斯維夫特班特 Swifterbant
普尼高街 Putney High Street
普拉德街 Praed Street
渥太華 Ottawa
菲律賓馬尼拉 Manila, the Philippines
開普敦 Cape Town
黑衣修士橋 Blackfriars Bridge
黑牆隧道 Blackwall Tunnel
新十字 New Cross
新門區 Porta Nuova
瑞典斯德哥爾摩 Stockholm, Sweden
義大利威尼斯 Venice, Italy
聖丹尼 Saint-Denis
聖貝納迪諾 San Bernardino
聖華金谷盆地 San Joaquin Valley Basin

聖塔菲 Santa Fe
聖蓋博 San Gabriel
漢堡 Hamburg
維德角 Cape Verde
維蘇威火山 Vesuvius
蒙特婁 Montreal
墨西哥市 Mexico City
慕尼黑 Munich
魯貝 Roubaix
諾丁罕 Nottingham
濱海灣花園 Gardens by the Bay
牆上的聖海倫 St Helen-on-the-Walls
藍山山脈 Blue Mountains
艦隊街 Fleet Street
蘭卡斯特 Lancaster, England

機關單位

一至五畫

BLK超級專科醫院 BLK Super Speciality Hospital
C40城市氣候領導聯盟 C40 Cities Climate Leadership Group
NHS醫院 NHS hospital
十億級工廠 Gigafactory
大英博物館 British Museum
中央情報局 Central Intelligence Agency
中央控制汙染委員會 Central Pollution Control Board
中央道路研究院 Central Road Research Institute (CRRI)
丹佛大學 University of Denver
公共衛生歷史中心 Centre for History in Public Health
公共衛生聯盟 Coalition for Public Health
反柴油醫師 Doctors Against Diesel
天空新聞臺 Sky News
巴斯大學 University of Bath
巴塞隆納自治大學 Universitat Autònoma de Barcelona
巴黎地區空氣品質監測組織 Airparif
日本特殊陶業株式會社 NGK Spark Plug Co
日產 Nissan
世界自然基金會 WWF
世界經濟論壇 World Economic Forum
世界銀行 World Bank
世界衛生組織 World Health Organisation (WHO)
加州空氣資源委員會 California Air Resources Board (CARB)
加州洛杉磯大學 UCLA
加州理工學院 California Institute of Technology
加州聖地牙哥大學 University of California, San Diego
卡內基梅隆大學 Carnegie Mellon
臺夫特理工大學 Delft University of Technology
史丹福大學 Stanford
布拉福大學 University of Bradford

六至十畫

伍夫森大氣化學實驗室　Wolfson Atmospheric Chemistry Laboratories
印度地球科學部　Indian Ministry of Earth Sciences
印度理工學院　IIT
地球之友　Friends of the Earth
多諾拉鋅工廠　Donora Zinc Works
安隆公司　Enron
米爾布魯克試驗場　Millbrook
自然與生物多樣性保護聯盟　Nature and Biodiversity Conservation Union
西門子　Siemens
西門菲莎大學　Simon Fraser University
西部木材產品協會　Western Wood Products Association
伯明罕大學　University of Birmingham
佛賀汽車　Vauxhall
利物浦大學　University of Liverpool
汽車製造商及貿易商協會　Society of Motor Manufacturers and Traders (SMMT)
辛辛那提大學　University of Cincinnati
宜家家居　Ikea
明尼蘇達大學　University of Minnesota
法國公共衛生局　Santé publique France
法國新聞廣播電臺　France Info
法蘭西二十四　France 24
波士頓大學　Boston University
空氣汙染物健康效應委員會　Committee on the Medical Effects of Air Pollutants
空氣品質標準專家討論會　Expert Panel on Air Quality Standards (EPAQS)
阿蒙森號　MS Roald Amundsen
南加州大學凱克醫學院　Keck School of Medicine USC
南加州愛迪生公司　Southern California Edison
南安普頓大學　University of Southampton
南岸空氣品質管理局　South Coast Air Quality Management District
南森號　MS Fridtjof Nansen
哈佛大學　Harvard
政府間氣候變化專門委員會　Intergovernmental Panel on Climate Change (IPCC)
柯達公司　Kodak
皇家內科醫師學會　Royal College of Physicians
皇家兒科和兒童健康學會　Royal College of Paediatrics and Child Health
皇家科學會　Royal Society of Science
科學與環境中心　Centre for Science and Environment (CSE)
科羅拉多州立大學　Colorado State University
美國化學學會　American Chemical

Society
美國地質調查局　US Geological Survey
美國自然資源保護委員會　US Natural Resources Defense Council (NRDC)
美國肺臟協會　American Lung Association
美國原子能委員會　Atomic Energy Authority
美國能源部　US Department of Energy
美國國家航空暨太空總署　NASA
美國國家環境服務中心　US National Environmental Services Center (NESC)
美國國家環境保護署　Environmental Protection Agency (EPA)
美國過敏氣喘與免疫學會　American Academy of Allergy, Asthma & Immunology
美國鋼鐵公司　American Steel and Wire Works
美國聯邦公路總署　US Federal Highway Administration
耐吉　Nike
耶拿大學醫院　University Hospital Jena
英國心臟基金會卓越研究中心　British Heart Foundation Centre of Research Excellence
英國先進推進中心　Advanced Propulsion Centre UK
英國低碳車輛聯合會　Low Carbon Vehicle Partnership (LowCVP)
英國皇家環境汙染委員會　UK Royal Commission on Environmental Pollution
英國氣象局　Met Office
英國能源部　UK energy department
英國第四頻道　Channel 4
英國運輸部　UK Department for Transport
英國環境、食品和農村事務部　Defra (Department for Environment, Food and Rural Affairs)
英國鐵路網公司　Network Rail
英屬哥倫比亞大學　University of British Columbia
飛雅特　Fiat
倫敦大學學院　University College London
倫敦交通局　TfL
倫敦政經學院　London School of Economics
倫敦國王學院　King's College London
哥倫比亞兒童環境衛生中心　Columbia Center for Children's Environmental Health
埃克森美孚　Exxon-Mobil Shell
泰特現代藝術館　Tate Modern
海達路德　Hurtigruten
疾風國小　Windrush Primary School
紐約大學醫學院　New York University School of Medicine
能源與資源研究所　Energy and

十二至十五畫

綠色和平組織　Greenpeace
賓州大學　University of Pennsylvania
赫爾辛基環境中心　Helsinki Environment Centre
酷玩樂團　Coldplay
劍橋大學　University of Cambridge
德比市議會　Derby City Council
德里汙染控制委員會　Delhi Pollution Control Committee
德國聯邦參議院　Bundesrat
德國聯邦議院　Bundestag
憂思科學家聯盟　UCS (Union of Concerned Scientists)
歐洲投資銀行　European Investment Bank
歐洲呼吸學會空氣汙染工作小組　European Respiratory Society Task Force on Air Pollution
歐洲法院　European Court of Justice (ECJ)
歐洲替代燃料觀測所　European Alternative Fuels Observatory
歐洲環境署　European Environmental Agency (EEA)
歐盟執行委員會　European Commission
歐盟聯合研究中心　European Joint Research Centre
熱帶酒吧　Tropical Bar
蓮花汽車　Lotus

十六畫以上

盧安達氣候觀測站　Rwanda Climate Observatory
霍恩斯代爾電力儲備　Hornsdale Power Reserve
鮑斯小學　Bowes Primary School
聯合航空　United Airlines
聯合國人權理事會　United Nations Human Rights Council
聯合國兒童基金會　Unicef
聯合國糧食及農業組織　UN Food and Agriculture Organization (FAO)
薩里大學　University of Surrey
雙龍汽車　Ssangyong
龐畢度中心　Pompidou Centre
寶獅　Peugeot
蘇丹國家古文物與博物館公司　Sudanese National Corporation for Antiquities and Museums
蘭卡斯特大學　University of Lancaster
鐵路安全與標準委員會　Rail Safety and Standards Board (RSSB)

化學

一至五畫

BTEX（苯、甲苯、乙苯及二甲苯）　BTEX (benzene, toluene, ethylbenzene and xylene)
一氧化氮　nitrogen monoxide (NO)
一氧化碳　carbon monoxide
乙烷　ethane
乙烷合萘　acenaphthene
丁醇　butanol
二氧化矽　silica

二氧化硫　sulphur dioxide
二氧化氮　nitrogen dioxide
二氧化碳　carbon dioxide
三乙醇胺　triethanolamine
丙烷　propane
（四乙基）鉛　[tetraethyl] lead
四氟化碳　perfluoromethane
生物乙醇　bio-ethanol
甲基　methyl group
甲烷　methane

六至十畫

光化學煙霧　photochemical smog
多環芳香烴　PAHs (polycyclic aromatic hydrocarbons)
自由基　free radicals
尿素　urea
汞　mercury
奈米粒子　nanoparticles
肽　peptide
氟化物　fluoride
氟氯碳化物　CFC
苯　benzene
苯並[a]芘　benzo[a] pyrene
苯並[a]蒽　benz(a)anthracene
苯並[b]熒蒽　benzo(b)fluoranthene
苯並[c]菲　benzo[c]phenanthrene
苯並[e]芘　benzo[e]pyrene
茀　fluorene
重燃油　HFO (heavy fuel oil)
氣溶膠　aerosol
氧化亞氮　nitrous oxide
氨　ammonia
氨洩漏　ammonia slip
砷　arsenic
臭氧　ozone
茚並 [1,2,3-cd] 芘　indeno(1,2,3-cd) pyrene

十一畫以上

液化石油氣　LPG (liquid petroleum gas)
異戊二烯　isoprene
硫酸　sulphuric acid
硫酸鹽　sulphate
鹵碳　halocarbon
揮發性有機化合物　VOCs (volatile organic compounds)
氬　argon
氮氧化物　NOx
氯化物　chloride
硝酸銨　ammonium nitrate
萘　naphthalene
黑碳　black carbon
溴　bromine
碘　iodine
羥基　hydroxyl (OH)
鈷　cobalt
碳中和　carbon neutral
碳水化合物　carbohydrate
碳氫化合物　hydrocarbon
碳酸　carbonic acid
碳酸鋰　lithium carbonate
鉻酸鉛　lead chromate
醋酸鈣鎂　calcium magnesium acetate
聯苯　biphenyl

鎘　cadmium
懸浮微粒　particulate matter (PM)
鹽酸　hydrochloric acid

交通

內燃機　internal combustion engine
公車捷運系統　Bus Rapid Transit
主動運輸（步行）　active transport (walking)
交通行動服務　MaaS (Mobility as a Service)
自動駕駛聯網車　CAVs (connected and autonomous vehicles)
低碳車　Low Carbon Vehicles (LCV)
汽油缸內直噴　Gasoline direct injection
氫燃料　hydrogen fuel
插電式混合動力車輛　plug-in hybrids
減效裝置　defeat device
無人駕駛車　driverless vehicles
鈉電池　sodium batteries
過渡型零排放車輛　transitional Zero Emission Vehicles (TZEV)
零排放車輛　Zero Emission Vehicles (ZEV)
電動車　electric vehicles
歐洲一號　Euro 1
歐洲七號　Euro 7
歐洲二號　Euro 2
歐洲三號　Euro 3
歐洲五號　Euro 5
歐洲六號　Euro 6
歐洲四號　Euro 4
鋰電池　lithium batteries
轉速負載　speed load
觸媒轉化器　catalytic converters

書籍報刊

《二十分鐘報》　*20 Minutes*
《大煙霧》　*The Big Smoke*
《工程與科學》　*Engineering and Science*
《太陽報》　*Sun*
《巴黎人報》　*Le Parisien*
《日報》　*Tageszeitung*
《世界報》　*Monde, Le*
《北輝格報》　*Northern Whig*
《印度斯坦時報》　*Hindustan Times*
《自然》　*Nature*
《每日郵報》　*Daily Mail*
《每日電訊報》　*Daily Telegraph*
《刺胳針》　*Lancet, The*
《金融時報》　*Financial Times*
《哈特浦北部每日郵報》　*Hartlepool Northern Daily Mail*
《星期日泰晤士報》　*Sunday Times*
《查理週刊》　*Charlie Hebdo*
《洛杉磯時報》　*LA Times*
《科學》　*Science*
《美麗新世界》　*Brave New World*
《英國的新戰役》　*The New Battle of Britain*
《首都：二十一世紀德里寫照》　*Capital: A Portrait of Twenty-first Century Delhi*
《倫敦新聞畫報》　*Illustrated*

其他

一至五畫

sans voitures), Paris
引擎爆震　engine knock
「火與人屬」研討會　'Fire and the Genus Homo'
以色列《空氣淨化法》　Clean Air Act (Israel)
加州兒童健康研究　Californian Children's Health Study
「卡爾莫耶計畫」　'Carl Moyer Program'
卡諾卜罈　canopic jar
尼安德塔人　Neanderthals
平流層　stratosphere
本生燈　Bunsen burner
生質柴油　biodiesel
用力呼氣量　FEV
用力肺活量　forced vital capacity
甲狀腺腫　goitre
白質　white matter
白頰山雀　great tit

六至十畫

光合作用　photosynthesis
光氧化　photochemical oxidation
全國乾淨空氣日　National Clean Air Day (NCAD)
冰芯取樣　ice-core sampling
印加帝國　Inca Empire
自動城市與鄉村網路　AURN (Automatic Urban and Rural Network)
血清葡萄糖　serum glucose
血腦障壁　blood–brain barrier
低排放區　low emission zones (LEZs)
局部缺血　ischemia
「沛綠雅罐裝空氣」　'Perrier Air'
防止船舶汙染國際公約　MARPOL
「岸電供應」　'cold ironing'
帕金森氏症　Parkinson's disease
注意力缺陷過動症　ADHD
炎性細胞　inflammatory cell
直立猿人　Homo erectus
矽肺病　silicosis
「空氣品質淨化區」　'clean air zones'
空氣末日　Airpocalypse
空氣汙染的擴散及其對本地環境的影響　Dispersion of Air Pollution and Penetration into the Local Environment
空氣品質指數　Air Quality Index (AQI)
空間學習　spatial learning
肺活量測量法　spirometry
肺部附著表面積　lung deposited surface area
門多西諾複合大火　Mendocino Complex fire
阿茲海默症　Alzheimer's
青山雀　blue tit
「垂直森林」　'vertical forest'
後處理　after-treatment
後燃　after-burning treatment
《星際爭霸戰》　Star Trek
《星際歪傳》　Spaceballs
《柏靈頓：熊愛趴趴走》

Paddington
氟石　fluorspar
「紅洞木乃伊」　'the Grottarossa mummy'
紅尾鴝　redstart
美國女性健康促進記憶研究　US Women's Health Initiative Memory Study (WHIMS)
美國賓州多諾拉災難　Donora disaster, Pennsylvania, US
英國首席醫療官的報告　Chief Medical Officer's Report　(UK)
英國乾淨空氣日　Clean Air Day (UK)
重燃油　heavy fuel oil
風力發電齒輪箱　wind turbine gearbox
逆溫　temperature inversion
倫敦大氣排放盤查　London's Atmospheric Emissions Inventor
倫敦超低排放區　ULEZ, London
哮喘　wheezing
唐杜里　tandoor oven

柴油門　Dieselgate
柴油發電機　diesel generators
氣相凝聚　vapor condensation
氧化壓力　oxidative stress
氧化還原循環　redox cycling
海埔新生地　polder
粉塵再懸浮　resuspension of dust
納爾遜紀念柱　Nelson's Column
缺血性心臟病　ischaemic heart disease
能量密度　energy density
《茶花女》　La Traviata

十一畫以上

乾沉降　'dry deposition'
乾淨空氣組　Clean Air Kits
乾淨空氣藍圖　Clean Air Blueprint
動脈粥樣硬化症　atherosclerosis
國家周圍空氣品質標準　National Ambient Air Quality Standards (NAAQS)
常年性鼻炎　perennial rhinitis

排燈節　Diwali
《殺手濃霧》　Killer Fog
《淨水法》　Clean Water Act
混凝土烏托邦節　Festival des utopies concrètes
第二型糖尿病　diabetes (type 2)
組織纖溶酶原致活劑　TPA
船用燃料油　bunker fuel
「都市熱島」效應　'urban heat island'effect
雪佛蘭伏特　Chevy Bolt
博帕爾毒氣事件　Popol gas tragedy
寒冷期　cold period
殘株燃燒　stubble burning
殘餘燃油　residual fuel
測力計　dyno
湯瑪斯野火　Thomas Fire
紫燕　martin
「街谷」效應　'street canyon' effect
間冰期　interglacial period
〈黃色〉　'Yellow'
黃鐵礦　pyrite

「黑色風暴」 'dust bowl'
微粒數量（PN） particulate number (PN)
新石器時代 Neolithic
新石器時代遺址 Neolithic sites
溫室氣體 greenhouse gases
《煙害：倫敦的空氣與煙害問題，以及約翰·伊弗林提議之方案，敬呈國王陛下與本屆國會》 Fumifugium, or The inconveniencie of the aer and smoak of London dissipated together with some remedies humbly proposed by J.E. esq. to His Sacred Majestie, and to the Parliament now assembled
煙道氣循環 flue-gas recirculation [FGR]
煙霧 smog
煤肺 anthracosis
煤粉 sea coal
蜂鳥 hummingbird
過早死亡 premature deaths
零排放網路 Zero Emissions Network
對流層 troposphere
慢性阻塞性肺病 chronic obstructive pulmonary disease
磁振造影 MRI (magnetic resonance imaging)
蒸汽浴 sauna
蒼雨燕 pale swift
《赫爾辛基降低硫磺排放議定書》 Helsinki Protocol on the Reduction of Sulphur Emissions
酸雨 acid rain
《銀翼殺手》 Blade Runner
鼻竇炎 sinusitis
增溫層 thermosphere
撒哈拉塵 Saharan dust
歐洲空氣汙染世代研究計畫 European Study Cohorts for Air Pollution Effects
歐洲家麻雀 European house sparrow
歐盟空氣品質指令 Air Quality Directive
衝流式風機系統 impulse fan system
壓縮天然氣燃料 CNG (compressed natural gas) fuel
總量管制與排放交易 cap-and-trade
颶風奧菲莉亞 Hurricane Ophelia
舊石器時代 Palaeolithic
離子束分析 Ion beam analysis
羅馬帝國 Roman Empire
邊界層 boundary layer
霧霾 haze
霧霾淨化塔 'Smog Free Tower'
類固醇 steroid
爐床 hearth
鐳豆 Laser Egg

Clearing the air: the beginning and the end of air pollution
By TIM SMEDLEY

終結空氣汙染

從全球反擊空氣汙染的故事，了解如何淨化國家、社區，以及你吸入的每一口空氣

作者	提姆．史梅德利（Tim Smedley）
譯者	龐元媛
主編	劉偉嘉
特約編輯	周奕君
校對	魏秋綢
排版	謝宜欣
封面	萬勝安
社長	郭重興
發行人兼出版總監	曾大福
出版	真文化／遠足文化事業股份有限公司
發行	遠足文化事業股份有限公司
地址	231 新北市新店區民權路 108 之 2 號 9 樓
電話	02-22181417
傳真	02-22181009
Email	service@bookrep.com.tw
郵撥帳號	19504465 遠足文化事業股份有限公司
客服專線	0800221029
法律顧問	華陽國際專利商標事務所　蘇文生律師
印刷	成陽印刷股份有限公司
初版	2020年6月
定價	420元
ISBN	978-986-98588-4-7

歡迎團體訂購，另有優惠，請洽業務部 (02)22181-1417 分機 1124、1135

特別聲明：有關本書中的言論內容，不代表本公司／出版集團的立場及意見，由作者自行承擔文責。

國家圖書館出版品預行編目 (CIP) 資料

終結空氣汙染：從全球反擊空氣汙染的故事，了解如何淨化國家、社區，以及你吸入的每一口空氣／提姆．史梅德利（Tim Smedley）著；龐元媛譯．
-- 初版．-- 新北市：真文化，遠足文化，2020.6
面；公分 --（認真生活；8）
譯自 : Clearing the air : the beginning and the end of air pollution
ISBN　978-986-98588-4-7（平裝）
1. 空氣汙染 2. 空氣汙染防制
445.92　　109006255